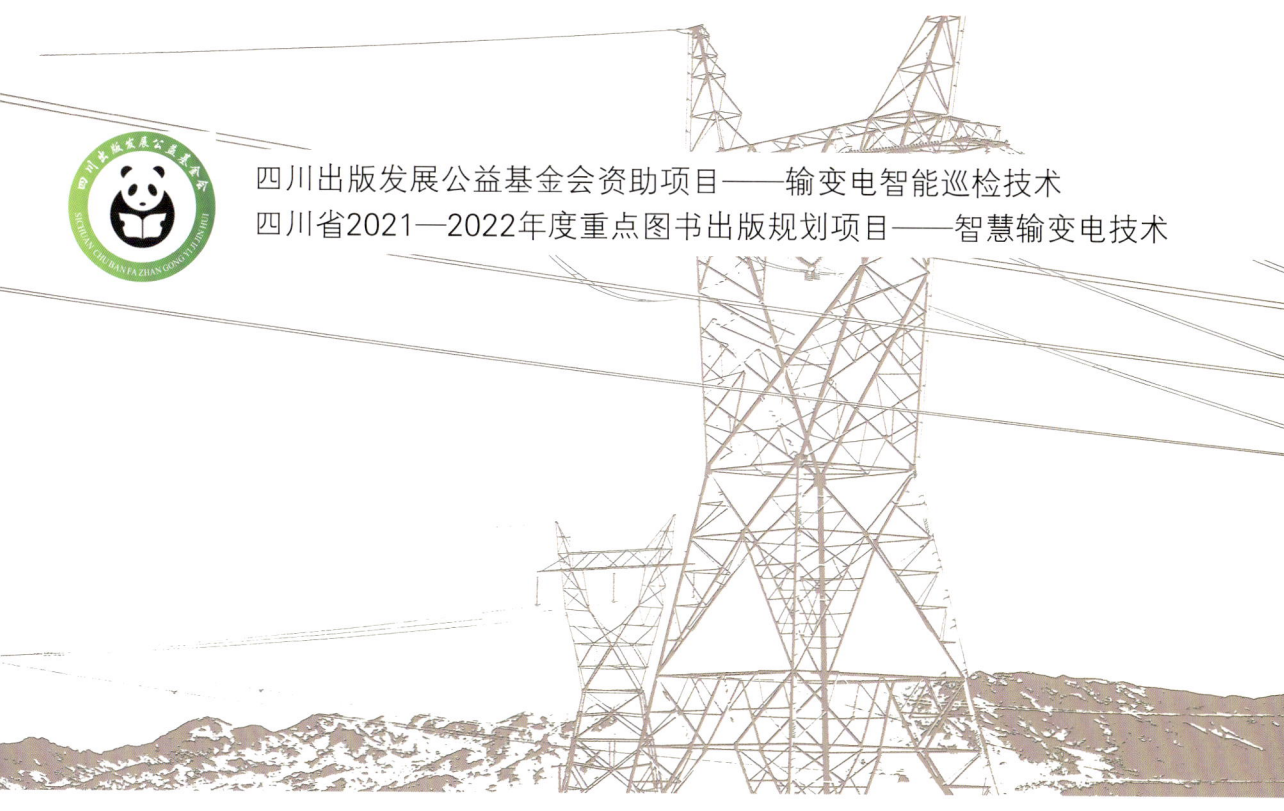

四川出版发展公益基金会资助项目——输变电智能巡检技术
四川省2021—2022年度重点图书出版规划项目——智慧输变电技术

电网典型自然灾害环境下防灾减灾关键技术研究与应用

黄绪勇 唐标 于辉 秦雄鹏 沈志 ◎ 著

西南交通大学出版社
·成 都·

图书在版编目（ＣＩＰ）数据

电网典型自然灾害环境下防灾减灾关键技术研究与应用 /黄绪勇等著. —成都：西南交通大学出版社，2022.9
ISBN 978-7-5643-8415-9

Ⅰ. ①电… Ⅱ. ①黄… Ⅲ. ①电网－自然灾害－灾害防治－研究 Ⅳ. ①TM727

中国版本图书馆 CIP 数据核字（2021）第 245112 号

Dianwang Dianxing Ziran Zaihai Huanjing xia Fangzai Jianzai Guanjian Jishu Yanjiu yu Yingyong
电网典型自然灾害环境下防灾减灾关键技术研究与应用

黄绪勇　唐标　于辉　秦雄鹏　沈志 / 著　　　责任编辑 / 李芳芳
　　　　　　　　　　　　　　　　　　　　　封面设计 / 吴　兵

西南交通大学出版社出版发行
（四川省成都市金牛区二环路北一段 111 号西南交通大学创新大厦 21 楼　610031）
发行部电话：028-87600564　028-87600533
网址：http://www.xnjdcbs.com
印刷：四川玖艺呈现印刷有限公司

成品尺寸　　185 mm×240 mm
印张　13.75　　字数　253 千
版次　2022 年 9 月第 1 版　　印次　2022 年 9 月第 1 次
书号　ISBN 978-7-5643-8415-9
定价　79.00 元
审图号　云 S〔2023〕27 号

图书如有印装质量问题　本社负责退换
版权所有　盗版必究　举报电话：028-87600562

《电网典型自然灾害环境下防灾减灾关键技术研究与应用》编委会

主要著者　黄绪勇　唐　标　于　辉

　　　　　　秦雄鹏　沈　志

其他著者　方　明　高振宇　周仿荣

　　　　　　马御棠　丁　薇　朱梦梦

　　　　　　唐立军　朱全聪　李　博

　　　　　　沈映泉　林中爱　周留坤

　　　　　　李富云　姚　欢

前言

近些年来，受全球气候变化及环境破坏的影响，许多国家和地区的气候出现了异常，自然灾害多发并发。我国是一个地域辽阔、地貌丰富的国家，在社会发展、自然环境等方面不同地区存在着较大的差异。不同地区发生的自然灾害种类不尽相同，自然灾害发生的频度较之世界平均水平高，自然灾害的发生呈明显的地域性，沿海和丘陵等地区更容易发生自然灾害，而暴雨、冰冻、雷灾、地震等灾害会对电力系统造成较大的危害。另外，各地区的地貌及河流情况、区域定位、发展政策、规划情况也存在着不同程度的差异性。

我国电力工业处在高速发展的时期，且已处于大电网、大机组、高电压、高自动化的阶段，电力系统的安全运行特性日渐复杂，复杂性显著增加。然而电力系统故障频发，究其原因，除了系统设备老化、人为操作失误外，很大一部分来源于自然灾害。此外，随着我国经济持续快速发展，一旦电力系统受到自然灾害的侵袭或人为破坏，将会极大地影响国民经济的正常运转。因此，电力系统的安全运行越来越受到社会各界的重视。

近年来我国由于电网企业突发事件所导致的大面积停电事故时有发生。根据资料显示，我国因恶劣天气引起的电网事故占电网总事故的比例逐年上升，2004年、2005年和2006年分别达到17.2%、22.5%和22.7%。自然灾害所导致的大面积停电不但会对用户和社会造成严重影响，也会破坏电力系统基础设施，导致系统的恢复更加困难。2005年9月，台风"达维"引起了海南省大面积停电，这也是我国近年来因自然灾害引起的第一次省级电网大停电事故。由于停电所导致的直接经济损失高达116亿元，电网基础设施遭到严重破坏，恢复时间长达数月。

电网作为国家重要的基础设施之一，其安全可靠关乎国家安全，关系国计民生。电网企业自然灾害突发事件应急能力评估的主要作用是以此评估来提高电网行业在处理应急突发事件时的应急工作能力，因此具有很强的借鉴意义。电网企业自然灾害突发事件应急能力评估具有重要的实用价值和社会价值，是一项值得高度重视的研究工作。通过电网企业在应对自然灾害突发事件时的应急工作能力，可较直观地得出各个应急工作方面的效果和作用价值，有助于为再次发生突发事件时提供借鉴，为提高应急管理工作效率奠定强有力的基础，并通过加强某方面较为薄弱的应急管理工作，使得应急工作各方面都更合理、更强大，从而提升应急管理工作效果，保障人民财产安全。

云南地况及地貌复杂，山高谷深，沟壑纵横，气候的区域差异和垂直变化明显，云南特有的地质条件和气候特点，造就了云南春有山火、夏有雷暴、秋有鸟害、冬有冰灾，地震、泥石流、滑坡一年不断的特点。本书以云南电网为样本，结合作者团队长期对各种典型自然灾害的研究成果，详细阐述了各种电网典型自然灾害的防灾减灾关键技术，旨在为电网各级人员在"灾前准备""灾中应急"和"灾后处置"中提供技术指导。

我国是世界上遭受自然灾害最严重的国家之一，国家一直高度重视防灾、抗灾、救灾工作，本书可为应对电网各种典型自然灾害提供技术支持和参考。

由于作者水平有限，难免存在疏漏之处，欢迎广大读者批评指正。

作　者

2022 年 7 月

目录

第 1 章 覆冰关键技术 ... 001

1.1 电网覆冰的危害性 ... 001
1.2 输电线路覆冰形成机理 ... 003
1.3 覆冰预测技术 ... 018
1.4 基于网格化的高精度覆冰数值预报 ... 061
1.5 基于电网风险的融冰调度技术 ... 077

第 2 章 山火关键技术 ... 096

2.1 概　述 ... 096
2.2 变量的时空模拟算法 ... 097
2.3 测报变量地图模拟表达 ... 107
2.4 山火测报预警模型研究 ... 120
2.5 山火趋势分析与预测模型研究 ... 126
2.6 山火蔓延预报模型研究 ... 135

第 3 章 其他类关键技术 ... 164

3.1 电网雷击预警技术 ... 164
3.2 防污关键技术 ... 177
3.3 鸟害关键技术 ... 183

第 4 章 全景可视化防灾减灾平台 ································ 197

4.1 平台逻辑结构设计 ································ 197
4.2 系统架构设计 ································ 199
4.3 平台关键技术分析 ································ 202
4.4 平台应用 ································ 207

第 5 章 结 语 ································ 209

参考文献 ································ 199

第 1 章 覆冰关键技术

1.1 电网覆冰的危害性

世界各地的架空输电线路均因电网覆冰严重影响了输电网的可靠性。例如,1932年在美国首次出现有记录的架空输电线路覆冰事故;1972年,美国哥伦比亚州覆冰灾害造成两条 500 kV 输电线路严重损毁;1998 年 1 月,加拿大魁北克、安大略等省遭受到史无前例的冰风暴事故,造成 1 000 多基铁塔倒塌;2007 年,美国内布拉斯加州遭受了严重覆冰灾害,造成 1 000 多基杆塔受损,导致 4 万用户断电,对当地经济和社会产生严重影响。此外,俄罗斯、法国、冰岛和日本等都曾发生严重的覆冰事故。

我国是输电线路覆冰严重的国家之一,据不完全统计,自 20 世纪 50 年代以来,我国输电线路发生过冰灾事故上千次。记录中最早的输电线路覆冰事故为 1954 年湖南省遭遇的严重输电线路覆冰事故。据记载,当时导线覆冰厚度最高达到 50 mm。自此以后,记录显示不同程度的输电线路覆冰事故频繁地在国内发生,江西、湖南、湖北、云南、贵州、河南、四川及陕西等省都曾遭受输电线路覆冰事故。据统计,2003 年我国 110～500 kV 的线路跳闸 2 400 多次,其中冰闪导致跳闸 79 次,占 3.23%;500 kV 线路跳闸 115 次,其中冰闪跳闸 13 次,占 11.3%。2004 年,220 kV 及以上线路覆冰导致跳闸共 50 多次,占线路总跳闸次数的 4%。2005 年,220 kV 及以上线路覆冰舞动导致跳闸共 98 起,占线路总跳闸次数的 7.19%。2008 年 1 月初,我国南方电网 13 个省市遭遇了历史上极为罕见的特大冰雪凝冻灾害,此次凝冻灾害造成南方电网区域 4 216 条输电线路被破坏,10～110 kV 线路倒塔 14 万多基,220 kV 及以上线路倒塔 1 500 多基,受冰灾影响的人口有 1 亿多,直接经济损失 1 100 多亿元。近几年来,南边部分省份输电线路覆冰事故仍时有发生。2011 年年初的低温、冻雨、冰雪天气对湘、桂、云、黔、川、渝等十几个省市自治区造成了较大的影响。例如,仅湖南、重庆、四川电网就有 56 条 35 kV 及以上线路覆冰(500 kV 及以上线路 17 条、220 kV 线路 15 条、110 kV 线路 20 条、35 kV 线路 4 条),其中,湖南包括江城直流在内有 12 条线路覆冰,覆冰厚度达 1～3 mm,最大覆冰厚度 12 mm;四川 30 条线路覆冰,线路覆冰厚度 10~20 mm，最大覆冰厚度达 30 mm；重庆包括 ±800 kV 复奉直流在内有 14 条线路覆冰，线路覆冰厚度 2~5 mm。2015 年年初，云南东北部地区再次遭受线路覆冰，造成 16 条 110 kV 线路、5 条 220 kV 线路、1 条 500 kV 线路跳闸，多基杆塔出现不同程度损坏，输电线路功能损失严重。

输电线路覆冰已严重危害到了现代电力系统的安全，但是现代除冰技术一方面受到成本因素的制约，另一方面也受到技术本身的制约。目前较为常见的技术主要是机械除冰和电流融冰，机械除冰受地形地貌影响很大，人力成本较高，电流融冰技术虽在工程实践中得到应用，但也存在许多不足，比如在短路融冰的过程中，必须先退出覆冰部分电网的运行，这将扩大灾害影响的范围。

在我国云南、贵州、四川等地峰峦叠嶂、地形复杂，大部分都是高差系数较大的山区。由于受地形影响的气候垂直变化十分明显，部分海拔在 1 500~2 000 m 的地方甚至会呈现"四季如春、一雨成冬"的气候特征。而云南、贵州等地也是我国西电东送的源头，其地形的复杂性和气候的多样性也会对经过该区域的输电网络造成重要的影响。

根据对我国输电线路覆冰案例的研究，覆冰线路的危害可总结为以下 4 类：

1. 线路过荷载事故

当覆冰积累到一定体积和重量之后，输电导线的负重倍增，弧垂增大，导线对地间距减小，从而有可能发生闪络事故。弧垂增大的同时，在风的作用下，两根导线或导线与地之间可能相碰，会造成短路跳闸，烧伤甚至烧断导线的事故。如果覆冰的重量进一步增大，则可能超过导线、金具、绝缘子及杆塔的机械强度，使导线从压接管内抽出，或外层铝股全断、钢芯抽出；当导线覆冰超过杆塔的额定荷载一定限度时，可能导致杆塔基础下沉、倾斜或爆裂、杆塔折断甚至倒塌。

2. 相邻挡不均匀覆冰或不同期脱冰造成的事故

输电线路相邻挡不均匀覆冰或不同期脱冰都会产生张力差，使导线在线夹内滑动，严重时导线外层铝股在线夹出口处全部断裂、钢芯抽动，造成线夹另一侧的铝股拥挤在线夹附近。邻挡张力的不同，还会导致直线杆塔承受张力的能力变差，悬垂绝缘子串偏移很大，碰撞横担，造成绝缘子损坏或破裂；也可使横担转动，导线碰撞拉线，烧伤或烧断拉线，杆塔在失去拉线的支持后倒塌。此外，由于覆冰不均匀产生的横担扭转，可能导致不同期脱冰时横担折断或向上翘起、地线支架破坏。

3. 绝缘子串覆冰造成频繁冰闪事故

冰闪是污闪的一种特殊形式，绝缘子在严重覆冰的情况下，大量伞形冰凌桥接，绝缘强度降低，泄漏距离缩短。融冰过程中，冰体或者冰晶体表面水膜很快溶解污秽中的电解质，提高了融冰水或冰面水膜的导电率，引起绝缘子串电压分布及单片绝缘子表面电压分布的畸变，从而降低了覆冰绝缘子串的闪络电压。融冰时期通常伴有大雾，大雾中的污秽微粒进一步增加融化冰水导电率，形成冰闪。闪络过程中持续的电弧烧伤绝缘子，引起绝缘子绝缘强度下降。

4. 输电导线舞动损坏电力设备

输电导线覆冰后形成非圆截面，在风力作用下发生驰振，这是一种低频、大幅度的振动，其振动频率通常为 0.1～3 Hz，振幅为导线直径的 5～300 倍。导线舞动引起杆塔、导线、金具及相关部件的损坏，造成频繁跳闸甚至停电事故。所以导线舞动对输电线路安全运行危害很大，会造成重大的经济损失和恶劣的社会影响。导线舞动是一种复杂的流固耦合振动，其形成主要取决于导线覆冰、风力作用及线路结构与参数。

冰冻灾害的发生不仅有输电线路抗冰设计不符合线路走廊实际覆冰情况、建设施工无法满足抵御极端恶劣天气的要求，以及环境污染日益严重而没有采取相应的抗御电网覆冰等自然灾害的防护措施的原因，也有电网日益扩大且长距离、大负荷送电线路大量增加，许多输电线路要经过复杂的微地形、微气象区域等不可回避的地理和气象方面的原因，更有全球气候变暖的原因。

1.2 输电线路覆冰形成机理

1.2.1 覆冰机理

水在 0 ℃以下会结成冰，这是一个最基本的物理现象，但是架空输电线上的覆冰现象，不仅仅只是温度这个单一因素，它必须配合足够的冷却水和一定的风速等其他要素。我国南方地区发生的电网覆冰灾害，在救灾现场通过仔细分析之后，发现气温在 -5 ℃以下的覆冰区覆冰体密度较小，结构也比较松散。输电线路上的覆冰用木棍敲打，冰体即可散落下来，而气温在 -5～0 ℃，中午环境温度可升至 0～1 ℃的覆冰区域，冰体密度较大，结构密实，甚至用铁锤敲打也很难敲碎。分析其原因：输电线路上的覆冰在中午前后有所溶解，溶解物渗透填充冰体的空隙，晚上气温下降后冻结，外部继续覆冰，第二天溶解体继续渗透填充冰体的空隙，循环反复，这样同样直径的覆冰体，其密度远远高于 0 ℃ 以下的覆冰体，从而造成更严重的倒塔、断杆和断线情况发生。因此，南方的冰冻雨雪灾害对电网的危害和破坏程度远远高于北方寒冷地区。

一般情况下，架空输电线覆冰有三个必要的条件：一是架空输电线的周围存在大量的过冷却水，否则会缺少覆冰的冰源；二是要有一定的温度条件，使过冷却的水在架空输电线上凝结成冰，但并非越低越好；三是架空输电线的周围有一定的风速，或存在冷暖空气的对流。另外，雨雪状况、地区的相对海拔高度、地形、线路高度、线路直径等也会影响输电线路的覆冰情况。

综上所述，覆冰是一种受温度、湿度、冷暖空气对流、环流以及风等多因素影响的综合物理现象。每年冬季，寒潮引导起源于北极地区而堆积在西伯利亚地区的寒冷空气南下，其前沿为寒潮冷锋。冷锋过境时风速增大，气温骤降，当冷锋与南方暖湿气流在一些地区交汇，冷空气由于密度大而滑至较轻的暖空气下方，暖空气被迫抬升，这时靠近地面一层的空气温度较低，上空又有温度高于 0 ℃ 的暖气流北上，形成一个暖空气层或云层，再往上则是高空大气，温度低于 0 ℃。大气垂直结构呈上下冷、中间暖的状态，自上而下分别为冰晶层、暖层和冷层。从冰晶层掉下来的雪花通过暖层时融化成水滴，接着当它进入靠近地面的冷气层时，水滴便迅速冷却，成为过冷却水滴，当其接触到地面低于 0 ℃ 的物体（树枝、导线）时，冻结形成覆冰。输电线路产生覆冰的气象条件通常为：气温及设备表面温度<0 ℃，空气相对湿度>80%，且风速>1 m/s。

按照输电线路导线覆冰形成机理及形成过程量，导线覆冰增长过程可分为两类，即干增长过程和湿增长过程。

如果水滴冻结所需时间小于连续两个水滴碰撞同一微区域的时间，这种覆冰增长过程称为干增长过程。

如果水滴冻结所需时间大于连续两个水滴碰撞同一微区域的时间，这种覆冰增长过程称为湿增长过程。

多种因素的共同作用导致了输电线路上覆冰的增加、减少和保持，这是一个极其复杂的过程。按输电线路覆冰的外形、特性及其形成条件，输电线路的覆冰分为 5 种类型：雨凇、雾凇（软雾凇）、混合凇（硬雾凇）、霜凇、雪凇。输电线路的覆冰类型性质及其对输电线路的威胁程度如表 1-2-1 所示。

1.2 输电线路覆冰形成机理

表 1-2-1 输电线路的覆冰类型、性质及其形成条件的威胁程度

名称	性质	形成条件	对输电线路的威胁程度
白霜	白色，雪状，不规则针状结晶，很脆而轻，密度为 $0.05\sim0.3\ \text{g/cm}^3$，黏附力较弱	水汽从空气中直接凝结而成，发生在寒冷而平静的天气，气温低于 $-10\ ℃$	低
雪和雾	在低地为干雪，密度低，黏附力弱；在丘陵为凝结雪和雨夹雪或雾，质量大	黏附雪经过多次融化和冻结，成为雪和冰的混结物，可以达到相当高的质量和体积	低
雨淞	纯粹、透明的冰，坚硬，可形成冰柱，密度为 $0.9\ \text{g/cm}^3$ 或更高，黏附力强	在低地由过冷却雨或毛毛雨降落在低于冻结温度的物体上形成，气温在 $-2\sim0\ ℃$；在山地由云中来的冰晶或含有大水滴的地面雾在高风速下形成，气温在 $-4\sim0\ ℃$	低
雾淞	白色，呈粒状雪，质轻，为相对坚固的结晶，密度为 $0.3\sim0.6\ \text{g/cm}^3$，黏附力较弱	在中等风速下形成，在山地山云中来的冰晶或含有水滴的雾形成，气温在 $-13\sim8\ ℃$	中
混合淞	小透明或半透明冰，常由透明和小透明冰层交错形成，坚硬，密度为 $0.6\sim0.9\ \text{g/cm}^3$，黏附力强	山地地形中，在相当高的风速下，由云中来的冰晶或带有中等大小水滴的地面雾形成，气温在 $-10\sim3\ ℃$	高

其中，雾淞是覆冰的干增长过程；雨淞是覆冰的湿增长过程；混合淞是介于干、湿增长之间的一种覆冰过程；干雪是干增长覆冰过程；湿雪是湿增长覆冰过程。

如上所述，导线的覆冰机理概况为以下 3 个方面的耦合作用结果：

（1）导线覆冰的热力学平衡机理。

覆冰是液态过冷却水滴撞击导线表面释放潜热固化的物理过程，与热量交换和传递密切相关。导线覆冰质量、冰厚、冰的密度都取决于覆冰表面的热平衡状态。目前对架空导线的覆冰过程和预测模型研究仍基本采用基于平衡热力学的能量分析方法，通过建立导线覆冰热力学能量平衡关系，获得导线表面结冰的判据、冰厚计算式和冰重增长率等参数。单独考虑该因素并不能揭示覆冰过程的特性和细节，往往不能反映气象条件和地理环境的影响，无法获得覆冰冰形的准确形状，很难建立气象条件与导线覆冰之间的联系，从而不能满足对导线覆冰进行可靠预测的要求。

（2）导线覆冰的流体力学机理。

从流体力学角度出发，认为覆冰过程是空气中的过冷却水滴与导线表面的摩擦碰

撞过程，与环境温度、空气中液态水的含量、过冷却水滴直径、风速风向、导线表面情况及直径大小有关，由此得到过冷却水滴与导线表面的碰撞系数、冻结系数和水滴的捕获系数以及导线的覆冰厚度或冰重的增长规律。由于线路覆冰的流体力学模型的建立与机理分析所存在的差异导致导线覆冰增长过程模型种类繁多、各有特点、具有一定的局限性。目前有些覆冰模型都是建立在该理论的基础上，由于对于碰撞系数、冻结系数和捕获系数的准确计算方法尚未给出，部分是经验常数，因此，可适用的模型并不多。

（3）导线覆冰的环境因素与电流、电场耦合作用机理。

对于高压输电线路而言，除电流产生的热效应对导线热平衡的影响外，不同电场强度也对极性过冷却水滴在导线附近的运动轨迹存在复杂的影响，进而影响到导线覆冰的结构和冰形。研究表明，增大电流强度可减少覆冰质量。电场对导线覆冰的影响和电场强度有关。电场强度越高，碰撞率越高，造成导线覆冰增加，冰的密度增大。但进一步增加电场强度，极化变形水滴在临近导线时产生的火花放电现象会导致水滴的分裂，造成平均冰密度降低。当电场强度大于 10 kV/cm 后，冰表面粗糙度增加，平均冰密度和覆冰质量反而急剧降低。

1.2.2 覆冰的影响因素

覆冰的区别主要体现在覆冰种类、厚度及密度等差别上。影响覆冰的因素有很多，主要分为外部影响因素和导线自身因素。

外部影响因素主要有气象因素、太阳运动、地理地形、江湖水体、海拔高度、线路沿线林带、电场强度等。

（1）气象因素：一般情况下输电线路覆冰现象发生在冬季温度低于 0 ℃ 的条件下，空气中存在的水滴出现过冷却；在高空甚至在夏季水滴也会发生过冷却。当大气中的过冷却水滴随着气流与输电线路发生碰撞，并冻结在输电线路表面形成覆冰。通常认为输电线路导线覆冰有三个必要条件，即：

① 大气中必须有足够的过冷却水滴；

② 过冷却水滴被导线捕获；

③ 过冷却水滴立即冻结或在离开导线表面前冻结。

因此，影响覆冰的气象因素涉及三个方面的问题：

① 气象学问题；

② 流体的力学过程，由流体力学定律决定；

③ 热力学问题，由覆冰表面的热平衡方程确定。

同理，输电线路绝缘子覆冰增长的机理也应从以上三个方面进行讨论。

（2）太阳运动：太阳运动最主要体现在季节变化。从电网历史覆冰情况来看，输电线路覆冰主要发生在冬季11月至次年3月之间，一般情况下入冬及倒春寒时出现覆冰现象的概率最高，但各地区受地理和气候等因素影响有略微差异。1月和12月几乎是所有重覆冰地区平均气温最低的月份，但湿度相对较小，覆冰程度相对于其他月份较轻。在11月份、2月底和3月初，由于湿度较高，虽然平均温度相对1月和12月较高，但覆冰较1月份更为严重。

（3）地理地形因素：输电线路覆冰受地理地形的影响很大，山脉走向及海拔、河流湖泊位置以及风口、垭口、分水岭、迎风坡、背风坡等微地形会直接导致线路所经区域气象因素发生巨变，从而影响导线覆冰程度，其中山区对导线覆冰的影响最为严重。统计表明：东西走向山脉的迎风坡在冬季覆冰较背风坡严重，如东西走向的秦岭山脉北坡等；分水岭、风口处线路覆冰较其他地形更为严重。

（4）江湖水体：江湖水体对导线覆冰的影响也十分显著，线路走廊临近江湖水体，在输电线路附近有充足的水汽，从而为覆冰提供了有利条件，同时也提高了导线覆冰概率并加重了覆冰的严重程度。以江西省梅岭山区为例，海拔500～700 m，山岭临近鄱阳湖，具有丰富的水汽供给，山峰常年云雾缭绕，冬季时常出现覆冰现象。

（5）海拔高度：通常情况下温度随海拔高度升高而递减，对于相同条件的区域，海拔高程越高越易覆冰，且通常为雾凇；在海拔高程比较低的地方，覆冰较薄，一般易发生雨凇或混合凇。每一个地区都有一个起始结冰的海拔高程，即凝结高度。我国覆冰凝结高度呈西高东低、北高南低的特点。海拔高程在凝结高度以上时，覆冰厚度随高程的上升而递增。

（6）线路沿线林带：林带的存在可起到降低风速的作用，缓解过冷却水滴的输送，从而降低覆冰的概率和严重程度。林带的防护效果取决于林木的种类、种植的密度、林木的成长高度和林带的占地面积。相关观测表明，林带对覆冰具有明显的防护效能。

（7）电场的影响：电场的存在会引起导线附近的过冷却水滴极化，从而被电场所吸引，即便过冷却水滴内的感应电荷随交流电压的变化而变化，但仍会受导线吸引。在电场的作用下，输电线路周围空气中的过冷却水滴会受到吸引，附着于导线之上，进而导致输电线路的覆冰荷载增加。由于电场对雾滴和毛毛雨所产生的吸引力能导致空气层有效厚度增加,故会增加导线上冰荷重。有研究表明:导线覆冰程度受电场强度强弱影响,随着我国特高压交直流输电工程的实施,电场对覆冰的影响应该受到足够的重视。

影响覆冰的导线本身因素主要包括:

(1)导线直径对覆冰的影响。

当导线直径等于或小于 4 cm 时,在风速等于或小于 8 m/s 的情况下,相对较粗的导线单位长度覆冰重量大于相对较细的导线;当导线的直径大于 4 cm 时,相对较粗的导线单位长度覆冰量反而小于相对较细的导线;在风速大于 8 m/s 的情况下,对于任何直径的导线,导线直径与导线的覆冰重量成正比,但与导线的覆冰厚度成反比。

(2)导线扭矩对覆冰的影响。

覆冰在迎风面上生长,当达到一定厚度时会对导线产生扭转力矩,同时导线的扭转又会加速覆冰的增长。德国研究人员在研究导线覆冰扭转时曾做过如下对比实验:将两根长 3 m 的铁管放置在覆冰实验室:一根固定,另一根能够旋转,同时,让风从单方面吹向铁管。对于能够旋转的铁管开始时在迎风面形成翼状覆冰,当覆冰达到一定程度时,铁管发生扭转,最终使得铁管的受风面积增大,进一步使铁管覆冰速度加快,这又使得铁管的受风面积增大,从而又进一步使铁管的覆冰加快,又使得铁管发生扭转,循环往复,最终使得铁管形成圆筒形的覆冰。对于固定的铁管,其覆冰形状为典型的翼形。经过多次试验可知,能够发生旋转的铁管即使在时间很短的情况下也比固定不动的铁管覆冰重量多得多。在现场实际生产中,导线扭矩对导线覆冰的影响多发生在导线中央和绝缘子悬挂处,因此,对于覆冰较为严重的地段,大多使用耐张绝缘子串和采取缩短架空输电线路挡距间距离的措施。

1.2.3 电网覆冰特点及成因

通过观察和分析我国几十年来输电线路冰害事故,可归纳为以下特点:

(1)冰害事故持续的时间较长,覆盖面积和经济损失都比较大。冰害事故在我国的高寒山区表现尤为突出,其平均年覆冰天数为 40~60 天,部分地区甚至可达 90 天。如 2001 年 2 月 13 日,二滩水电站送出的 500 kV 输电线路在我国西昌地区某地发生事故,造成线路中断送电达 24 小时。这恰恰说明,覆冰事故严重威胁到了电网的安全运行，同时也给国民经济造成了巨大的损失。

（2）同一地区覆冰事故多次发生。据有关部门统计，2003年至2008年期间，河南省220 kV输电线路发生覆冰事故28次，其中，2003年1次，2005年4次，2007年7次，2008年16次，这说明，随着近些年极端天气现象时有发生，同一地区的覆冰事故次数也呈上升趋势。

（3）覆冰事故中机械故障和电气方面的事故同时存在。输电线路覆冰产生的机械事故主要有金具的损坏、导线的断股和断线、杆塔或塔头的折断、绝缘子的翻转跳跃等，其造成的电气方面的事故主要为：导线与导线间或导线与地线间的闪络或短路等。

（4）在我国海拔较高的地区或是一些高寒山区，如云南、贵州等省或华中地区的某些地段，覆冰事故时有发生，而在我国北方寒冷的冬季则很少见。这说明并不是天气越冷越容易引起线路的覆冰，必须要满足线路覆冰所需的温度、湿度和风速等气象条件。

（5）我国的某些高寒山区或海拔较高的西南各省，覆冰以雾凇为主，而雨凇多发生在我国北方的平原地带。雨凇覆冰相对于雾凇覆冰来说，因为其坚硬、附着力强，对输电线路危害更为严重。从每年冬季的10~11月开始，我国开始进入输电线路的覆冰期，一般在第二年3~4月结束。

通过对输电线路冰害事故的长期观察和分析，我国覆冰事故产生的原因大致可归纳为以下几种情况：

（1）对输电线路覆冰规律的认识不足，线路走廊位置选择不恰当，同时也缺乏抗冰除冰的经验，导致部分地区的输电线路冰害事故频发；

（2）某些地区在某些时段的最大实际覆冰厚度远高于设计时的导线抗冰厚度，故导致某些线路覆冰地段事故频发；

（3）由于近些年全球气候变化异常，高温或酷寒的天气在我国一些地区时有发生，当遇到极其恶劣的气候条件时，虽然输电线路在设计时具有一定的抗冰能力，但线路的某些薄弱环节依然会产生一些机械或电气方面的故障，从而导致覆冰事故的发生。

导线电气性能或机械性能的下降是造成输电线路覆冰事故发生的直接原因，具体可以归纳为以下几点：

（1）严重覆冰引起导线的过荷载。导线覆冰时，由于冰体本身的重量，会增加所有金具或支持结构的垂直载荷；在风速的作用下，随着覆冰导线迎风面的增大，输电线路水平荷载也会增大。

（2）不均匀覆冰或不同期脱冰引起导线的张力差。当相邻挡导线不均匀覆冰时，会产生所谓的不平衡张力，这种不平衡张力会对导线的安全性能造成极大的危害。同时，当导线不同期脱冰时，会造成导线覆冰跳跃、震荡等，严重时会导致杆塔横担扭转或断裂，或是导致导线与导线间或导线与地线间电气间隙减小，造成闪络或短路等电气故障的发生。

（3）绝缘子串覆冰闪络。当线路覆冰时，绝缘子极易被冰凌短接，这样容易引起泄漏距离的减小，造成绝缘子闪络事故的发生，同时在融冰过程中绝缘子表面的水膜中由于溶解了污秽、盐类等杂质，造成其导电率增大，这样更容易发生绝缘子闪络事故。

（4）覆冰导线舞动。不均匀覆冰或不同期脱冰会使导线产生跳跃或舞动，这会迅速增大导线的水平载荷或垂直载荷，极易引起输电线路电气或机械方面的故障。

1.2.4 覆冰预测模型相关技术

1. 极限学习机

极限学习机是一种新型的神经网络算法[40]，其基础为前馈单隐含层神经网络，如图 1-2-1 所示是单隐含层前馈神经网络结构。在该拓扑结构中，输出层神经元与隐含层神经元、隐含层神经元与输入层神经元之间均为两两连接。其拓扑结构可简单表示为 $n\text{-}l\text{-}m$，其含义是该神经网络具有 m 维输出量，包含 l 个隐含层中间元，需要接收维度为 n 的输入量。

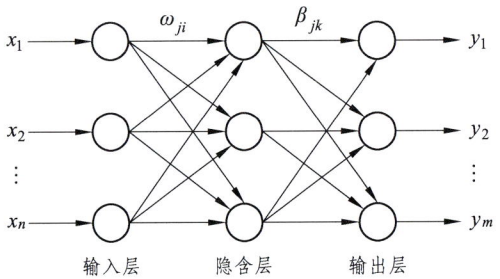

图 1-2-1 单隐含层前馈神经网络结构

将第 k 个输出层神经元和第 j 个隐含层神经元之间的权值记为 β_{jk}，将第 j 个隐含层神经元和第 i 个输入层神经元的权值记为 ω_{ji}。另外，设输入矩阵为 X，其样本数记为 Q。列向量 $[b_1 \ b_2 \ \cdots \ b_l]^T_{1\times l}$ 对应的是该网络隐含层中各个神经元的阈值，并

记为 b，输出为矩阵 Y，隐含层神经元的激活函数为 $g(x)$，则由图 1-2-1 可得，网络的输出为：

$$T=[t_1,t_2,\cdots,t_Q]_{m\times Q}, t_j = \begin{bmatrix} t_{1j} \\ t_{2j} \\ \vdots \\ t_{mj} \end{bmatrix}_{m\times 1} = \begin{bmatrix} \sum_{i=1}^{l}\beta_{i1}g(\omega_i x_j + b_i) \\ \sum_{i=1}^{l}\beta_{i2}g(\omega_i x_j + b_i) \\ \vdots \\ \sum_{i=1}^{l}\beta_{im}g(\omega_i x_j + b_i) \end{bmatrix}_{m\times 1} \quad (1\text{-}2\text{-}1)$$

式（1-2-1）也可表示为：

$$H\beta = Y \quad (1\text{-}2\text{-}2)$$

在式（1-2-2）中，矩阵 H 表示的是网络隐含层的输出结果，其计算公式如下：

$$H(\omega_1\cdots\omega_i; b_1\cdots b_i; x_1\cdots x_n) = \begin{bmatrix} g(\omega_1 x_1+b_1) & g(\omega_2 x_1+b_2) & \cdots & g(\omega_l x_1+b_l) \\ g(\omega_1 x_2+b_1) & g(\omega_2 x_2+b_2) & \cdots & g(\omega_l x_2+b_l) \\ \vdots & \vdots & & \vdots \\ g(\omega_1 x_Q+b_1) & g(\omega_2 x_Q+b_2) & \cdots & g(\omega_l x_Q+b_l) \end{bmatrix}_{Q\times l} \quad (1\text{-}2\text{-}3)$$

Huang 等人已经证明：给定任意不同的样本 (x_i,t_i)，其中：$x_i=[x_{i1},x_{i2}\cdots,x_{in}]^\mathrm{T}\in R^n$，$t_i=[t_{i1},t_{i2},\cdots,t_{in}]^\mathrm{T}\in R^n$，极限学习机中的连接权值与阈值并不用全部调整，在网络训练的初始化时可随机选择 ω 和 b，在训练过程中其值维持不变。设 $g:R\to R$ 为极限学习机的激活函数，函数需要满足无限可微的条件。当无限可微时，通过计算如下方程组的最小二乘值可获得输出层神经元与隐含层神经元之间的权值：

$$\min_{\beta} = \|H\beta - T\| \quad (1\text{-}2\text{-}4)$$

其解为：

$$\hat{\beta} = H^+ T \quad (1\text{-}2\text{-}5)$$

式（1-2-5）中，利用前面得到的矩阵 H，对其求解 Moore-Penrose 广义逆操作，将结果记为 H^+。

2. 支持向量机

架空输电线路覆冰在其形成与生长过程中受到很多因素的影响,从而导致整个过程极其复杂。在几何形式上可将其抽象为一个非线性多元时间序列,具有动态性、突变性及不确定性等特点,即在构建覆冰的预测模型时,由于其影响因素众多,故很难做到对线路的覆冰厚度进行十分准确的预测,但可以尽可能地接近预测的真实情况。支持向量机(Support Vector Machine,SVM)能够使问题的求解拥有最小结构化风险,同时具有最小化训练样本的经验风险和置信范围等一系列特点,使得其在进行非线性预测时得到广泛的应用。本书在后续章节将利用支持向量机对架空输电线路覆冰厚度进行预测,通过对支持向量机进行合适的训练和学习,得到较为准确的输电线路覆冰厚度预测模型。支持向量机的起源可追溯至 20 世纪 60 年代,最早被 Vapnik 提出。其发展并非一帆风顺,大致可分为两个阶段:第一阶段为 20 世纪 60 年代到 20 世纪 90 年代中期,在此期间支持向量机并未受到重视,其原因是有关支持向量机的研究都是基于有限样本,且相关理论条件尚不成熟;第二阶段是 20 世纪 90 年代至今,随着统计学习理论(Statistical Learning Theory,SLT)体系的逐步完善,支持向量机作为该理论的重要分支,再加上在解决高维非线性模型识别、小样本等问题上具有其特有的优势,也越来越受到国内外研究工作者的推崇。支持向量机的基本思想是基于 1909 年有学者提出的 Mercer 核展开定理,对于一个有限样本的回归问题,在低维情况下往往不能得到处理,但如果将此问题置于高维空间中,便可利用一个线性超平面来解决此回归问题。即通过一个非线性映射将样本空间从低维映射到高维甚至无穷维的特征空间,从而将非线性问题转化为一个线性问题,运用线性学习机制理论解决。然而这一思路却是以增加问题计算量为代价,因为在转化为高维空间的同时会引起维数灾难问题,从而加大了计算复杂度。针对上述问题的解决过程中所面临的两个问题:如何产生这样一个非线性映射和如何降低算法的复杂度。最后,支持向量机较好地解决了这两个问题:其采用核函数展开定理,无须知道非线性映射的显式表达式;其在高维特征空间中采用线性学习机的算法,相对于非线性模型来说并不会增加计算的复杂性。综上所述,支持向量机是一个基于小样本的新型机器学习算法,其具体有如下优点:

(1)支持向量机有严格的统计学理论作基础,应用其方法建立的模型具有较好的推广能力。

(2)支持向量机是专门针对有限样本情况的学习机器,达到的目标是结构化风险最小,即在对给定的数据逼近精度和逼近函数的复杂性之间寻求平衡,以此获得最好的推广能力。

(3)相对于神经网络可能陷入局部最优的困扰,支持向量机可以得到理论上的全局最优解,因为支持向量机所求解的问题实质是一个凸二次规划的拉格朗日对偶问题。

(4)由于支持向量的个数直接影响着支持向量机的计算复杂度,而支持向量机最终的决策函数仅与个别几个支持向量有关,因而支持向量有效地解决了计算量较大的问题,避免了维数灾难。

支持向量机算法可简单地概括为两步:首先用一个核函数将输入向量映射到一个高维特征空间中,其目的是在该高维空间中此数据线性可分;然后在高维空间中寻找到一个该向量机的最值线性划分超平面,以对数据进行分类求解。将核函数作为映射函数,利用映射把低维空间中的所有输入矩阵映射到高维空间上,然后由核函数的表达式计算出向量在变换后的空间内积值。由泛函理论可知:当某核函数具备 Mercer 条件时,可得到式(1-2-6)与(1-2-7):

$$K(x,x') = \sum_{i}^{\infty} a_i \phi_i(x) \phi_i(x'), a_i \geq 0 \qquad (1\text{-}2\text{-}6)$$

$$\iint K(x,x')g(x)g(x')\mathrm{d}x\mathrm{d}x' > 0, \ g \in L_2 \qquad (1\text{-}2\text{-}7)$$

使其在某变换空间中能寻找到一个内积与它一一对应,即 $K(x_i, y_j) = [\phi(x) \ \phi(y)]$,$\phi(x)$ 是一个低维到高维的映射。常用的核函数及其表达式如下:

线性核函数:

$$K(x,x') = x \cdot x' \qquad (1\text{-}2\text{-}8)$$

多项式函数:

$$K(x,x') = (x \cdot x' + 1)^d \qquad (1\text{-}2\text{-}9)$$

径向基(高斯)核函数:

$$K(x,x') = \exp\left(-\frac{\|x-x'\|^2}{2\delta^2}\right) \qquad (1\text{-}2\text{-}10)$$

双正切（多层感知器）核函数：

$$K(x,x') = \tanh[\rho(x,x') + \delta] \qquad (1\text{-}2\text{-}11)$$

在确定了核函数类型后，还需要进一步初始化支持向量机的两个关键参数 c 和 g，参数 c 为惩罚因子，其值越大意味着越不允许误差的出现，因而该参数代表着误差的容忍度；参数 g 则决定了数据映射到新的特征空间后的分布。目前较成熟的参数寻优方法为 cg 网格寻优。所谓 cg 网格寻优法是指通过让参数在一定范围内变动，构成不同的 cg 组合，对每个组合使用交叉验证来评估模型的平均方差，最后选出能得到最准确模型的 cg 参数。当 c 不相同的模型有相同的最低平均方差时，则优先选择 c 比较小的参数，因为较小的 c 意味着较大的支持向量间隔，通过学习的可能性相对较小。

1.2.5 云南覆冰特性

1. 云南地区气候特点

云南地处低纬度高原，地理位置特殊，地形地貌复杂，所以气候也很复杂。从纬度看，云南只相当于从雷州半岛到闽、赣、湘、黔一带的地理纬度，但由于地势北高南低，南北之间高差悬殊达 6 663.6 m，大大加剧了全省范围内因纬度因素而造成的温差。这种高纬度与高海拔相结合、低纬度和低海拔相一致，即水平方向上的纬度增加与垂直方向上的海拔增高相吻合的状况，使得各地的年平均温度，除金沙江河谷和元江河谷外，大致由北向南递增，平均温度在 5~24 ℃，南北气温相差 19 ℃ 左右。

由于受地形的影响和天气系统的不同，全省气温纬向分布规律中常会出现特殊的情况，出现了"北边炎热南边凉"的现象。特别是在垂直分布上，因境内多山，河床受侵蚀不断加深，形成山高谷深，由河谷到山顶，都存在着因高度上升而产生的气候类型差异，一般高原每上升 100 m，温度即降低 0.6 ℃ 左右。

年温差小，日温差大，由于地处低纬高原，空气干燥且比较稀薄，各地所得太阳光热的多少除随太阳高度角的变化而发生增减外，也受云雨的影响。夏季，最热天平均温度在 19～22 ℃；冬季，最冷月平均温度在 6～8 ℃。年温差一般为 10～15 ℃，但阴雨天气温较低。一天的温度变化是早凉、午热，尤其是冬、春两季，日温差为 12～20 ℃。

降水充沛，干湿分明，分布不均。全省大部分地区年降水量在 1 100 mm，南部部分地区可达 1 600 mm 以上。但由于冬夏两季受不同大气环流的控制和影响，降水量在季节和地域上的分配是极不均匀的。冬季位于"昆明准静止锋"的西侧，受单一暖气团控制，降水稀少。夏季受西南季风影响，潮湿闷热，降水充沛。降水量最多的是 6 月到 8 月，约占全年降水量的 60%。11 月至次年 4 月的冬春季节为旱季，降水量只占全年的 10%～20%，甚至更少。不仅如此，在小范围内，由于海拔高度的变化，降水的分布也不均匀。云南无霜期长，南部边境全年无霜；偏南的文山、红河、普洱，以及临沧、德宏等地无霜期为 300～330 天；中部昆明、玉溪、楚雄等地约 250 天；较寒冷的昭通和迪庆为 210～220 天。云南光照条件也好，每年每平方厘米为 90～150 千卡，仅次于西藏、青海、内蒙古等。

2. 云南省冰冻灾害情况

2008 年 1 月中旬至 2 月底，云南省出现了严重的低温雨雪冰冻灾害，造成 68 个县 1 168.8 万人受灾，因灾死亡 22 人、失踪 4 人、伤病 22 669 人，这次冰冻使云南大部分地区供电线路断线倒杆，直接经济损失 50.8 亿元；2007 年 3 月 2 日至 10 日，云南省大部分地区出现强"倒春寒"天气，全省除西双版纳傣族自治州外，15 个州市均不同程度受灾，造成直接经济损失 25.4 亿元人民币，36 人死亡，受灾人口多达 864 万，成灾 620 万人，被困 19 万多人。2011 年年初的灾害持续时间和影响范围相对 2008 年稍小，但云南东部地区的低温灾害却是近 50 年来最严重的，持续的低温冰冻灾害造成长时间的道路结冰、电网覆冰等，对人民生产生活、工农业生产以及东部地区的经济发展带来严重影响。

3. 云南省冰冻灾害气候特征

云南省冰冻灾害出现在 10 月、11 月、12 月、次年 1 月、2 月、3 月、4 月，次年 1 月最强，次年 2 月次之，12 月第三强，次年 3 月第四强，与气温月分布有差异；云南冰冻灾害风险区分布在滇中及以东和以北地区，高风险区在滇东北、滇西北和滇东地区；滇中大部分地区出现 1～5 天冰冻灾害的概率值在 10%以下，风险很小；滇西北、滇东北和滇东地区出现 10～20 天冰冻灾害的概率在 30%～100%，风险较大，其中出现 30 天以上冰冻灾害的有 10 站,概率值在 2%～84.2%;镇雄、昭通、鲁甸是高风险区,3 个站每年出现 20 天以上冰冻灾害的概率值在 70%～100%;随着全球气候变暖,云南冰冻灾害的强度有减轻的气候趋势,这种趋势始于 1985 年。

4. 云南省覆冰故障分析

树木覆冰可能是一种美丽的自然景观,但线路覆冰会导致线路发生覆冰故障,输电线路长时间覆冰会导致杆塔变形、倒塔、导线断股、金具和绝缘子损坏、绝缘子闪络等事故。不仅引发大面积停运事故,而且冬季抢修工作难度大,不利于故障的恢复。

1)覆冰故障逐年变化情况

从表 1-2-2 中可以看出,2012 年共发生覆冰故障 13 次,其中 220 kV 输电线路 5 条次,500 kV 输电线路 8 条次。2013 年发生线路覆冰故障 3 次,均为 500 kV 输电线路。2014 年共发生覆冰故障 13 次,其中 220 kV 输电线路 2 条次,500 kV 输电线路 11 条次。110 kV 输电线路近三年都未发生覆冰故障。220 kV 输电线路近三年累计发生 7 次覆冰故障,500 kV 输电线路近三年发生 22 次覆冰故障。因此,500 kV 输电线路是防覆冰工作的重点。

表 1-2-2 2012—2014 年云南省送变电工程公司代运维输电线路覆冰故障统计表

电压等级	2012 年	2013 年	2014 年	合计
110 kV	—	—	—	—
220 kV	5	—	2	7
500 kV	8	3	11	22
合计	13	3	13	29

2)覆冰故障的时间分析

云南电网输电线路覆冰故障集中在 12 月至次年 2 月。在滇东北个别地区,如昭通、曲靖北部,最早出现在 11 月,最晚到 3 月。怒江高黎贡山、迪庆、丽江等高海拔雪山段也有可能出现覆冰现象。

2014 年云南省送变电工程公司(后简称"云送")代运维的输电线路覆冰故障主要发生于 2 月和 12 月,2 月发生输电线路覆冰故障 12 次,其中 500 kV 输电线路 10

次、220 kV 输电线路 2 次。12 月发生输电线路覆冰故障 1 次，为 500 kV 输电线路。2 月云南大部分地区开始回暖，线路覆冰在脱落时，引发脱落舞动，导致导线对光缆间安全距离不足，致使故障跳闸。因此，冬末春初应是线路防覆冰关注的重点时段。

3）覆冰故障的地域分布

为有效防范覆冰灾害，国家电网及南方电网公司基于覆冰厚度，制定线路冰区标准：重冰区（冰厚达到 20 mm 及以上的地区）、中冰区（冰厚达到 10～20 mm 的地区）、轻冰区（冰厚达到 10 mm 及以下的地区）。

其中，云南昭通为重冰区，迪庆、曲靖北部为中冰区，丽江及高海拔山脉也是冰区。

2014 年云南省送变电工程公司的线路覆冰故障主要集中于昭通、怒江、丽江三个地区，其中以昭通工作站的覆冰故障最为严重，共发生 10 次覆冰故障。丽江工作站发生 1 次覆冰故障，怒江工作站发生 2 次覆冰故障。2014 年云送覆冰故障发生区域与云南电网冰区分布基本吻合。

综上所述，云送的覆冰故障多发于昭通地区以及丽江、怒江的高海拔雪山段输电线路。应结合这些地域覆冰故障发生的特点，针对性地进行应对策略研究。

4）覆冰故障引发的输电线路非计划停运分析

2014 年累计发生覆冰故障 13 次，每百公里故障比率为 0.13，非计划停运次数为 6 次累计非计划停运时间为 11 小时 29 分钟。

500 kV 输电线路共发生覆冰故障 11 次，每百公里输电线路发生故障比率为 0.17，非计划停运次数为 5 次，累计非计划停运时间为 10 小时 49 分钟。

220 kV 输电线路共发生覆冰故障 2 次，每百公里覆冰故障的比率仅为 0.07，因覆冰故障引发的非计划停运次数为 1 次，累计非计划停运时间为 40 分钟。

110 kV 输电线路未发生覆冰故障。

220 kV 输电线路故障为 220 kV 兰福线雪山段因覆冰跳闸。

500 kV 输电线路因覆冰故障引发的线路非计划停运次数最多、时间最长，是防覆冰改造的重点。

500 kV 输电线路覆冰故障主要发生在昭通工作站代运维的 500 kV 永甘乙线、甘换甲线、溪换甲线，其中 500 kV 甘换甲线因覆冰跳闸 5 次，溪换甲线甲跳闸 2 条次，永甘己线跳闸 2 条次。500 kV 永甘甲乙线途经重、中冰区，溪换甲线途经轻冰区，甘换甲线途经部分中冰区。

因此，需重点研究途经冰区的输电线路防覆冰策略。

5）覆冰故障管理方面的原因分析

（1）设备原因。设计方面存在潜在的不良因素。线路设计时未能充分研讨线路冰区分布，造成输电线路运行阶段耐冰效果差。

（2）日常巡视不到位，未能及时发现线路覆冰。从覆冰故障的优先等级分析可看出，覆冰故障等级高主要因为未能及时发现造成此种情况。输电线路覆冰故障是一个缓慢发展的过程。在输电线路日常维护过程中，如果未能及时发现输电线路覆冰，那么极有可能造成线路覆冰引发的跳闸。

1.3 覆冰预测技术

1.3.1 覆冰量预测

许多受覆冰影响较为严重的国家的研究人员通过现场数据分析和仿真试验，提出了多种导线覆冰模型，其中比较著名的有 Chaine 和 Skeates 的导线雨凇覆冰的当量径向厚度模型、Imai 的雨凇增长率模型、Mc Comber 和 Govoni 的雾凇覆冰模型，以及 Coodwin 提出的导线覆冰的径向冰厚公式。在覆冰影响的参数研究方面，Langmuir 和 Blodgett 针对空气中流动的过冷却水滴与导线的碰撞率进行了数值解析；芬兰学者 Mokkonen 等搭建了覆冰影响数值模型，从定量角度分析了导线覆冰与某参数的函数关系。在此之后还有许多专家学者提出了碰撞率系数和捕获率系数等经验公式。到目前为止，所有的覆冰机理研究和相关覆冰参数公式都较为片面地表述了整个覆冰过程。主要表现为：

（1）仅针对一种或者几种情况进行分析推理，不具有普遍代表性；

（2）未能定量评价出捕获率、冻结系数等参数的影响程度或表达式，不能真实表述覆冰的实际过程；

（3）分析影响参数的过程中做出一定假设，分析对象单一且理想化，无法全面综合地考虑所有覆冰影响因子，因此理论计算得出的结果与实际数据之间有一定误差。

1. 导线自然覆冰影响因素

国内外针对导线覆冰进行了大量研究，并取得了一定的成果，如将导线覆冰增长过程分为两类，即干增长过程和湿增长过程；还对覆冰临界增长等内容进行了研究。然而现有的导线覆冰研究大多通过实验室模拟，对于自然条件下导线覆冰的研究较少。查阅文献可得：重庆大学雪峰山自然覆冰试验站具有得天独厚的气候条件和试验设备，故对自然条件下导线覆冰进行了长期现场观测。

实际上，可以观察到导线上的雨凇覆冰有不同的形状，如光滑的圆筒状，在迎风侧形成的新月状；挂在导线底部的冰柱状以及沿着导线形成的不对称突起；在很多情况下，会在迎风侧的导线上形成相当光滑的一层，其下方会出现垂冰，其余的水会流到底部并滴落。导线上雨凇的形状取决于增长阶段各种因素的综合作用。

自然条件下导线覆冰的影响因素较多，例如：气象条件、导线直径、导线扭转性能、导线悬挂高度、风速风向、地形及地理条件、海拔高度、凝结高度、水滴直径、电场强度、负荷电流等都对输电线路覆冰的厚度、重量、冰形等产生严重的影响。

自然条件下，温度、过冷却水滴直径、液态水含量及风速风向对导线覆冰增长及覆冰形态有较大影响，不同气象条件下，导线的覆冰类型有着明显差异。大量的观测数据表明，当温度为 $-5 \sim 0 \ °C$、水滴直径为 $10 \sim 40 \ \mu m$，风速比较大时，一般形成雨凇覆冰；温度为 $-15 \sim -10 \ °C$、水滴直径为 $1 \sim 20 \ \mu m$，风速比较小时，往往形成雾凇覆冰；温度为 $-9 \sim -3 \ °C$、水滴直径为 $5 \sim 35 \ \mu m$，通常形成混合凇覆冰；观测结果具有分散性，总体来说，当温度较高、风速较大时，一般形成雨凇覆冰，温度较低、风速较小时，往往形成雾凇覆冰，混合凇覆冰形成条件介于雨凇和雾凇之间。

导线自然覆冰时，风对其覆冰增长及覆冰形态起重要作用。携带着大量过冷却水滴的气流与导线碰撞，被捕获并停留在导线上的水滴冻结，从而使导线覆冰并增长。当具备了覆冰的温度、水汽等条件后，风速大小、风向对导线覆冰有重要影响，然而导线覆冰的增长速率并非完全与风速呈正比例关系。分析湖北省多年的输电线路覆冰统计资料，可知：当风速为 $3 \sim 6 \ m/s$ 时，导线覆冰增长速度最快；当风速小于 $3 \ m/s$ 时，导线的覆冰速度与风速成正比；当风速大于 $6 \ m/s$ 时，导线的覆冰速度与风速成反比。风向对导线覆冰的影响表现为：当风向与导线平行或近似平行时，覆冰程度会相对较轻；当风向与导线垂直或近似垂直时，覆冰程度会比较严重；自然条件下，风向是不断变化的，导线覆冰不均匀且不规则，形成不均匀覆冰。

导线覆冰的轻重与山脉走向、风口、坡向与分水岭、台地、江湖水体等因素有关；微地形、微地理条件对导线覆冰影响严重，迎风坡、山顶、云雾环绕的山腰等处，覆冰程度也比较严重。例如，在山岭地区，迎风侧的气流被抬高，导致湿度增加，而且更多的云团与导线以及杆塔相接，形成覆冰；在山的背风侧，空气是干燥的，覆冰非常少甚至不会发生。

海拔高度对输电线路覆冰也有较大影响，一般情况下，海拔越高，导线覆冰相对较严重。对于同一区域，海拔较高的地方，导线更容易覆冰，其覆冰类型一般为雾凇；海拔较低的地方，导线覆冰相对较轻，其覆冰类型往往为雨凇或混合凇。

对不同走向的导线进行大量观测对比，结果表明，线路走向对导线覆冰有一定的影响，与南北走向的输电线路覆冰情况相比，东西走向的输电线路覆冰更为严重；同时，覆冰后由于不均匀覆冰的影响，导线覆冰可能诱发覆冰舞动。

导线自身结构，包括导线的刚度、直径等对导线覆冰也有影响。导线覆冰增长速度与导线直径有明显关系，在同样条件下，粗导线覆冰速度比细导线慢，导线扭转加速了筒状冰的形成，也增加了导线冰灾的危险性。

2. 导线覆冰数值预测模型

覆冰研究中，研究者们提出了众多覆冰预测模型，结合覆冰发生时的气象，对已发生的覆冰事故进行分析，提出了经验覆冰模型，如 Lenhard 经验模型、Kuoiwa 模型和 Imai 模型等；从覆冰物理实质入手建立的理论模型，如 Goodwin 模型等；深入研究覆冰物理过程，从而建立了数值计算模型，如 Makkonen 数值计算模型等。

1）Lenhard 模型

1955 年，Lenhard 对已发生覆冰事件的覆冰质量与当时的降水量进行分析，由经验数据得出了单位长度导线覆冰质量（M）与降水量（H_g）的关系，即：

$$M = C_3 + C_4 H_g \tag{1-3-1}$$

式中，C_3、C_4 为常数。Lenhard 模型没有考虑风速、气温等环境参数对覆冰质量（M）的影响，故无法准确反映线路覆冰状况。

2）Kuoiwa 模型

1965 年，D. Kuoiwa 分析大量试验数据，引入风速（V）、圆柱体半径（R）和环境温度（T）等参数，得出圆柱体雨凇覆冰增长率：

$$\frac{dM}{dt} = 1.05 \times 10^{-5} \sqrt{VRT} \tag{1-3-2}$$

Kuoiwa 模型虽然考虑了环境温度、风速和圆柱体半径等参数的影响，然而并未揭示输电线路覆冰的本质，故未得到广泛应用。

3）Imai 模型

1953 年，Imai 提出：导线雨凇覆冰时，冰层总存在一层水膜，故导线覆冰强度与降水强度无关，且水膜的冻结量仅与温度（T）相关，因此导线雨凇增长率为：

$$\mathrm{d}M/\mathrm{d}t = C_1\sqrt{VR}(-T) \tag{1-3-3}$$

式中，C_1 为常数；R 为导线覆冰后的半径；M 为每米导线雨凇覆冰量，kg/m；V 为风速。

假定雨凇覆冰的密度为 0.9 g/cm³，对式（1-3-3）积分，得出导线覆冰后的半径 R：

$$R^{3/2} = C_2\sqrt{V}(-T) \cdot t \tag{1-3-4}$$

式中，C_2 为常数，其值与传热过程有关。

该模型是基于覆冰过程中的传热过程建立的。然而此模型未能很好地揭示其传热过程实质，仅用温度表征传热过程，过于简单，计算不够准确。一般情况，该模型会高估覆冰量；异常条件下，该模型会低估覆冰量，因为此时 C_2 值太小；并且该模型忽略了导线底部形成的冰柱，雨凇覆冰时，这种低估问题表现得尤为严重。

4）Goodwin 模型

1983 年，Goodwin 研究得出覆冰干增长时导线的覆冰速率：

$$\mathrm{d}M/\mathrm{d}t = 2RWV_\mathrm{i} \tag{1-3-5}$$

式中，R 为覆冰导线半径；W 为空气中液水含量；V_i 为水滴碰撞速度。

t 时刻，每米导线覆冰质量为：

$$M = \pi\rho_\mathrm{i}(R_\mathrm{i} - R_\mathrm{o})^2 \tag{1-3-6}$$

式中，R_i 为覆冰后的导线半径；R_o 为导线半径；ρ_i 为冰层的密度。

由式（1-3-5）和式（1-3-6）可得：

$$\mathrm{d}R/\mathrm{d}t = WV_\mathrm{i}/\rho_\mathrm{i}\pi \tag{1-3-7}$$

对式（1-3-7）进行积分，得出时间段 t 内导线覆冰厚度为：

$$\Delta R = R_\mathrm{i} - R_\mathrm{o} = \frac{WV_\mathrm{i}t}{\rho_\mathrm{i}\pi} \tag{1-3-8}$$

其中,水滴碰撞速度 V_i 表示为:

$$V_\mathrm{i} = \sqrt{V_\mathrm{d}^2 + V^2} \tag{1-3-9}$$

式中,V 为风速;V_d 为水滴下落速度。

设水密度为 ρ_w,则可得液态水含量(W)与降水量(H_g)的关系:

$$\rho_\mathrm{w} H_\mathrm{g} = WV_\mathrm{d}t \tag{1-3-10}$$

将式(1-3-9)和式(1-3-10)代入式(1-3-8),可得:

$$\Delta R = \frac{\rho_\mathrm{w} H_\mathrm{g}}{\rho_\mathrm{i}\pi}\sqrt{1+\left(\frac{V}{V_\mathrm{d}}\right)^2} \tag{1-3-11}$$

该模型假定收集系数为 1,从某种意义上体现了覆冰干增长。但试验发现,覆冰干增长时捕获的水滴通常比较小,在导线处气流受到一定干扰,使水滴发生了偏移,故其收集系数往往都小于 1。

5)Makkonen 数值计算模型

Makkonen 在冻雨覆冰过程中研究发现被捕获但未冻结的水滴并非全部流失,而是在导线底部形成冰凌。Fujii 与 Makkonen 根据理论及试验研究,发现单位长度导线上生长形成了 45 根冰凌,其他模型都未考虑这一覆冰物理现象。

Makkonen 数值计算模型是基于热平衡模型改进建立而成的,应用中需将气温、导线直径、风速、风吹角度、覆冰时间和降水率等作为模型输入量,采用数值方法计算考虑了冰凌的模型,得出每米导线上覆冰质量和时间之间的关系:

$$\frac{\mathrm{d}M}{\mathrm{d}t} = \alpha_1\alpha_2\alpha_3 wvA \tag{1-3-12}$$

式中,α_1 为碰撞率;α_2 为冻结率;α_3 为增长率;w 为质量浓度;v 为粒子速度;A 为覆冰导线截面积。

结果表明:当气温约为 0 ℃ 时,覆冰荷载最大,并且冰凌占较大的分量。虽然 Makkonen 模型计算所需要的分布参数不易测量,但试验结果非常理想,加拿大、芬兰和美国一致采用 Makkonen 模型对输电线路进行设计。

1.3.2　基于架空线路状态方程和垂直比载的覆冰预测模型

一般情况下，使用电网的覆冰厚度来表征电网的覆冰状态。20 世纪 70 年代，学者们已开始进行有关覆冰厚度检测方法的研究。最早期采用量器具检测法，即用外钳夹在冰凌模拟线上，用米尺测量覆冰直径和厚度，然后根据直径和厚度计算覆冰厚度。但用量器具检测冰层的直径、厚度数值计算出导线覆冰厚度，未能考虑冰的比重，导致测量不准确。随后又出现了称重法。称重法用量具检测覆冰厚度，虽然相对于量具检测法前进了一步，但取自模拟线段的冰样往往与实际运行导线上的冰样有出入，导致测量结果不准确。

我国电力系统架空输电线路设计标准规定覆冰形状为均匀圆柱形，标准覆冰密度为 $\rho = 0.9 \text{ g/cm}^3$。将现场覆冰形状不规则和密度不断变化的覆冰厚度归算为标准圆柱形和标准密度下的覆冰厚度，称为等值覆冰厚度。

为了构建力学模型，可以依据理论力学中的柔索理论，将电线假设为不能承受弯矩和剪力的作用，仅承受沿轴张力的理想的柔索。在实际应用中，可以假设输电线路荷载沿线路均匀分布，用斜抛物线公式计算大高差，用平抛物线公式计算小高差。这样既满足了模型的实用性，也可以保证误差在一个允许的范围内。目前输电线路力学模型的构建大都基于这样的理论。

一般来说，两个耐张塔和若干个直线塔就可以构成输电线路的一个耐张段。耐张塔要求能承受设计范围内的不平衡张力，需要建造得比较坚固。但是直线塔没有这样的要求，因此它可能成为整个耐张段的薄弱环节。本书建立的模型是基于对直线塔的受力分析。当温度和作用在线路上的荷载出现改变，悬挂在两个悬点上的导线自身线长和应力也会有相应的改变，这可能是由温度变化引起的电线线长膨胀或收缩造成的，也有可能是由荷载不同引起电线弹性伸长量的不同所造成的。能够监测到的各个数据可通过受力分析和架空线路状态方程联系起来，在此基础上可以构建数学模型，进而可得到覆冰的等值厚度。

1. 基于直线塔受力分析的计算

1）自重比载

架空线路在理想状态下，其垂向比载是电线自身重量造成的，计算式如下：

$$\gamma_0 = \frac{gq}{S} \tag{1-3-13}$$

式中 γ_0——电线自重比载，N/（m·mm²）；

g——重力加速度，m/s²；

q——电线单位长度质量，kg/m；

S——电线截面积，mm²。

2）冰重比载

架空线路在覆冰后，电线上的覆冰质量引起的比载，用 γ_{ice} 表示，计算式为：

$$\gamma_{\text{ice}} = \frac{g\rho\pi(d+b)b \times 10^{-6}}{S} \tag{1-3-14}$$

式中 γ_{ice}——电线冰重比载，N/（m·mm²）；

d——电线直径，mm；

b——覆冰厚度，mm；

ρ——冰密度，kg/m³。

3）垂直比载

电线的垂直比载受电线自身质量和覆冰质量共同作用，为自重比载和冰重比载之和：

$$\gamma_{\text{v}} = \gamma_0 + \gamma_{\text{ice}} \tag{1-3-15}$$

2. 基于直线塔受力分析的模型

为了方便进行受力分析、建模和计算，可将直线杆塔看作由主杆塔 A、小号杆塔 B、大号杆塔 C 和杆塔间的输电线组成的系统。小号杆塔侧和大号杆塔侧到主杆塔的导线的悬点高差分别为 h_1 和 h_2，高差角分别为 β_1 和 β_2。根据图 1-3-1 直线塔线路模型的受力分析，得到各个计算量之间的联系，由此建立了数学模型，输入测量值后即可得到覆冰厚度。

如果要把冰风荷载也计算在内，必须将原来导线受力分析所在的平面转化为在风荷载作用下导线偏转后所在的平面。小号杆塔侧、大号杆塔侧垂直平面参数与风平面参数的变化系数分别为：

$$m_1 = \sqrt{1+(\tan\beta_1 \sin\eta)^2} \qquad (1\text{-}3\text{-}16)$$

$$m_2 = \sqrt{1+(\tan\beta_2 \sin\eta)^2} \qquad (1\text{-}3\text{-}17)$$

式中，β_1、β_2 分别为小号杆塔侧、大号杆塔侧的高差角；η 为角度传感器测量得到的导线垂直线路方向倾斜角。

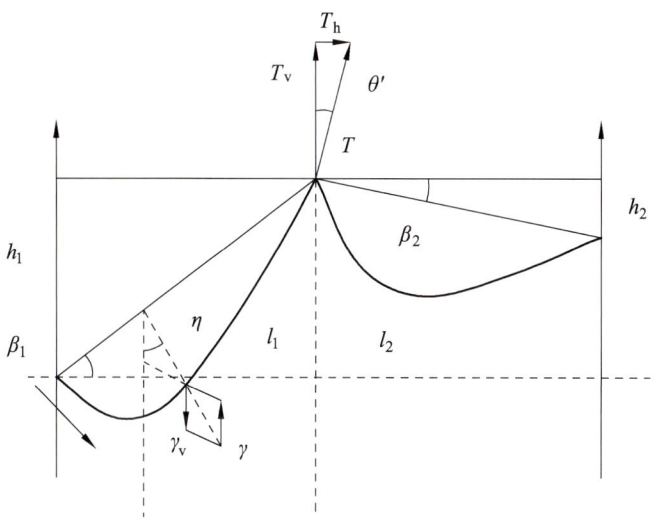

图 1-3-1　直线塔线路模型

风平面内绝缘子串沿电线的倾斜角计算式为：

$$\cos\theta' = \frac{1}{\cos\eta\sqrt{1+\tan^2\theta+\tan^2\eta}} \qquad (1\text{-}3\text{-}18)$$

式中，θ 为角度传感器测量到的导线沿线路方向的倾斜角。

由横向受力平衡可知，在导线覆冰的情况下主杆塔 A 水平荷载的表达式为：

$$T_h = (\sigma_{2\text{ice}}m_2 - \sigma_{1\text{ice}}m_1)S \qquad (1\text{-}3\text{-}19)$$

其中，$\sigma_{1\text{ice}}$、$\sigma_{2\text{ice}}$ 分别为小号杆塔侧、大号杆塔侧覆冰情况下的导线水平应力；$T_h = T\sin\theta'$，T 为安装在杆塔上的拉力传感器测量到的拉力值。

3. 基于架空线路状态方程和垂直比载的覆冰计算

1）架空线路状态方程

对于两杆塔之间的导线，利用架空线路的大高差的状态方程可以由已知架空线的无覆冰状态，去推导架空线的覆冰状态，从而得到覆冰状态下电线的水平应力，计算式为：

$$\sigma_{ice}^3 + \left(-\sigma_0 m + \frac{l^2 \gamma_0^2 E}{24\sigma_0^2 m^2 \cos^2 \eta}\cos^2\beta m^2 + \alpha E(t_{ice} - t_0)\cos\beta m\right)\sigma_{ice}^2 - \frac{l^2 \gamma_v^2 E}{24}\cos^2\beta m^4 = 0$$

（1-3-20）

式中 σ_0——导线设计时的水平应力；

α——导线的温度线膨胀系数；

l——杆塔的挡距；

E——导线的弹性系数；

t_0——导线设计温度；

t_{ice}——导线覆冰温度。

2）基于直线塔受力分析和架空线路状态方程的覆冰计算

将小号杆塔侧和大号杆塔侧的相关测量值代入方程（1-3-20），可求出 σ_{1ice}、σ_{2ice} 的表达式。若通过联立该式与式（1-3-13）~（1-3-19）去计算覆冰厚度 b 会产生很大的误差，可以使用逐次逼近的方法消除误差。具体计算步骤如下：

（1）给定覆冰厚度初值 $b = 0$，步长 $\Delta b = 0.001$，误差范围 0.001；

（2）将 b 代入垂直比载计算式（1-3-13）~（1-3-15）得到 γ_v，再代入覆冰线路状态方程（1-3-20）得到水平应力 σ_{1ice} 和 σ_{2ice}，联立式（1-3-16）~（1-3-19），得到垂直拉力计算式 T_v'；

（3）比较差值，若 $|T_v' - T_v| < 0.001$，则停止计算；若 $T_v' < T_v$，则 $b = b + \Delta b$；若 $T_v' > T_v$，则 $b = b - \Delta b$；否则转到步骤（2）。

根据以上步骤，输入初始数据，即可得到覆冰厚度 b。

4. Mathematica 编程实例

为了验证该模型的准确性，我们采用某一电网 220 kV 输电线路的数据。输电线路的基本数据如下：线路架空导线采用 LGJ400/35 单分裂钢芯铝绞线，直径为 26.82 mm，截面积为 425.24 mm²，单位长度质量为 1.349 kg/m，导线设计温度为 12 ℃，导线的

温度线膨胀系数为 $2.05 \times 10^{-5}/℃$，导线的弹性系数为 65 kN/mm^2，许用应力为 92.8 MPa，强度极限为 232.11 MPa。#27 号直线塔为主塔，其导线悬挂处悬式绝缘子串及金具总质量为 283.2 kg。#26、#28 号分别为小号、大号杆塔。小号杆塔侧悬挂点高差为 34.54 m，大号杆塔侧悬挂点高差为 61 m，小号杆塔侧导线挡距为 376 m，大号杆塔侧导线挡距为 412 m。

以当地供电公司 2007 年现场监测到的导线覆冰数据为基础，利用上述建立的力学模型计算等值覆冰厚度。规定倾斜角偏向小号杆塔时为负值，偏向大号杆塔时为正值；风偏角值以和线路正交的方向为正值，相反的方向为负值。具体线路的覆冰监测数据如表 1-3-1 所示。

表 1-3-1 覆冰监测现场数据

时间	温度/℃	湿度/(%)	风速/(m/s)	悬点导线拉力/N	倾斜角/(°)	风偏角/(°)	覆冰厚度/mm
2007-02-26	−4	80	7	10 438.32	2.96	2.51	3.61
2007-02-27	−6	85	5	10 574.77	3.12	0.68	3.96
2007-02-28	−8	87	6	13 917.19	4.36	2.07	8.63
2007-03-01	−7	84	7	15 891.28	5.12	2.28	10.82
2007-04-15	−5	87	2	9 664.73	2.09	0.73	2.02
2007-04-16	−5	84	3	12 068.62	3.97	1.89	6.11
2007-04-19	1	27	1	8 485.21	0.4	0.91	0

将导线未覆冰时的监测数据输入进行计算，最后得到等值覆冰厚度 $b = 4.683$ mm，将该值作为模型的误差。由于模型假设的导线自重荷载和冰重荷载是沿两悬挂点连线均匀分布的，这样的假设过于理想化，会出现等值冰厚变大的结果。因此，将 $b = 4.683$ mm 作为误差修正值引入，在结果中减去 4.683 修正误差。修正后的计算结果与实际覆冰结果如表 1-3-2 所示。

表 1-3-2　修正后的计算结果

采样点	1	2	3	4	5	6
覆冰厚度/mm	3.61	3.96	8.63	10.82	2.02	6.11
计算覆冰厚度/mm	3.587	4.241	8.304	10.922	2.276	6.125
误差/%	−0.64	7.10	−3.78	0.94	12.67	0.25

表 1-3-2 中的数据是从输电线路覆冰现场完全随机选取的数据，在代入设计的模型中计算得出理论覆冰厚度后与实际覆冰厚度进行对比，可以看出所得到的数值误差较小，均属于正常误差。所以得出这个模型可以较为精确地以输电线路的数据推算出覆冰厚度，从而对输电线路状态进行评估，以减小因线路覆冰所造成的损失。

1.3.3　输电线路覆冰关键要素分析

1. 数据预处理

本章中所用到的数据主要来源于输电线路覆冰在线监测系统。输电线路覆冰在线监测系统通常由前端监测装置、通信网络和后台主站三部分构成，可实时监测微气象数据，定时拍摄图片，测量绝缘子串悬挂点拉力、倾角和风偏角，监测数据并上传主站后台力学模型，计算得到等效覆冰质量和等效覆冰厚度，同时在杆塔上还配备有微气象环境监测装置，可以用来获取输电线路附近的温度、湿度、辐射强度、风速等微气象因素。如图 1-3-2 所示为一个典型的输电线路覆冰在线监测系统模型。

输电线路覆冰在线监测系统的采集频率通常为每分钟一次，因此该监测系统所采集的实时数据量十分大，往往在数据库服务器中的数据范围可涵盖近几年的所有数据。并且在梳理同一条输电线路的各个监测因素时，需要通过台账号等主外键关联查找多张表。另外，由于监测设备定期检修或损坏等客观因素，常常会出现同一覆冰时间段内，某些监测量数据丢失或某条输电线路的覆冰量监测数据完全处于随机状态，从而不具有分析的可行性。因此，这就为分析整理实验数据带来了很大的复杂性与难度。经过近半年的筛选分析，最后整理出两组用于建模分析的数据源。第一个覆冰数据源自湖北大悟县山区的 500 kV 孝狮 I 回线，图 1-3-3 展示的覆冰监测数据时间为 2009 年 2 月 26 日至 2009 年 2 月 28 日，由于这些数据几乎包含了一次完整的覆冰过程，因此具有代表性。

第二个覆冰案例的数据来自山西某输电线路，其覆冰线路曲线如图 1-3-4 所示。

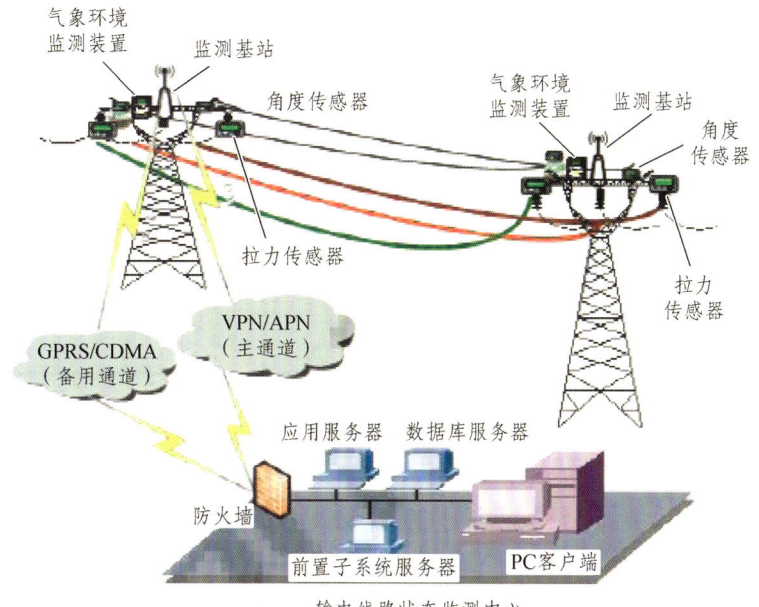

图 1-3-2　某典型的输电线路覆冰在线监测系统模型

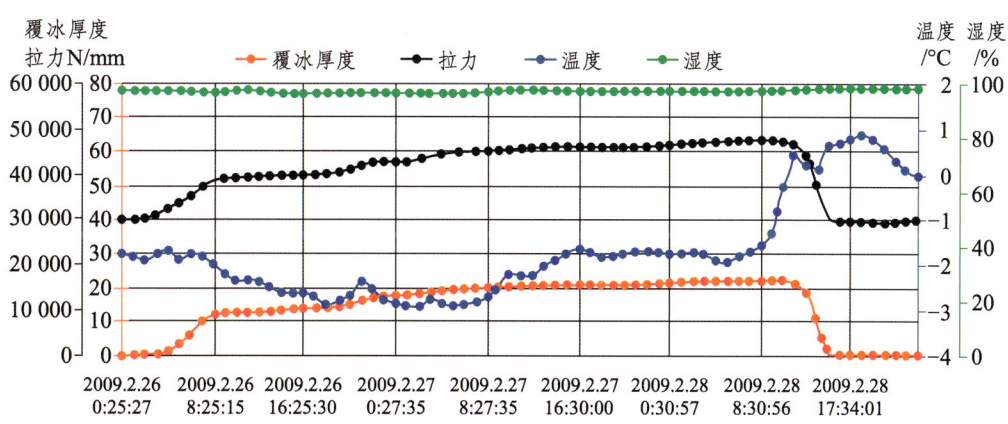

图 1-3-3　孝狮 I 回线一次完整的覆冰记录

第1章 覆冰关键技术

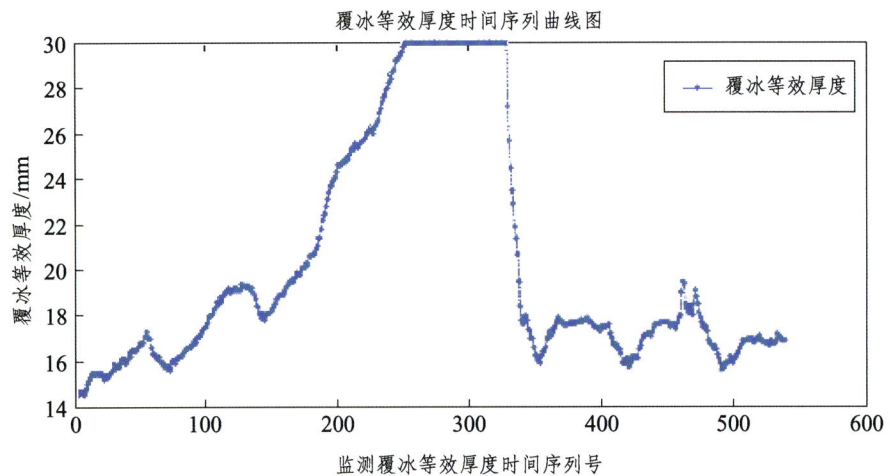

图 1-3-4 山西某输电线路的某次覆冰记录

在该条输电线路监测数据中，记录了大气压强、平均风速、环境温度、环境湿度、风向以及辐射强度等因素，本案例数据的监测时间从 2012 年 1 月 17 日至 2012 年 1 月 25 日，期间共包含 539 组监测数据。

由于设备故障、拆除者检修等原因，输电线路覆冰监测系统所采集的数据往往出现连接异常、缺失等情况，因此在进行建模之前需要进行数据的预处理，去除异常脏数据，补全缺失数据。本节通过三个步骤进行预处理，依次是去除异常数据、线性插值和归一化。

1) 去除异常数据

所谓剔除异常数据是指去掉明显超出正常范围的监测数据，比如剔除温度数据值在 5 ℃ 以上的监测数据，因为输电线路导线表面覆冰的基本气温条件是在 0 ℃ 以下。剔除湿度在 85% 以下的数据，通常输电线路表面覆冰的基本湿度条件为 85% 以上。对于已经去除的气象数据，拟采用该异常数据前后的平均值来补全。

2) 线性插值

对于缺失的数据，利用线性插值使数据具有更好的连续性与平滑性，获取准确和有效的分析数据。以输电线路覆冰厚度监测值为例来说明线性插值法，假设在时刻 t_1 输电线路覆冰厚度监测值为 m_1，在时刻 t_2 输电线路覆冰厚度数据缺失，在时刻 t_3 输电线路覆冰厚度监测值为 m_3，利用线性插值公式可估计不同时刻输电线路覆冰厚度值。通过上述这些处理过程，可降低异常数据对建模精度的干扰，加快预测模型的训练速度。如图 1-3-5 所示为山西某输电线路某一覆冰时间段内覆冰监测值，从图中可知有许多时段的覆冰监测值为空，使曲线不连续，影响了后续进一步分析。

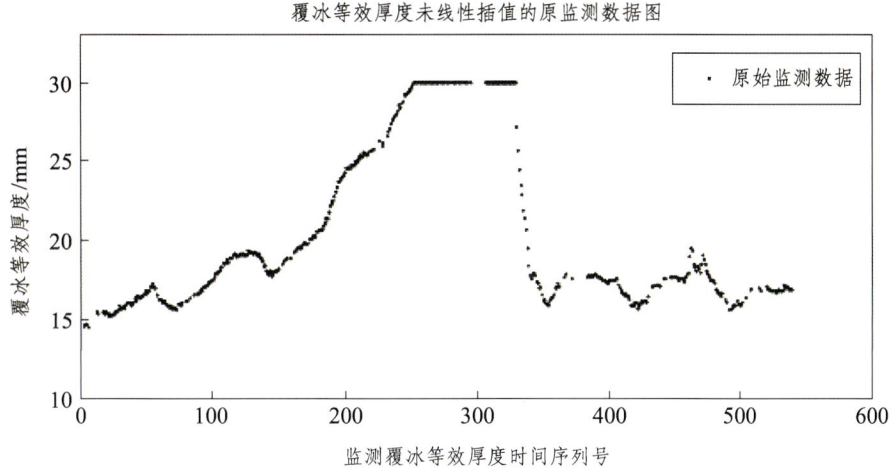

图 1-3-5　山西某输电线路某一覆冰时间段内覆冰监测值

通过线性插值处理后，图 1-3-5 中的覆冰监测曲线缺失值得以补全，以降低缺失数据对建模精度的干扰，为后续预测模型提供了良好的数据支撑，其效果如图 1-3-6 所示。

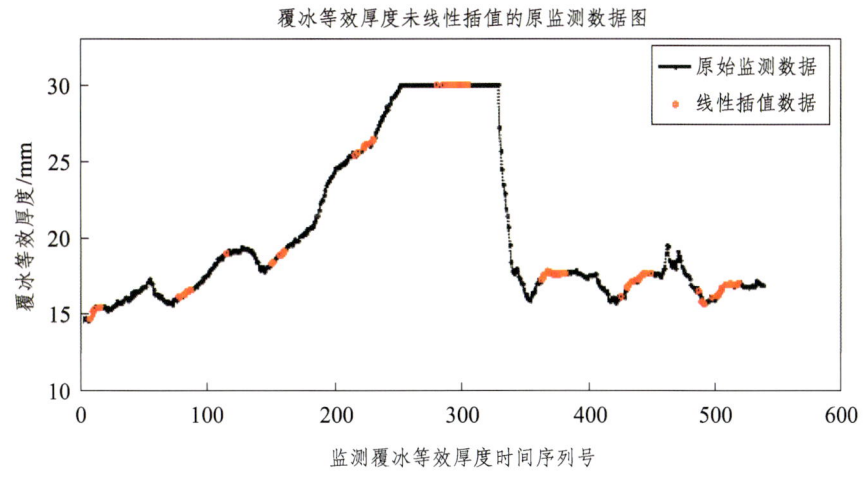

图 1-3-6　山西某输电线路线性插值后的覆冰厚度时间序列

3）数据归一化

进行归一化主要有以下几个原因：其一，神经网络的模型训练与预测依据是样本事件里各个事件的统计概率，其中常用的 sigmoid 函数取值具有规定的范围，从 0 到 1。一般输出神经元的输出值也同样具有此规律；其二，在样本数据中，可能存在着奇异数据，这种数据在网络模型训练时可使训练时间大大增加，甚至导致网络训练最终无法收敛；其三，在神经网络建模与回归预测时，首先得保证各个操作变量具有数值的可比性，因而需要去除各自的量纲。针对上述所说的情况，只有将样本计算数据进行统一的归一化操作，使它们在 0 到 1 的区间满足统计概率分布，才能有效避免上述不利情况的出现，才可提高网络学习速度。对于网络的输入信号，在进行归一化后所有输入样本的均方差会更小，其均值趋近于 0。通过上述分析可知，归一化起到了对样本统计分布性的统一作用，具有合一、统一或同一的含义。根据归一化后的数值范围，可将其分为统计坐标分布和统一概率分布。统计坐标分布的范围是 $-1 \sim 1$，统计概率分布的范围是 $0 \sim 1$。在进行输电线路覆冰预测模型的回归分析时，本节选取了较多因素作为模型的输入量，譬如大气压强（kPa）、环境平均风速（m/s）、环境温度（℃）和平均空气湿度（%），由于这些因素的单位并未统一，在进行模型训练计算时便不具有实际意义，因而建模之前需要提前进行归一化处理。

数据归一化方法是在进行神经网络预测前对数据进行的一般处理方法。数据归一化处理把所有数据转化为[0，1]之间的数，其目的是取消各维数据间数量级差别，避免因为输入输出数据数量级差别较大而造成网络预测误差增大。数据归一化的方法主要有以下两种：

方法一：最大最小法。函数形式如下：

$$X_k = (X_k - X_{\min})/(X_{\max} - X_{\min}) \tag{1-3-21}$$

式中，$X_{\min}$ 为数据序列中的最小数；$X_{\max}$ 为数据序列中的最大数。

方法二：平均数方差法。函数形式如下：

$$X_k = (X_k - X_{\text{mean}})/X_{\text{var}} \tag{1-3-22}$$

式中，X_{mean} 为数据序列的均值；X_{var} 为数据的方差。

本书采用第一种数据归一化方法，归一化函数采用 MATLAB 自带函数 mapminmax，该函数有多种形式，常用的方法如下：

[Inputn, inputns] = map min max (input_train)

[Outputn, outputns] = map min max (output_train)

Input_train、output_train 是训练输入、输出原始数据；inputn、outputn 是归一化后的数据，inputps、outputps 是数据归一化后得到的结构体，里面包含了数据最大值、最小值等信息，可用于测试归一化和反归一化。测试数据归一化和反归一化程序如下：

Inputn_test = mapminmax('apply', input_test, inputs);

Bpoutput = mapminmax('reverse', an, outputps)

Input_test 是预测输入数据；inputn_test 是归一化后的预测数据；'apply'表示根据 inputps 的值对 input_test 进行归一化；an 是网络预测结果；outputps 是训练输出数据归一化得到的结构体；Bpoutput 是反归一化之后的网络预测输出；'reverse'表示对数据进行反归一化。

本书采用了平均绝对误差（mean absolute error）和平均绝对百分比误差（Mean absolute percent error）衡量各个模型预测效果的准确率，其定义如式（1-3-23）和（1-3-24）所示：

$$MAE = \frac{1}{T}\sum_{i=1}^{T}|y_i - \hat{y}_i| \qquad (1\text{-}3\text{-}23)$$

$$MAPE = \frac{1}{T}\sum_{i=1}^{T}\left|\frac{y_i - \hat{y}_i}{y_i}\right| \qquad (1\text{-}3\text{-}24)$$

其中，y_i 是 i 时刻覆冰等效厚度的观测值；$\hat{y}_i$ 是 i 时刻模型对覆冰等效厚度的预测值。

2. 线路覆冰的影响因素关联分析

1）灰色关联分析方法

灰色关联分析的研究对象是确定的参考数据与多个用于比较的数据列。该算法评判参考数据与比较数据的关系紧密程度的标准是计算出它们之间的几何形状相似程度，因此，此方法对一个系统的进展演变趋势具有科学呈现与量化阐述。20 世纪 80 年代，华中理工大学的邓聚龙教授提出了灰色系统理论，该理论属于系统科学理论，其中包含灰色关联分析方法。由于各变化因素与参考数据在数学上可以表征为曲线，该方法的中心思想是计算出各比较因素曲线与参考数据曲线之间的几何相似程度，其结果称为关联度。关联度值越大，则表明这些因素与参考数据在演变速率与趋势上越靠近，即与参考数据具有更紧密的关系。因此，该方法对统计数据在时间序列上的发展演变态势进行了定量分析。灰色关联分析算法对样本分析个数的最低要求是 4 个，无规律的数据之间同样可以采用这个方法。这就避免了定性分析结论与定量计算结果之间的矛盾。该算法的主要思路是：首先通过归一化等手段去除各评价指标的量纲，然后计算关联系数，进而得到相应的关联度。最后将各评价因素的关联度按照大小排序，从而寻找出与参考数据关系最紧密的那些因素。灰色关联分析方法广泛应用在多个学科领域中，较突出的是社会经济，对我国职能部门的经济决策与国民经济起到了一定的指导意义。关联度分为相对关联度与绝对关联度。所谓相对关联度是指序列以初始点作为参照来计算其变化速率，因此与数据容量无关，在这一方面优于绝对关联度。而绝对关联度的初始化方面采用的是初始点零化法，往往各因素之间的量纲是不一致的，这就会导致出现不合理的结果，妨碍分析。

灰色关联分析的具体计算步骤如下：

步骤一：确定分析数列。

首先抽象出该系统中的参考数据，该数据对系统行为特征有较好的代表性，将其称之为参考数列。然后总结出用于对比的各因素数据，这些因素通常对系统行为具有一定的影响，称之为比较数列。

令 $Y = \{Y(k)|1, 2, \cdots, n\}$ 表示参考数列，则有：$X_i = \{X_i(k)|1, 2, \cdots, n\}$，$i = 1, 2, \cdots, n$ 表示比较数列。

步骤二：去除变量量纲。一个系统往往拥有多个因素，而每个因素的数值单位通常不一样，比如影响线路覆冰气象因素中温度、风速、气压等，它们的量纲各不一样。因而在进行关联分析时，首先通过归一化等手段去除这些因素的单位。

$$x_i(k) = \frac{X_i(k)}{X_i(l)}, k = 1, 2, \cdots, n; \ i = 0, 1, 2, \cdots, m \qquad (1\text{-}3\text{-}25)$$

步骤三：计算关联系数。

$x_0(k)$ 与 $x_i(k)$ 的关联系数：

$$\xi(k) = \frac{\min\limits_{i}\min\limits_{k}|y(k) - x_i(k)| + \rho \max\limits_{i}\max\limits_{k}|y(k) - x_i(k)|}{|y(k) - x_i(k)| + \rho \max\limits_{i}\max\limits_{k}|y(k) - x_i(k)|} \qquad (1\text{-}3\text{-}26)$$

记 $\Delta_i(k) = |y(k) - x_i(k)|$，则

$$\xi(k) = \frac{\min_i \min_k \Delta_i(k) + \rho \max_i \max_k \Delta_i(k)}{\Delta_i(k) + \rho \max_i \max_k \Delta_i(k)} \quad （1\text{-}3\text{-}27）$$

ρ 代表的是分辨系数，且为非负数，通常将它的取舍范围规定为（0，1），其物理含义为：值越大，分辨能力越强，当 ρ 为 1 时，分辨效果最佳，一般情况下将 ρ 的值设置成 0.5。

步骤四：关联度计算。

由于某因素的关联系数通常是多个，其几何表现形式是比较数列和参考数列在每个时刻对应的关联度值所连接而成的曲线，而各时刻的关联度较分散，妨碍了整体比较。故有必要定义一个算子，使其计算出来的关联度值能够代表各时刻的关联度值，令该算子为 r_i，定义如下：

$$r_i = \frac{1}{n} \sum_{k=1}^{n} \xi_i(k), \quad k = 1, 2, \cdots, n \quad （1\text{-}3\text{-}28）$$

步骤五：关联度排序。

将各因素的关联度进行大小排序，若因素 2 的关联度值大于因素 1 的关联度值，则可认为因素 2 相对于因素 1 与参考数列关系更密切。计算某因素与参考数列的关联度，首先算出该因素与参考数列在各个时间点上的关联系数，然后将这些关联系数取平均即可得到。

2）线路覆冰典型实例分析

输电线路覆冰是受到多种因素的综合作用所形成的，如低纬高原地带，地形复杂，气候多变，遇到适当的环境条件极易形成线路覆冰；山脉地带，山脉走向和坡向以及山体部位、海拔等都会对输电线路覆冰产生影响；河流地带，水体等也影响着线路的覆冰厚度；另外，导线周围的微气象环境对覆冰的形成和生长也起到了很重要的作用。

目前，有关输电线路的覆冰影响因素的分析可采用相关性分析法和回归分析法，它们主要是通过构建指数函数、线性函数等，采用最小二乘法拟合，得到覆冰因素和覆冰厚度之间的大致关系，在地形、气候等地理和气象因素的基础上建立覆冰影响因素研究模型。现有的分析工作仅仅局限于覆冰在形成过程中与哪些影响因素相关，而并没有将研究重点放在分析各影响因素的主次轻重。

鉴于本章研究的覆冰监测数据主要以微气象为主，再加上地形地貌等其他因素较难用数字完整概括，往往以文字为主。因此，本章在分析影响线路覆冰形成和生长的因素时，未考虑微地形因素，用于覆冰影响因素分析的监测量列举如下：空气温度、环境平均湿度、气压、光照强度、平均风速、风向和导线拉力。

本节实验中用到了 1.3.3 节中所介绍的两个不同覆冰数据源，依据第一个覆冰数据源中所监测到的覆冰数据（具体曲线图可参考图 1-3-3），该监测点记录的监测量包括输电线路等效覆冰厚度、导线拉力、空气温度和环境湿度。监测时间从 2009 年 2 月 26 日到 2009 年 2 月 28 日，在此期间输电线路出现了一次完整的覆冰过程。从覆冰开始生成到最终融化脱落，整个过程可归纳为四个阶段，分别是覆冰产生过程、平稳增长过程、增长趋缓过程和融化结束过程。各阶段具有相应的特征，下面分别进行说明：

（1）在第一阶段，覆冰厚度的变化不明显。由于覆冰形成是一个长期积累的过程，在风速、气温、湿度以及尘埃共同作用下将冷却水滴凝结，依附直到最终形成冰粒。

（2）第二阶段的时间不长，但在这个时间段内输电线路覆冰的生长速度较快。

（3）第二阶段和第三阶段的维持时间往往受到当地气象条件的影响。

（4）第四阶段，一般在两到三个小时之内，输电线路覆冰便会全部融化消失或从导线上脱落。

本书实验中用到的第二个覆冰案例来自山西某线路上的监测数据，其监测量包括线路等效覆冰厚度、导线拉力、空气温度、环境平均湿度、光照强度、气压、平均风速和风向。监测时间从 2012 年 1 月 17 日至 2012 年 1 月 25 日，这期间出现了一次完整的覆冰过程，上述所有监测量的数据采集频率均为每 20 分钟一次。如图 1-3-7～1-3-12 所示，分别展示了经过数据筛选与预处理后，该线路的不同监测量在此期间的时间序列曲线。

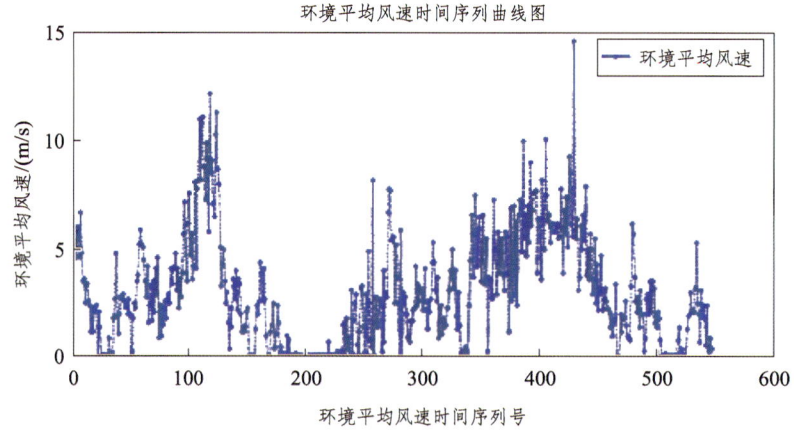

图 1-3-7　风速时间序列曲线图

1.3 覆冰预测技术

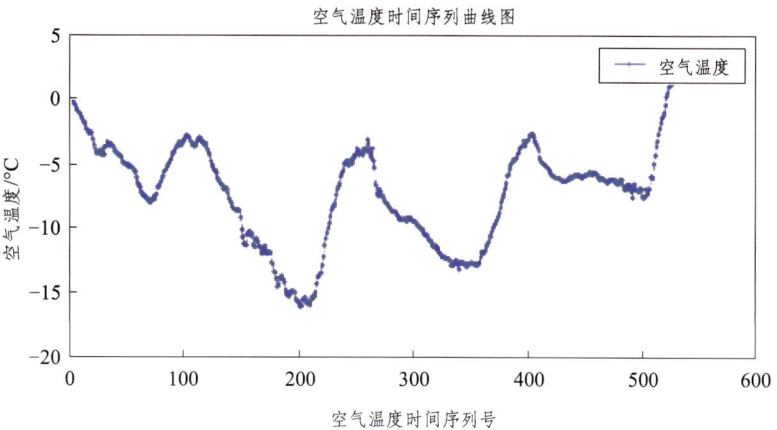

图 1-3-8　空气温度时间序列曲线图

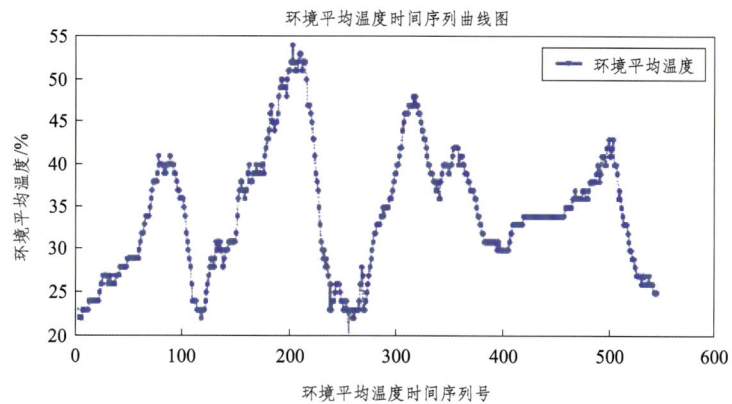

图 1-3-9　湿度时间序列曲线图

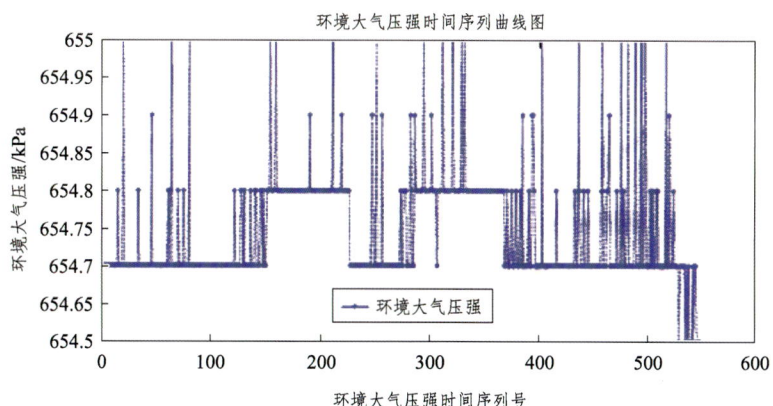

图 1-3-10　气压时间序列曲线图

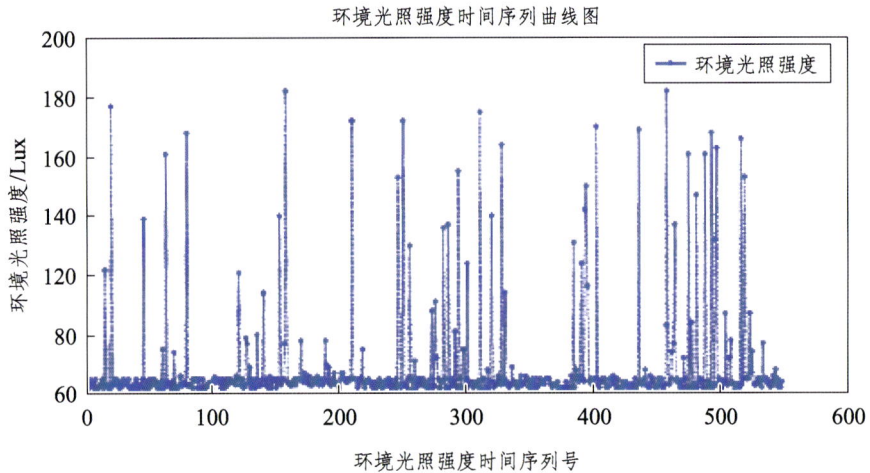

图 1-3-11　光照强度时间序列曲线图

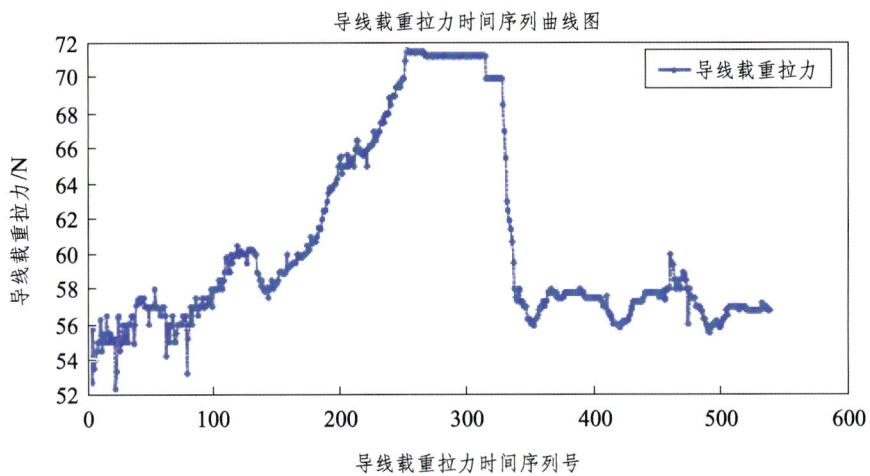

图 1-3-12　导线拉力时间序列曲线图

3. 关联分析实验结果

第一个关联分析实验数据选取了本书 1.3.3 节中介绍的第二个覆冰数据源，即山西某输电线路 2012 年 1 月 17 日至 2012 年 1 月 25 日期间的 539 组监测数据。将此时间段覆冰等效厚度作为关联分析参考列，由于本案例中待分析的子序列共有 7 列，分别是导线拉力、空气温度、环境平均湿度、光照强度、气压、平均风速和风向，考虑到 7 列数据同时放在一个关联系数曲线图中较难分辨比较，因此，将拉力、风速与风向作为一组同时进行关联分析，将温度、湿度、光照强度与气压作为另一组同时实验。如图 1-3-13～1-3-14 所示，分别展示了这 7 列数据的关联系数曲线图。

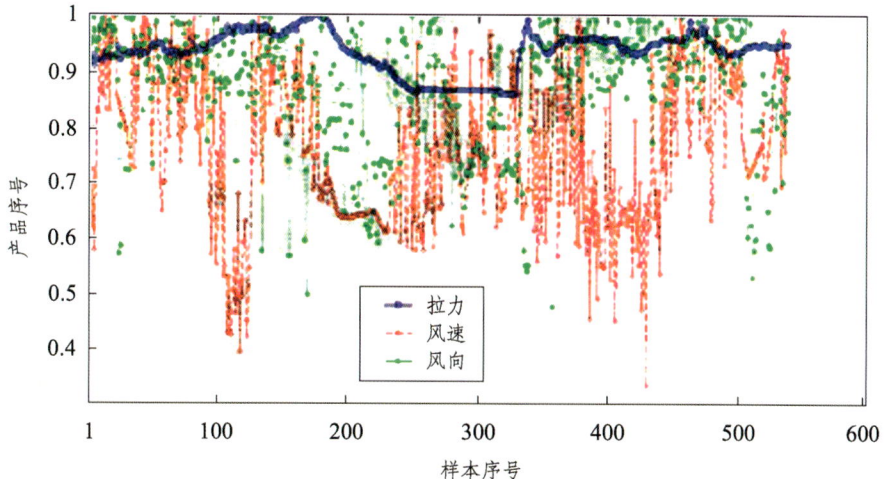

图 1-3-13 拉力-风速-风向强度关联系数图

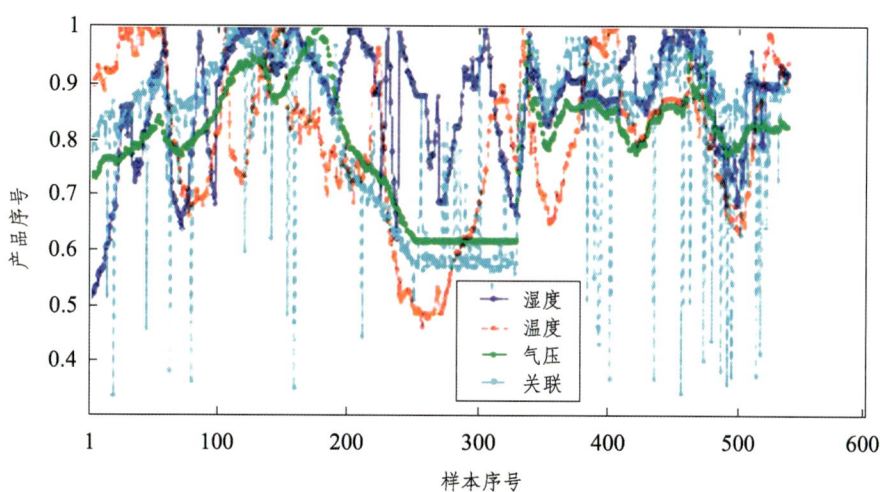

图 1-3-14 温度-湿度-气压-光照关联系数图

分别对实验结果中 7 种不同因素的 539 个时刻不同的关联系数求平均值，可得到 7 种覆冰影响因素相对于覆冰等效厚度的关联度，如表 1-3-3 所示。

表 1-3-3 案例 2 覆冰关键影响因素关联度实验结果

比较因素	温度	拉力	湿度	风速	风向	光照	气压
关联度值	0.896	0.937	0.799	0.763	0.669	0.808	0.703

从上面的关联系数曲线图和最终的关联度表分析可知，尽管这 7 种影响因素与覆冰厚度的关联度都大于 0.5，但从影响大小来分，导线周围的空气温度、导线载重拉力、空气湿度和光照这四个因素相对于覆冰厚度的关联度更大。考虑到光照强度与温度存在一定程度的联系，因为随着光照强度的增加，对环境辐射的增强，气温也会随之上升，所以本书最终选择温度、湿度与拉力作为影响覆冰形成与生长的关键因素，并将这三个因素作为后面章节建模训练的输入量。

为了验证这三个影响因素对覆冰厚度的关联影响，按照上述过程对案例 1 的数据进行了关联分析。如图 1-3-15 所示分别为孝沭Ⅰ回线监测点上传的环境温度、拉力、湿度以及等效覆冰厚度随时间变化的对比曲线。覆冰监测时间为 2009 年 2 月 26 日到 2009 年 2 月 28 日，其数据几乎包含了一次完整的覆冰过程，因此较具有代表性。对参考序列和 3 个指标序列的 71 个样本点进行灰色关联分析，其实验结果如图 1-3-15 所示。

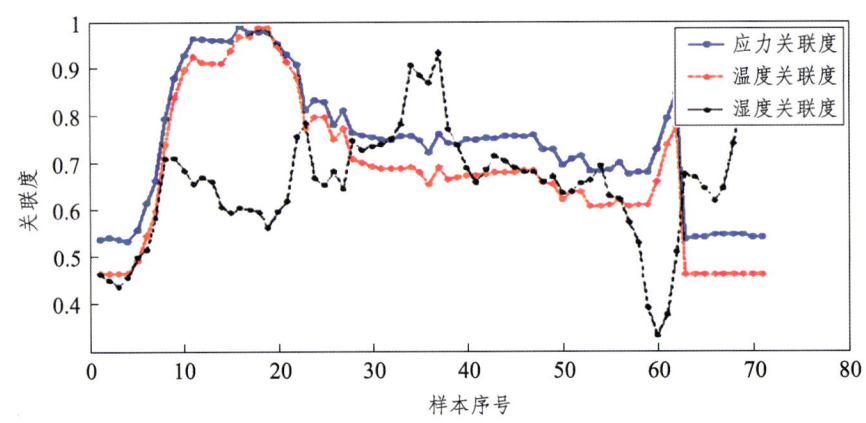

图 1-3-15 孝沭Ⅰ回线监测点处覆冰关键因素随时间变化的对比曲线

对图 1-3-15 中的每条关联度曲线计算平均值，即可得到覆冰厚度与环境温度等各因素之间的平均关联度，如表 1-3-4 所示。

表 1-3-4　案例 1 覆冰关键影响因素关联度实验结果

比较因素	环境温度	拉力	相对湿度
关联度值	0.778	0.698	0.644

上述案例的实验结果再次验证了导线拉力、平均温度与空气湿度这三个因素相对输电线路覆冰厚度的关联度值很大，这说明线路覆冰的生成与增长同这几个微气象因素密不可分。其中，环境温度对线路覆冰的影响最大，次之是导线拉力。这同前面所述覆冰形成的机理分析形容一致，即当空气中湿度较大时，才会有较多冷却水滴，如果温度下降至足以让这些水滴凝结成冰粒才可能形成覆冰，随着覆冰的增多，最终将使导线输电线路载重变大。

1.3.4　基于遗传算法优化 ELM 的覆冰预测模型

1. 极限学习机覆冰预测模型

近年来，已有研究人员应用神经网络建立了覆冰预测模型。如基于 BP 神经网络的覆冰预测，该模型的主要缺点表现在 BP 算法训练速度慢，并且对学习率的选择十分敏感，从而导致对覆冰厚度预测的精度降低。将 GRNN 网络引入覆冰厚度的预测模型，可以减少网络训练的参数，提高学习速度，但 GRNN 对覆冰预测精度的提升依然有限。

极限学习机 (Extreme Learning Machine，ELM)是一种针对单隐含层前馈神经网络(SLFN)的新型算法，该算法对网络的输入层和隐含层节点的连接权值、隐含层节点和输出层间的阈值进行随机赋值，且在训练过程中无须调整，只需调整其隐含层神经元的个数，就可以获得唯一的最优解。ELM 因其学习速度快、泛化性能好、调节参数少，已经得到不少学者的关注和研究。本章将 ELM 应用到覆冰预测中，提出了基于极限学习机的覆冰预测回归模型。

建立极限学习机覆冰回归模型的步骤如下：

（1）确定模型训练与测试的输入量和输出量。本节选取覆冰过程中对其影响程度较大的温度、拉力和湿度作为输入量中的三个不同维度，输出量为一维的覆冰厚度。

（2）对输入量与输出量进行数据预处理，包括异常数据的剔除和归一化。通常输电线路导线表面覆冰的基本气象条件为：空气湿度高于 85%，气温必须低于冰点 0 ℃。根据这一标准可排除那些湿度达不到 85%、平均温度高于冰点的数据。数据归一化采取线性归一化方式，归一化后的数据 u_G 如下：

$$u_G = (u - u_{\min}) / (u_{\max} - u_{\min}) \quad (1-3-29)$$

式中，u 表示样本原始数据，u 的最大值记为 $u_{\max}$，u 的最小值记为 $u_{\min}$。

（3）极限学习机隐含节点数的确定。理论上，当训练样本集个数与极限学习机隐含层神经元个数相等时，无论阈值与权值初始时赋予何值，极限学习机最终都能够无限逼近训练样本。一般为控制程序计算量，当训练样本容量 Q 很大时，常将隐含层神经元数 K 的取值小于 Q，所以当确定 ELM 覆冰回归模型的隐含层节点个数时，需要根据实际获取的覆冰监测样本数，在小于该样本数的基础上多次实验进行择优选取。

（4）权值与阈值。理论上，当 ELM 的激活函数无限可微时，其输入层与隐含层间的权值 ω 及隐含层的阈值 b 可随机选择，且在训练过程中保持不变。因此，在创建 ELM 覆冰模型时，首先随机生成 $N \times 3$ 维的矩阵和 $N \times 1$ 维的列向量分别作为权值 ω 和阈值 b，其中 N 是步骤（3）中确定的 ELM 隐含层节点数。

（5）极限学习机的创建与训练。首先将步骤（1）中的覆冰输入样本、步骤（3）中确定的隐含层节点个数、步骤（4）中生成的权值与阈值代入公式（1-3-30）中，求出 ELM 的隐含层输出矩阵，通过选取 hardlim 函数、sin 函数以及 sigmoid 函数作为公式（1-3-30）中的激活函数。然后将矩阵 H 与步骤（1）中的覆冰覆冰厚度输出样本代入公式（1-3-31）求出隐含层与输出层间的连接权值 L_W。

$$\sum_{i=1}^{N} \beta_i g_i(w_i \boldsymbol{x}_j + b_i) = \boldsymbol{o}_j \quad (1-3-30)$$

其中，β_i 为权重矩阵，$\boldsymbol{o}_j$ 为输出矩阵，g_i 为激活函数，$\boldsymbol{x}_j$ 为样本矩阵。

$$H * L_W = T \quad (1-3-31)$$

（6）预测覆冰厚度。首先将步骤（1）中用来测试的覆冰输入样本、步骤（4）中生成的权值与阈值代入公式（1-3-30），求出此时 ELM 的隐含层输出矩阵。然后根据公式（1-3-31）可得到覆冰厚度预测值的计算公式如下：

$$T = (H' * L_W)' \quad (1-3-32)$$

其中，H 为本步骤中计算出的隐含层输出矩阵，L_W 为步骤（5）中求出的隐含层与输出层间的连接权值。

2. ELM 覆冰预测模型的遗传算法优化

遗传算法思想最初由美国 Michigan 大学的教授 J.Holland 提出，该算法受到生物遗传学与达尔文生物进化论的启发，通过建立计算模型来仿真实现以上两个过程。"遗传算法"一词的首次命名出现在 1967 年 Bagley 的博士论文中，他是 Holland 教授的学生，Bagley 进一步扩展了变异、交叉、复制、倒位、显性等遗传算子。

随后，Holland 教授又率先提出了模式定理，并将其作为遗传算法基本定理。20 世纪 80 年代，Holland 教授实现了首个采用遗传算法的机器学习系统，并将其应用到自然与人工自适应系统的研究中，从此开创了基于遗传算法的机器学习新概念。利用遗传算法求解问题最优解的基本思路是：首先从一初始化种群开始，依次进行选择操作、交叉操作与变异操作，这样新生成的个体适应环境的能力会更强。重复上述过程，当种群一代代地繁衍进化，经过多次迭代之后，种群数量最终会收敛为一个，即最适应环境的个体。上述整个过程有效地模拟了遗传中的变异、交叉、复制等自然现象。如图 1-3-6 所示为遗传算法的计算流程。

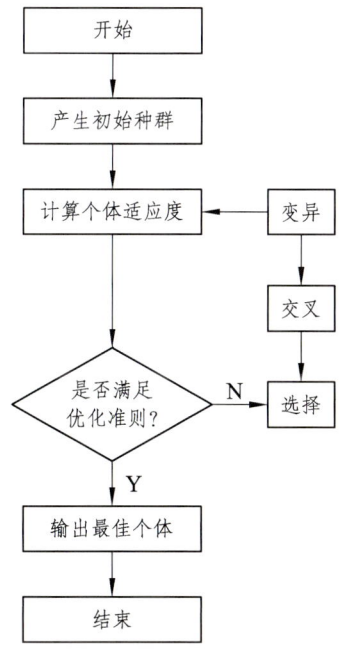

图 1-3-16　遗传算法的计算流程

遗传算法的第一步是初始化一个种群，该种群是由解释问题多个潜在解组成。由于这些解只是由不具有任何物理含义的数据构成，因此在进化迭代之前需要将其进行基因编码，从表现层映射到基因层。每次遗传迭代过后，为了能够产生更理想的个体解，需要从现有种群中选择一部分优秀个体，其余则被淘汰，这一选择操作的标准是依据每个个体的适应度大小进行。然后对顺利通过选择操作的个体执行交叉操作与变异操作，从而生成新的种群。整个过程由于模拟的是现实世界的自然选择，因此迭代次数更多的种群通常会更加接近问题的最优解，当迭代结束时，问题的最优近似解可由最优个体解码得到。遗传算法在第一次的迭代过程中都会执行三个步骤，分别是选择操作、交叉操作和变异操作。

（1）选择。

只有成为更适应环境的优秀个体，才会有机会作为父代繁衍子孙，而选择操作的工作就是将种群中的这些优良个体挑选出来。选择操作首先会按照事先设定好的适应度函数计算出群体中各个个体的适应度值，然后对适应度值进行大小排序，按照一定的比例或规则淘汰掉部分适应能力较弱的个体，留下适应性强的个体作为下一代的父类。

（2）交叉。

在执行交叉操作时，首先从种群中随机选出两个个体搭配成对，然后在这两个个体的染色体上随机确定用来交叉的位置，最后通过交叉产生汇聚了父辈特性的新个体。

（3）变异。

同生物学中变异行为类似，遗传算法中的变异操作会随机选取个体染色体上的某些基因座位置，并将这些位置上的基因值替换成等位基因，尽管个体的变异概率较低，但仍然会使个体有机会进化。

GA-ELM覆冰预测模型的优化过程如下：

在进行输电线路覆冰预测时，实际问题很难单纯地用模型进行描述。极限学习机极大地降低了模型建立的难度和工作量。只需要将神经网络看成一个黑箱子，以输入输出为基础，神经网络可通过多次的自主迭代学习，最终收敛到某一个数学模型。但部分情况下神经网络在建模过程中消耗较长时间，且输出结果误差较大，这往往是由于模型的输入因素较多，且互不独立，从而导致发生神经网络的过拟合现象。所以，在网络建模之初，有必要对网络的训练参数进行优化选择。利用遗传算法里的优化计算，需要将网络的整体训练参数抽象为一个解空间，该解空间向量是由极限学习机各层的权值与阈值组成,其具体成分包括:输出层神经元阈值、隐含层到输入层神经元权值、隐含层神经元阈值、输入层到隐含层神经元权值。将解空间与编码空间建立映射关系,这样每个编码便对应于问题的一个解。选取测试数据均方差的倒数作为遗传算法的适应度函数。重复上述过程,通过多次的迭代进化之后,最终将得到群体中最合适的自变量作为模型的输入。

根据上述设计思路,改进算法流程图如图 1-3-17 所示。

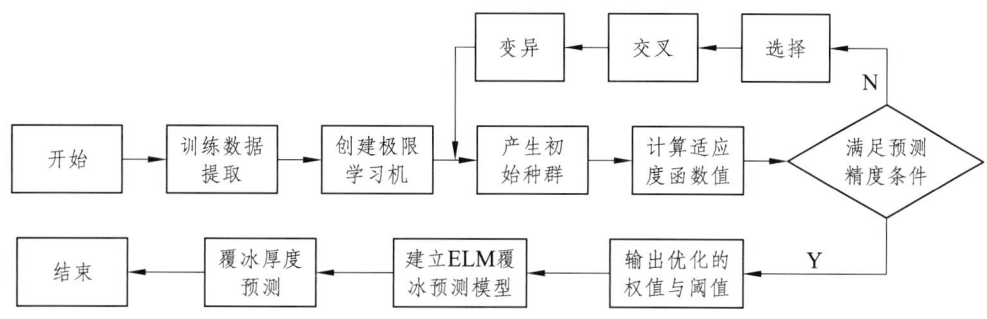

图 1-3-17　EA-ELM 改进算法流程图

(1) 初始种群产生。

遗传算法开始时是以 N 个数据串为原始迭代对象,这些串结构的物理含义代表一个个体,这些个体是随机生成的,N 个个体便形成了一个种群。

(2) 适应度函数计算。

遗传算法在每次迭代中都会挑选出部分优良个体,这时需要利用适应度区分各个个体的环境适应程序,用来计算个体适度的函数称为适应度函数。本节将适应度函数定义为每次覆冰厚度预测值与测试集之间的误差平方和的倒数。适应度值超高,表示该个体适应环境的能力超强,应该予以保留并进入下一次迭代:

$$f(X) = \frac{1}{SE} = \frac{1}{sse(\hat{T}-T)} = \frac{1}{\sum(\hat{t}_i - t_i)^2} \quad (1-3-33)$$

式中,将测试集样本容量记为 n,测试集真实值用 $T=\{t_1, t_2, \cdots, t_n\}$ 表示,模型训练输出的测试集预测值用 $\hat{T}=\{\hat{t}_1, \hat{t}_2, \cdots, \hat{t}_n\}$ 表示。

(3) 选择操作。

选择操作选用比例选择算子,即个体被选中并遗传到下一代种群中的概率与该个体的适应度大小成正比,具体的操作过程如下:

① 利用式（1-3-34）计算种群中所有个体的适应度之和：

$$F = \sum_{k=1}^{n_r} f(X_k) \quad (1\text{-}3\text{-}34)$$

② 利用式（1-3-35）计算种群中各个体的相对适应度，以此作为该个体被选中并遗传剩下一代种群中的概率：

$$p_k = \frac{f(X_k)}{F}, \quad k=1,2,\cdots,n_r \quad (1\text{-}3\text{-}35)$$

③ 采用模拟轮盘赌法操作，产生（0，1）之间的随机数来确定各个个体被选中的次数。显然，适应度大的个体，其选择概率也大，能被多次选中，其遗传基因就会在种群中扩大。

（4）交叉操作。

对于神经网络参数优化，交叉操作采用最简单的单点交叉算子。交叉操作示意图如图 1-3-18 所示，具体操作过程为：

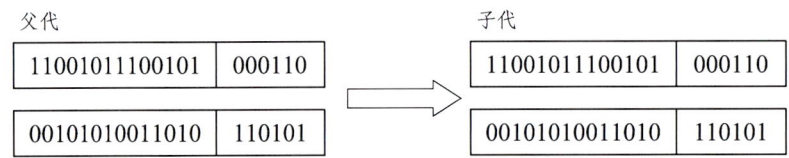

图 1-3-18　交叉操作示意图

① 先对种群中的个体进行两两随机配对，本案例中产生的初始种群大小为 20，故共有 10 对相互配对的个体组；

② 对每一对相互配对的个体，随机选取某一基因座之后的位置作为交叉点；

③ 对每一对相互配对的个体，根据 b 中所确定的交叉点位置，相互交换两个个体的部分染色体，产生两个个体。

对于极限学习机神经网络初始权值和阈值的优化，交叉操作采用算术交叉算子，利用给定的概率重组一对个体而产生后代，具体计算过程为：

$$C_1 = p_1 \times a + p_2 \times (1-a) \quad (1\text{-}3\text{-}36)$$

$$C_2 = p_1 \times (1-a) + p_2 \times a \quad (1\text{-}3\text{-}37)$$

式中，p_1、p_2 为一组配对的两个个体；C_1、C_2 为交叉操作后得到的新个体；a 为随机产生的位于（0，1）区间的随机数，即交叉概率。

（5）变异操作。

对于输入自变量的压缩降维，变异操作采用最简单的单点变异算子。变异操作示意图如图 1-3-19 所示。

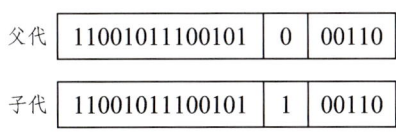

图 1-3-19　变异操作示意图

① 随机产生变异点；

② 由①可确定染色体变异基因座，并将这些基因座上的基因值变成同位值。对于极限学习机神经网络初始权值和阈值的优化，变异选用非均匀变异算子。

（6）优化结果输出。

通过对种群进行多次迭代优化，直至满足预定的迭代结束条件时，此时得到的个体即为本问题的最佳近似解，其物理含义是最优输入变量组合。

（7）优化极限学习机。

根据优化计算结果，将选出的参与建模的权值和阈值参数和测试集数据提取出来，利用极限学习机神经网络重新建立模型进行仿真测试，从而进行结果分析。

3. 实验结果分析

本章实验数据选用了第一数据源的监测数据，挑选该线路 2009 年 2 月 26 日 0:25:27 到 2009 年 2 月 27 日 13:27:35 的 38 组监测样本作为分析对象，将前 28 组的温度、拉力、湿度作为输入量，覆冰厚度作为输出量训练极限学习机，后 10 组的温度、拉力、湿度和覆冰厚度作为测试数据。本节程序运行的环境为 Windows 7 64 位旗舰版，CPU 为 Intel Core i5 @2.3 GHz，内存 8 G，所有程序均在 MATLAB r2013a 平台下开发。如图 1-3-20 所示为 GA-ELM 预测结果曲线与期望输出曲线，展示了 ELM 覆冰回归模型对后 10 组测试数据的预测情况，其中激活函数采用 sigmoid 函数，隐含层神经元个数为 20。图 1-3-21 比较了 GA-ELM、BP 网络和 GRNN 网络得到的覆冰厚度预测结果，三种算法的程序运行的性能参数比较如表 1-3-5 所示。其中 BP 网络模型的隐含层神经元个数为 5，学习率为 0.1，最大迭代次数设置为 100，训练目标为 0.000 04。GRNN 网络通过交叉验证训练网络，训练样本分为 4 组，所得到的最优 spread 值为 0.2。

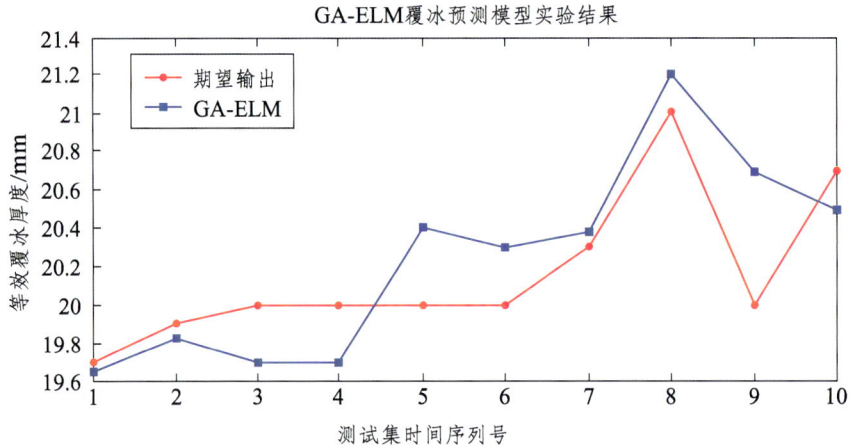

图 1-3-20　GA-ELM 预测结果曲线与期望输出曲线

程序性能参数如表 1-3-6 所示。

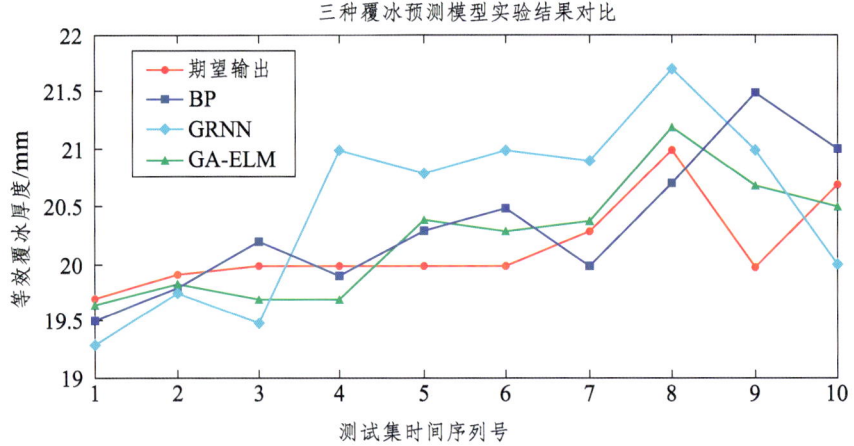

图 1-3-21　几种神经网络模型预测结果曲线对比

表 1-3-5　几种神经网络模型程序运行性能对比

性能参数	BP 网络	采用交叉验证的 GRNN	本书方法
运行时间/s	0.725	8.788	0.053
均方误差	0.361	0.201	0.131
平均绝对百分误差	2.903%	2.195%	1.318%

表 1-3-6　GA-ELM 预测模型程序运行性能

运行时间/s	均方误差	平均绝对百分误差
0.052 7	0.131 3	1.318%

从几种预测结果的均方差来看，极限学习机的覆冰厚度预测精度要明显优于 BP 网络和 GRNN 网络的预测结果，在时间开销上，由于极限学习机的调节参数少，因此比其他两种模型的训练预测过程更快。

1.3.5　采用覆冰量和微气象的线路覆冰状态评估

1. 特征量

1）微气象参数

影响导线覆冰的微气象参数主要有环境温度、风速、风向、空气中过冷却水滴直径、液态水的含量等。目前空气中过冷却水滴直径和液态水的含量无法在线获取，以环境的雨量和相对湿度代替。根据前面的研究结果，本节将环境相对湿度作为评估线路覆冰的参数。

导线覆冰的必要条件之一是环境温度和导线表面温度需在 0 ℃ 及以下。不同的覆冰类型对应的环境温度也不同，一般形成雨凇的环境温度在 −5~0 ℃，混合凇的环境温度在 −9~−3 ℃，雾凇的环境温度在 −16~−10 ℃，但是雨凇与混合凇，以及混合凇与雾凇没有严格的界限。因此，本节将随时间变化的环境温度差作为评估线路覆冰的参数。目前在线监测终端所测风速为环境的瞬时风速，以一定的时间如 5 分钟测量 1 次。由于自然界的风速及其变化随机性很强，与实验室中理想的持续稳定的风速差异很大。监测终端所测瞬时风速离散性很大，这样的风速与覆冰的关系变得异常复杂，不能用作评估线路覆冰状态。由于涉及云中覆冰，通过相对湿度变化已能较好地反映环境湿度情况，因此雨量参数在本书中也不考虑。

基于上述讨论，本节将环境相对湿度、环境温度和温度差作为评估线路覆冰状态的特征量。

2）覆冰量和持续时间

当导线覆冰量增长超过导线、金具、绝缘子和杆塔的机械强度时，可能使导线从压接管内抽出，或外层铝股断裂、钢芯抽出；覆冰量进一步增长，超过杆塔的额定荷载后，可能导致杆塔塔基下沉、倾斜或爆炸，杆塔折断甚至倒塌。架空线路严重覆冰情况下，绝缘子大量伞裙被冰凌桥接，使绝缘子绝缘强度降低，爬电距离缩短，从而可能导致线路绝缘子串发生冰闪。导线覆冰持续时间也是影响线路状态的一个重要因素：一方面长时间的覆冰可能造成覆冰量的进一步增长，另一方面长时间的覆冰给覆冰绝缘子闪络或者导线舞动等提供了充裕的时间，在外界条件的作用下会比短期覆冰造成更大的危害。

覆冰量越大，覆冰持续时间越长，表明覆冰增长或维持的气象条件存在，即覆冰所需要的环境风速条件存在。本节虽未直接考虑环境风速，但通过覆冰量和覆冰持续时间间接考虑了环境风速等覆冰相关气候条件。因此，本节也将架空线路等效覆冰厚度和覆冰持续时间作为评估线路覆冰状态的特征量。

2. 多变量模糊控制器

目前，难以建立上述参数与覆冰的数学模型，因而不能从解析方程的角度实现线路覆冰状态评估。架空线路覆冰状态评估是一个兼具不确定性和多影响因素的问题，模糊控制可很好地解决多因素影响的不确定性问题。

1）模糊控制基本原理

模糊控制是在美国学者 Zadeh 提出的模糊理论基础上发展起来的，采用专家构造语言信息，并模拟人类思维、行为和语言中特有的模糊性和不确定性的信息处理方法进行控制的新型控制方法。模糊控制由模糊化、模糊推理和解模糊 3 部分构成，它们均建立在控制规则的基础之上。一般来说，模糊控制规则根据操作人员的经验或专家知识制定，在模糊控制器设计中不需要建立被控对象精确的数学模型，设计过程简单明了。

2）多变量模糊控制器应用

本节用于线路覆冰状态评估的模糊控制器的输入变量分别为相对湿度、环境温度、环境温度差、等效覆冰厚度和覆冰持续时间，最终输出一个线路覆冰状态评估结果。评估结果分为四种状态：正常无覆冰（NA）、较严重覆冰（A_1）、严重覆冰（A_2）和很严重覆冰（A_3）。由于输入变量数大于 3 后很难得到模糊控制规则，控制规则数量显著增多且规则不易理解，因此必须改进常规的模糊控制器结构。实际应用中，当有多个输入变量时，各个变量对控制的作用往往不完全一样：有部分变量可以用作判断过程状态，不同的过程状态可能使用不同的控制规则。因此，可通过分析变量作用方法，建立一个由分步多规则集构成的多变量模糊控制器，以达到减少控制规则数的目的。本节中，由于覆冰类型不同，线路覆冰程度与环境温度并非线性变化关系，因此可将环境温度和相对湿度作为判断线路是否达到覆冰的条件，覆冰的严重程度则由环境温度差、等效覆冰厚度和覆冰持续时间判断。

模糊控制器的分步多规则集结构如图 1-3-22 所示。其中，第一步（规则集 R_1）是根据环境温度和相对湿度两个微气象参数判断线路是否达到覆冰条件，给出是否进行第二步的结果；第二步（规则集 R_2）则是根据环境温度差、等效覆冰厚度和覆冰持续时间评估线路覆冰状态。

模糊控制器的工作流程是首先进行第一步推理，如果推理结果需要进行第二步则进入第二步推理，否则输出结果为正常无覆冰。

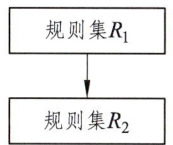

图 1-3-22 分步多规则集结构

（1）输入变量和输出变量的模糊化。

环境相对湿度：设 X_1 为关于环境相对湿度的论域，x_1 为定义在 X_1 上的变量，$T_1(x_1)$ 为定义在 X_1 上的语言变量值集合。T_1（相对湿度）= {符合结冰条件的相对湿度，不符合覆冰条件的相对湿度}。与其对应的模糊子集的全体为 $f_1 = \{f_{11}, f_{12}\}$，其中 f_{11} 子集是符合结冰条件的相对湿度的集合，f_{12} 是不符合覆冰条件的相对湿度的集合。

环境温度：设 X_2 为关于环境温度的论域，x_2 为定义在 X_2 上的变量，$T_2(x_2)$ 为定义在 X_2 上的语言变量值集合。T_2（温度）= {符合结冰条件的环境温度，处于覆冰和不覆冰之间的环境温度，不符合覆冰条件的环境温度}。与其对应的模糊子集的全体为 $f_2 = \{f_{21}, f_{22}, f_{23}\}$，其中子集 f_{21} 是符合结冰条件的环境温度的集合，f_{22} 是处于覆冰和不覆冰之间的环境温度的集合，f_{23} 是不符合结冰条件的环境温度的集合。

覆冰厚度：设 X_3 为关于覆冰厚度的论域，x_3 为定义在 X_3 上的变量，$T_3(x_3)$ 为定义在上的语言变量值集合。T_3（覆冰厚度）= $\{PS, PM, PB\}$。与其对应的模糊子集的全体为 $f_3 = \{f_{31}, f_{32}, f_{33}\}$，其中子集 f_{31} 是符合结冰条件的环境温度的集合，f_{32} 是处于覆冰和不覆冰之间的环境温度的集合，f_{33} 是不符合结冰条件的环境温度的集合。

第1章 覆冰关键技术

覆冰持续时间：设 X_4 为关于覆冰持续时间的论域，x_4 为定义 X_4 在上的变量，$T_4(x_4)$ 为定义在上的语言变量值集合。T_4（覆冰持续时间）= {短时覆冰，中长期覆冰}。与其对应的模糊子集的全体为 $f_4 = \{f_{41}, f_{42}\}$，其中，子集 f_{41} 是符合结冰条件的相对湿度的集合，f_{42} 是不符合覆冰条件的相对湿度的集合。

输出变量为线路状态。设 T（线路状态）= {无覆冰，安全，危险，过载}，与其对应的模糊子集全体为 $H = \{NA, S, D, A\}$，NA 为线路无覆冰的集合，S 为线路安全的集合，D 为线路危险的集合，A 为线路过载的集合。基于实际情况，评估结果为"危险"时（此时覆冰厚度与线路设计厚度的比值未到临界值），一般应当采取融冰或除冰措施；评估结果为"过载"后则立即发出过载报警，特征量上限按工程经验可取为 0.3，其值也可根据实际情况加以修正。

（2）模糊规则库。

模糊规则库是由一系列产生式规则构成，其为模糊推理系统的核心部分。产生式规则的一般表达形式为：if X is A then Y is B。if 对应的部分称为规则前件，then 对应的部分称为规则后件，通常采用语言变量对其进行描述。对于多变量输入、单变量输出来说，规则一般表达式为：if X_1 is A_1 and X_2 is A_2 and ... X_n is A_n then Y is B。

根据图 1-3-22 的分步多规则集结构和现场统计数据及相关知识，可以总结出各层对应的规则，如表 1-3-7 所示。

表 1-3-7 模糊 if-then 规则表

规则	if 相对湿度（X_1）	if 环境温度（X_2）	if 等效覆冰厚度（X_3）	if 覆冰持续时间（X_4）	then 评估结果（T）
1	PB	P	\	\	NA
2	PB	\	\	\	NA
3	PB	N	PS	PS	NA
4	PB	N	PS	PB	S
5	PB	N	PM	PS	S
6	PB	N	PM	PB	D
7	PB	N	PB	PS	D

续表

规则	if 相对湿度 (X_1)	if 环境温度 (X_2)	if 等效覆冰厚度 (X_3)	if 覆冰持续时间 (X_4)	then 评估结果 (T)
8	PB	N	PB	PB	A
9	PB	O	PS	PS	NA
10	PB	O	PS	PB	S
11	PB	O	PM	PS	S
12	PB	O	PM	PB	S
13	PB	O	PB	PS	D
14	PB	O	PB	PB	A

1.3.6 覆冰预警模型

1. 覆冰数据分析及算法研究

通过对覆冰数据的现状及历史数据进行分析研究，建立基于覆冰环境下线路的安全评估算法技术方案。

具体覆冰数据分析及算法研究如下：

（1）利用层次分析法提炼关键风险因子。

（2）分析获取关键风险因子的数据来源。

（3）构建动态算法模型。

首先利用层次分析法提炼关键风险因子，步骤为：建立层次结构模型—构建判断矩阵—层次排序一致性检验，具体实施过程如下所述：

（1）根据国内外已有的输电线路覆冰影响因素研究成果可知，影响输电线路导线覆冰的主要因素有气象条件（温度、风速、风向、湿度等）、环境因素（海拔高度、凝结高度及地形地貌等）、线路参数（导线直径、线路结构等）。具体线路覆冰风险因子如表 1-3-8 所示。通过分析覆冰影响因素，建立层次结构模型。

（2）构建判断矩阵 M，其为本层所有因素针对上一层某一个因素相对重要性的比较，P_{ij} 为判断矩阵元素，表示同一层因素进行两两比较的结果。

第1章 覆冰关键技术

$$M = \begin{bmatrix} P_{11} & \cdots & P_{1n} \\ \vdots & & \vdots \\ P_{n1} & \cdots & P_{nn} \end{bmatrix} \tag{1-3-38}$$

式中，下标 n 表示同一层风险因子总数，其中判定法则如表1-3-9所示。例如，当 $P_{ij}=1$ 时，表示风险因子 i 与 j 同等重要。

层次分析法的判断矩阵结构源于专家对每一层中各风险因子之间相对重要性所做的判断。经过某运检公司现场专家组打分，赋予权重气象因素>环境因素>线路参数，则第2层 A、B、C 构成判断矩阵为：

$$M = \begin{bmatrix} 1 & 2 & 2 \\ 1/2 & 1 & 2 \\ 1/2 & 1/2 & 1 \end{bmatrix} \tag{1-3-39}$$

表1-3-8 线路覆冰风险因子

气象因素 A	环境因素 B	线路参数 C
空气温度 A_1	海拔高度 B_1	线路走向 C_1
湿度 A_2	凝结高度 B_2	导线悬挂高度 C_2
风速 A_3	地形地貌 B_3	导线刚度 C_3
风向 A_4	林带 B_4	导线直径 C_4
		负荷电流和电场 C_5

气象因素下一层 A_1、A_2、A_3、A_4 经过确定，判断矩阵为：

$$M = \begin{bmatrix} 1 & 2 & 3 & 3 \\ 1/2 & 1 & 2 & 2 \\ 1/3 & 1/2 & 1 & 2 \\ 1/3 & 1/2 & 1/2 & 1 \end{bmatrix} \tag{1-3-40}$$

判定法则如表1-3-9所示。

表1-3-9 判定法则

说明	量化值
i，j 同等重要	1
i 比 j 稍微重要	3
i 比 j 明显重要	5
两相邻判断的中间值	2，4

（3）层次排序，对于判断矩阵 M，计算出特征根与特征权重向量。本节采用简化计算思路，取列向量的算术平均求解特征根与特征权重向量。计算步骤如下：

$$MW = \lambda_{\max} W \quad (1\text{-}3\text{-}41)$$

式中，$\lambda_{\max}$ 为 M 的最大特征根；W 为对应于气 $\lambda_{\max}$ 的正规化特征向量。

① 先将 M 的每一列向量作归一处理；

$$W'_{ij} = \frac{P_{ij}}{\sum_{i=1}^{n} P_{ij}} \quad (1\text{-}3\text{-}42)$$

式中，W'_{ij} 为判断矩阵 M 的每一列向量归一化结果。

② 然后对 W'_{ij} 按行求和；

$$W'_i = \sum_{j=1}^{n} W'_{ij} \quad (1\text{-}3\text{-}43)$$

式中，W'_i 为判断矩阵 M 列向量归一化处理后的求和结果。

③ 将 W'_i 归一化：

$$W_i = \frac{W'_i}{\sum_{i=1}^{n} W'_i} \quad (1\text{-}3\text{-}44)$$

$W = (W_1, \cdots, W_n)^T$ 即为近似特征权重向量。

④ 采用简约的计算方法求最大特征根的近似值：

$$\lambda_{\max} = \frac{1}{n} \sum_{i=1}^{n} \frac{(MW)_i}{W_i} \quad (1\text{-}3\text{-}45)$$

按照上述步骤，可以得到判断矩阵 M_i 的特征向量和特征根。

（4）一致性校验。

层次分析法的一致性指标：

$$C_1 = \frac{\lambda - n}{n - 1} \quad (1\text{-}3\text{-}46)$$

一致性比率：

$$C_R = \frac{C_I}{R_I} \quad (1\text{-}3\text{-}47)$$

当 $C_R < 0.1$ 时，M 的不一致性程度在容许范围。其中 R_I 为随机一致性指标，如表 1-3-10 所示。

表 1-3-10　随机一致性指标

n	1	2	3	4	5
R_I	0	0	0.58	0.90	1.12

2. 覆冰灾害预警模型研究

结合覆冰监测数据、气象监测数据、线路基本参数和线路运行数据、线路环境数据，基于聚类算法建立输电线路覆冰灾害分级预警模型。

（1）聚类算法以相似性为基础，是建模中常用的重要统计分析方法，具有可伸缩性、不同属性、任意形状高维度等特点。常用的聚类算法有划分法、层次法、图论聚类法、网格算法、模型算法、基于约束的聚类算法等。基于约束的聚类算法是指对个体的约束或者聚类条件的约束，约束数据一般为经验值。采用聚类算法，可以计算出输电线路的综合覆冰厚度，以此为基础对覆冰灾害进行了分级预警，提高了预警的灵敏度。覆冰灾害预警监测方式如图 1-3-23 所示。

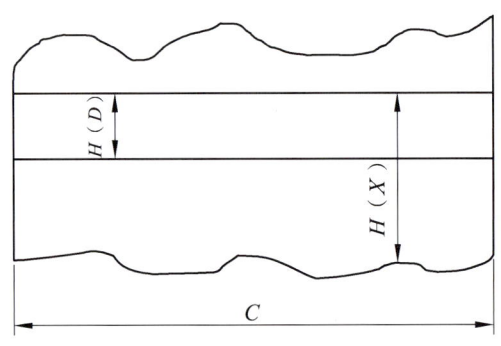

图 1-3-23　覆冰灾害预警监测方式

图中：$H(D)$ 表示导线自身厚度；$H(X)$ 表示某一点的导线覆冰总厚度，为所处导线位置的函数，可以通过数据采集进行曲线拟合得到；C 表示该段导线的长度。

（2）覆冰厚度检测。

20世纪70年代，学者们已开始进行覆冰厚度检测方法研究，最早期采用量器具检测法；接着又出现了称重法、导线倾角—弧垂法、图像检测法等。本章采用的覆冰厚度计算方法建立在图像检测法上，首先，通过安装在输电线路上的图像传感器获得1个输电线路覆冰的图像模型，如图1-3-24所示。由于受到重力作用，对于同一段导线，一般情况下，其下部覆冰厚度要大于上部覆冰厚度。该段导线的平均覆冰厚度 $H(Z)$ 计算公式如下：

$$H(Z) = \frac{\int_0^C [H(X) - H(D)]}{C} \qquad (1\text{-}3\text{-}42)$$

该方法通过传感器及数据采集系统实现数据的自动收集，具有较高的实用性和准确性。

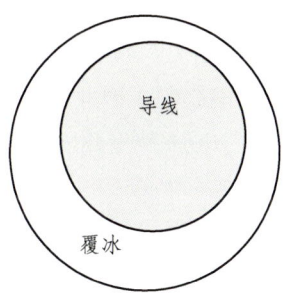

图1-3-24 典型覆冰图形

（3）覆冰灾害分级预警模型。

在采用基于约束的聚类算法建立覆冰灾害分级预警模型的过程中，选取覆冰的不同厚度作为约束条件，即对于不同厚度的覆冰，赋予不同的权重，然后统一建立预警模型。具体过程如下：

通过式（1-3-42）计算出1段导线的平均覆冰厚度，令 $H_i(i=1,2,3)$ 代表3种不同厚度的覆冰，分别对应重冰区、中冰区和轻冰区。

令 y_i 为不同厚度的覆冰 H_i 对预警模型建立的影响权重，对覆冰厚度权重的取值做规定（见表1-3-11），则有：

$$\sum_{i=1}^{3} y_i = 1 \quad (1\text{-}3\text{-}43)$$

表 1-3-11 覆冰厚度权重的取值

覆冰厚度权重	取值
y_1	0.6
y_2	0.3
y_3	0.1

令 l_i 为覆冰厚度为 h_i 的电力线路的长度，L 为输电线路总长度，则有：

$$\sum_{i=1}^{3} l_i = L \quad (1\text{-}3\text{-}44)$$

则整条线路综合覆冰厚度为：

$$f = \sum_{i=1}^{3} H_i \frac{L_i}{L} y_i \quad (1\text{-}3\text{-}45)$$

由于我国输电线路一般采用三相四线制，因此不能单纯考虑其中一相线路的覆冰情况来决定预警等级，为此，引入了一个覆冰厚度比率 λ，其定义如下：

$$\lambda = \frac{\max(f_{L1}, f_{L2}, f_{L3}, f_d)}{f_s} \quad (1\text{-}3\text{-}46)$$

式中，$f_{L1}, f_{L2}, f_{L3}, f_d$ 分别为 L_1 相导线、L_2 相导线、L_3 相导线和地线的综合覆冰厚度，单位为 mm，可根据公式（1-3-45）计算得到；f_s 为线路标准覆冰厚度，单位为 mm；线路标准覆冰厚度视线路长度和所处位置不同而改变，一般为 10 mm、15 mm、20 mm 和 30 mm。

最后得出覆冰厚度比率及对应的预警等级关系如表 1-3-12 所示。

表 1-3-12 覆冰厚度比率与预警模型等级

覆冰厚度比率	预警等级
$0.4 \leqslant \lambda \leqslant 0.5$	三级
$0.5 < \lambda \leqslant 0.6$	二级
$\lambda > 0.6$	一级

3. 覆冰趋势分析及预警模型研究

覆冰趋势分析及预测模型研究，通过完善信息获取机制，获取第三方的第一手气象、遥感卫星信息的粗加工数据资料，叠加到云南电网的三维电网 GIS 系统平台，构建覆冰预测及演变模型，同时结合精确的区域范围气象灾害数据，实现在未来一段时间内相关气象灾害的演变过程动态分析趋势预警。

对于覆冰雪线路的运行需求而言，除了准确获得当前覆冰量和故障状态之外，还需要一种能够在线预测未来短期内的覆冰趋势预测技术。可以通过获取第三方的第一手气象、遥感卫星信息的粗加工数据资料来完善必要的、实时的信息以提供给预警模型，这样能够更及时地反映出电网所存在的安全隐患。预警监测的覆冰环境信息来源如图 1-3-25 所示。

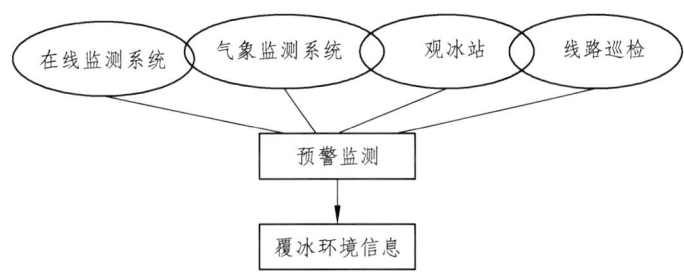

图 1-3-25 覆冰环境信息来源

从图中看出，可以通过安装在架空输电线路上的覆冰在线监测、视频图像监测、微气象在线监测装置获取当前线路的实时环境信息和线路走廊情况。从气象监测部门获取与电力部门所管辖区域的实时和预测的气温、降雨强度、降雪量、风速、降雪强度、闪雷频率、风力、风向、降雨量等信息。通过专设的观冰站获取覆冰基础数据，观冰站是区域性监测站，是为长期积累区域覆冰基础数据而设立的人工监测站。线路巡检是通过巡线工作人员现场实地的观察，记录线路走廊的环境信息和线路运行状况。

在完善信息提供的同时，可以建立一个同时结合趋势预警机制与实时预警的输电线路覆冰在线监测动态预警模型，以此实现动态分析相关气象灾害的演变过程。通过温度、湿度、雨量在线监测所得的微气象信息，并在动态预警模型中引入覆冰比值的概念衡量覆冰的严重程度，以此建立出一个对未来短时间内覆冰趋势的预警机制。覆冰趋势动态预警模型如图 1-3-26 所示。

第1章 覆冰关键技术

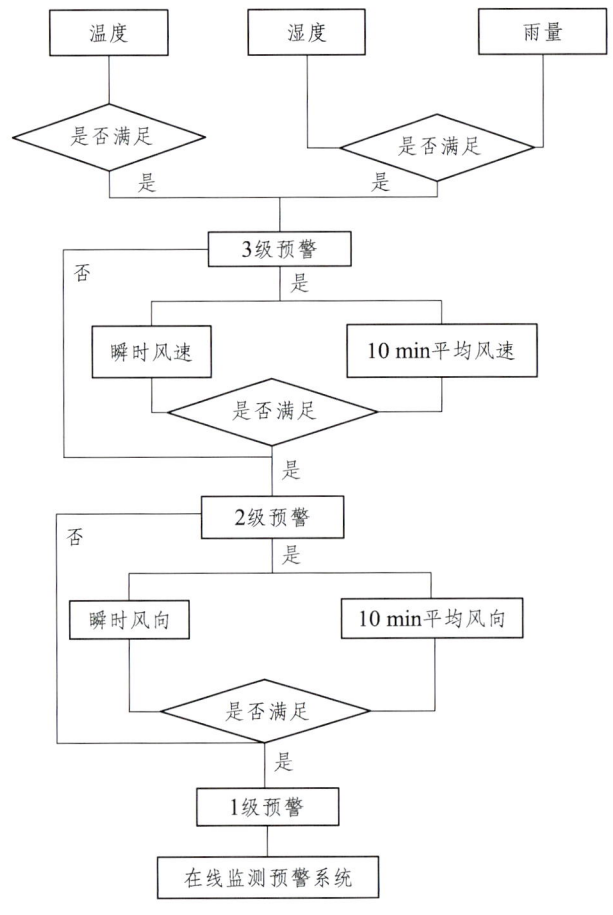

图 1-3-26 覆冰趋势动态预警模型

从预警模型图可以看出：趋势预警是结合易形成覆冰的气象条件，通过关键风险因子参数的阈值设定，得出 1 级、2 级、3 级预警的可能发生微气象条件，并以此制定出覆冰趋势预警模型。

（1）3 级预警。

当温度满足在 $-5\sim0\,^\circ\mathrm{C}$ 以及雨量条件或者空气相对湿度>85%时，启动 3 级趋势预警模式（绿色预警），提醒工作人员注意该监测装置附近达到易形成覆冰的气象条件，需要随时跟踪气象情况，以免恶化。

（2）2 级预警。

当温度和湿度满足覆冰条件时，通过监测装置发送的瞬时风速和 10 min 平均风速

判断是否满足 v>4 m/s 或 $\bar{v}$>4 m/s，若满足条件，那么启动 2 级趋势预警模式（黄色预警），提醒工作人员此时的环境极易形成覆冰，切不可掉以轻心，应注意密切观察。

（3）1 级预警。

当温度、相对湿度和风速均满足条件时，若瞬时风向或 10 min 平均风向满足 F>45°或 F<150°或 $\bar{F}$>45°或<$\bar{F}$150°时，启动 1 级趋势预警模式（红色预警），提醒工作人员需要进行现场巡视确认是否已形成覆冰，或通过覆冰监测装置的覆冰厚度观察覆冰情况。

4. 结 论

（1）搜集气象监测部门、观冰站、线路巡检、在线监测等渠道的数据，为覆冰的研究工作收集大量的第一手资料信息，为抗冰救灾的指挥决策提供技术支持。

（2）利用层次分析法筛选出影响覆冰的关键风险因子，结合输电线路覆冰故障和跳闸机理，分析提炼出温度、雨雪、湿度、风速和风向等气象条件参数阈值。

（3）以安装在输电线路上的视频图像、覆冰、微气象等在线监测装置为硬件载体，将输电线路运行人员实际工作经验经过完整的需求分析，转化成为智能判断的预警模型。

（4）目前，输电线路覆冰预警模型大多以积累的历史数据为支撑，无法很好地体现预警的实时性。本节研究成果在国内某运检分公司应用的实际意义在于验证此模型的可行性，并提高此模型的可操作性。

1.4 基于网格化的高精度覆冰数值预报

1.4.1 与冰冻天气相关的地理概况和气候特征

以云南省为例：云南省地处中国西南边陲，位于北纬 21°8′32″～29°15′8″和东经 97°31′39″～106°11′47″，北回归线横贯本省南部。

云南东部与贵州省、广西壮族自治区为邻，北部和西北部同四川省、西藏自治区相连，西部同缅甸接壤，南部与老挝、越南毗连。从整个位置看，北依广袤的亚洲大陆，南临辽阔的孟加拉湾和南海，正处在东亚季风和南亚季风交汇区域，西北区域又受青藏高原大地形影响，形成了复杂多样的自然地理环境和气候条件。

云南全境东西最大横距 864.9 km，南北最大纵距 990 km，总面积 39.41 万平方千米，占全国陆地总面积的 4.1%，居全国第 8 位。全省整个地势从西北向东南倾斜，江河顺着地势，成扇形分别向东、东南、南流去。全省海拔相差很大，最高点海拔 6 740 m，最低点海拔 76.4 m。全省土地面积按地形分，山地占 94%，坝子（高原山地之中的断陷盆地）和河谷仅占 6%。

云南是一个高原山区省份，属青藏高原南延部分，分为东西两大地形区。东部为滇东、滇中高原，称云南高原，系云贵高原的组成部分，地形波状起伏，平均海拔 2 000 m，表现为起伏和缓的低山和丘陵，发育着各种类型的岩溶地形。西部为横断山脉纵谷区，高山深谷相间，相对高差较大，地势险峻，海拔一般南部为 1 500~2 200 m，北部为 3 000~4 000 m。只是在西南部边境地区，地势渐趋和缓，河谷开阔，一般海拔 800~1 000 m，个别地区下降至 500 m 以下，是云南省主要的热带、亚热带地区。两地直线距离约 900 km，高低相差达 6 600 多米。

云南的地貌有如下特征：

一是高原呈波涛状。全省相对平缓的山区只占总面积的 10% 左右，大面积的土地高低参差、纵横起伏，但在一定范围内又有起伏和缓的高原面。

二是高山峡谷相间。这个特征在滇西北尤为突出。怒江峡谷、澜沧江峡谷和金沙江峡谷，气势磅礴，山岭和峡谷的相对高差超过 1 000 m，怒江峡谷是世界上两个最大的峡谷之一。在 5 000 m 以上的高山顶部，常有永久积雪，形成奇异、雄伟的山丘冰川地貌。金沙江"虎跳涧"峡谷，在玉龙雪山与哈巴雪山之间，两侧山岭矗立于江面之上，相对高差达 3 000 余米，也是世界著名的峡谷之一。横亘于澜沧江上的西当铁索桥，海拔已达 1 980 m，从桥面上至江边的瓦格博峰顶端，直线距离约为 12 km，高差达 4 760 m。在三大峡谷中，谷底是亚热带干燥气候，酷热如蒸笼，山腰则清爽宜人，山顶却终年冰雪覆盖。因此，在垂直几千米的距离内，其气候与自然景观相当于从广东至黑龙江跨过的纬度，为全国所仅有。

三是地势自西北向东南分三大阶梯递降。滇西北德钦、中甸一带是地势最高的一级梯层，滇中高原为第二梯层，南部、东南和西南部为第三梯层，平均每千米递降 6 m。在这三个大的转折地势当中，第一梯层内的地形地貌十分复杂，高原面上不仅有丘状高原面、分割高原面以及大小不等的山间盆地，而且有巍然耸立的巨大山体和深切的河谷，这种分割层次同从北到南的三级梯层相结合，纵横交织，把已十分复杂的地带性分布规律变得更加错综复杂。

四是断陷盆地星罗棋布。这种盆地及高原台地,在我国西南习称"坝子"。在云南,山坝交错的情况随处可见。它们有的成群成带分布,有的孤立地镶嵌在重峦叠嶂的山地和高原之中;有的按一定的方向排列,有的则无明显方向。坝子地势平坦,且常有河流蜿蜒其中,是城镇所在地及农业生产发达地区。全省面积在 1 平方千米以上的大小坝子共有 1 442 个,面积在 100 平方千米以上的坝子有 49 个,最大的坝子在陆良县,面积为 771.99 平方千米。

五是山脉众多。东部有轿子山、五莲峰、乌蒙山、梁王山、磅王山、牛首山、六韶山等,均为高原面上的山脉,大致向东北、西南方向展布;西部有高黎贡山、怒山、云岭等高大而狭长的山脉,其北段山高林密,南段为横断山余脉,主要有云岭余脉哀牢山和无量山,怒山的余脉大雪山和邦马山、老别山,高黎贡山的西部分支和槟榔山等。全省海拔 2 500 m 以上的主要山峰有 30 座。

六是河流纵横、湖泊星布。云南省境内有大河流 600 多条,主要的有 180 多条。它们分属于伊洛瓦底江、怒江、澜沧江、金沙江、红河和珠江六大水系,其集水面积遍布全省。云南受断层作用,多断层陷落湖,大小湖泊共计 30 余个,总面积约 1 066 平方千米,占全省总面积的 0.28%,集水面积 9 000 多平方千米,总蓄水量约 300 亿立方米。较大的湖泊有滇池、抚仙湖、阳宗海、杞麓湖、星云湖、洱海、程海、泸沽湖、剑湖、茈碧湖、异龙湖、长桥海、大屯海等。

1.4.2　冰冻天气气象要素网格场构建

由于云南地形复杂,绝大部分国土面积为山区或半山区。冰冻天气仅使用有限的气象观测站资料进行分析,显然与实际情况有较大出入,而且气象站点大多分布在地形平缓的坝区城市或城郊地区,结冰情况与山区不符。以台站资料分析云南冰冻天气时空分布,也必然与实际情况有较大出入。因此,有必要对气象要素进行考虑地形因子订正的细网格插值,更客观地反映冰冻天气的分布。

本章主要采用改进的地形因子订正 Cressman 插值法进行客观分析,主要步骤如下:

(1) 确定插值扫描半径。通常大扫描半径比小扫描半径的插值误差大,在此次客观分析中，未根据站点密度和覆盖区域采用不同扫描半径。

（2）在对某一格点插值时，将其扫描半径内站点海拔高度值根据气温垂直递减率计算订正到格点高度上，即以扫描半径范围为单元进行地形订正。

（3）利用 Cressman 方法进行插值。

从冰冻天气样本与气温的关系看，雨凇的气温呈正态分布，分布较为集中。在气温 −5~3 ℃ 之间集中了雨凇总样本数的 94.2%。雾凇的气温也呈正态分布，但样本的气温范围相对较宽，在 −5~3 ℃ 之间的样本数占雾凇总样本数的 82.5%，在 −8~5 ℃ 之间的样本数占总样本数的 92.4%。可见，并不是气温越低，雨凇、雾凇出现的样本就越多，而是 0 ℃ 左右的条件下更易出现雨凇和雾凇天气。

冰冻天气与风速的关系较为复杂，虽然不是正态分布但也具有样本集中的特征。在风速 0~5 m/s 之间，雨凇样本占雨凇总样本的 96.17%，雾凇样本占雾凇总样本的 76.38%；风速 0~4 m/s，雨凇样本占雨凇总样本的 91.24%，雾凇样本占雾凇总样本的 66.74%。这里有必要指出的是，由于昆明准静止锋是云贵高原冬半年经常维持的天气系统，因此风速相对其他地区较小，有不少的冰冻样本出现在风速 0~1 m/s 区间。静风条件（风速小于 1 m/s）时，雨凇和雾凇样本数都小于 2 m/s 小风条件时的样本数，而风速大于 4 m/s 时样本数明显减少，雨凇尤为明显。这显示静风和风速较大时并不是最适宜形成雨凇、雾凇天气的风速条件。这可能与风在雨凇和雾凇形成中不断将水汽输送到附着物体表面的动力条件有关。

与气温和风速的关系不同，冰冻天气与相对湿度的关系呈偏态分布集中的特征。冰冻天气样本与相对湿度的关系呈单调上升。在相对湿度>80%时，雨凇样本占其总数的 90.58%，雾凇样本占其总数的 63.3%；相对湿度>70%时，雨凇样本占其总数的 92.49%，雾凇样本占其总数的 82.86%。

如图 1-4-1 所示为冰冻天气样本数在气温、风速、相对湿度等气象要素中的分布。冰冻天气样本绝大部分出现在气温为 −7~5 ℃ 条件下[见图 1-4-1（a）]，占其样本总数的 96.45%；出现在风速 0~6 m/s 条件下[见图 1-4-1（b）]的占 93.02%；出现在相对湿度≥75%[见图 1-4-1（c）]的占 90.14%。

上述统计表明，雨凇发生时，其气温、相对湿度和风速等气象要素分布范围相对集中；雾凇气象要素值分布范围相对较大，但也相对集中，因此可通过气象要素判识冰冻天气。

1.4 基于网格化的高精度覆冰数值预报

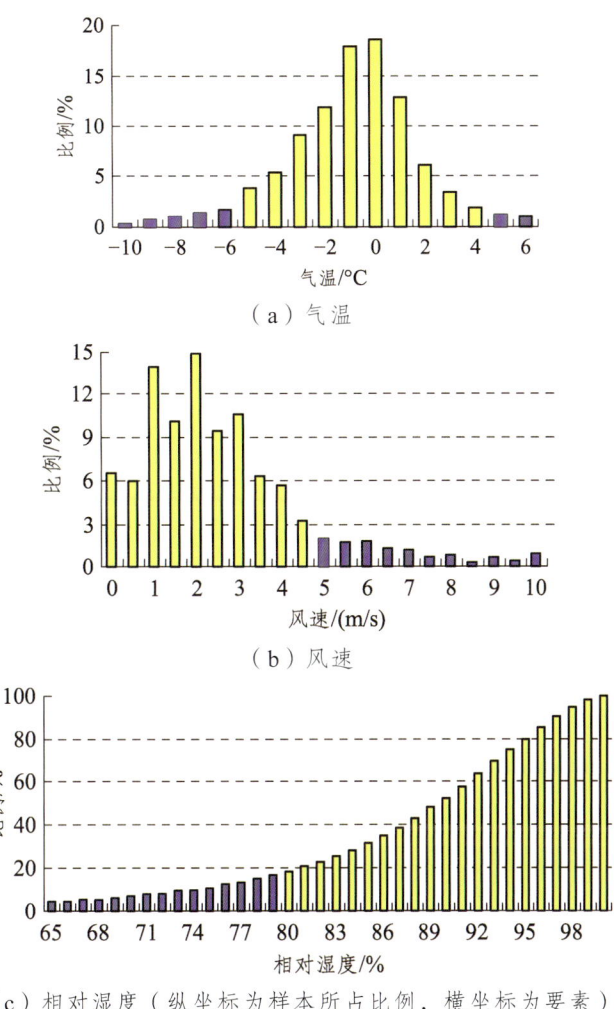

图 1-4-1 冰冻样本数在气象要素中的分布

1.4.3 气候分布特征

1. 空间分布

利用1971—2000年冰冻天气日数的30年平均值作为多年平均气候态,云南省冰冻天气落区明显分为有冰冻天气区和无冰冻天气区。冰冻天气区分界线基本沿高黎贡山、无量山、哀牢山等山脉,东部和北部绝大部分地区都会出现不同程度的冰冻天气;

西部和南部地区为非冰冻天气区，只有极少数高海拔地区有少量冰冻天气出现。

多年（1971—2000年）平均气候态下，冰冻天数最多的是滇东北的镇雄和威信，多年平均可达50~80天/年；其次是滇东北的昭通和鲁甸，滇西北的德钦和贡山，多年平均为30~50天/年；滇东的曲靖市各县区，滇西北的维西、兰坪、剑川，多年平均为10~30天/年；滇中地区、滇西北东南部地区、滇东南地区多年平均为10天/年以下。

1958—2007年近50年累计天数，中心分布与多年平均气候态大致相当。高黎贡山、无量山、哀牢山等山脉以北以东地区几乎全部覆盖，50年累计天数自50~3 600天不等；以西以南高海拔地区冰冻天气出现较少，50年累计天数在50天以下。其中红河和普洱境内的哀牢山山脉以南区域、保山境内高黎贡山山脉南端以西区域、临沧境内老别山和邦马山区域等地虽然纬度偏低，但平均海拔为2 000~3 000 m，冬季也可能出现冰冻天气。

最近11年来（2008—2018年），冰冻天气累计日数空间分布特征与多年气候平均态基本一致，大值区域仍为滇东和滇西北地区。镇雄和威信年冰冻日数为30~50天，滇东大部、德钦和贡山等地为10~20天，滇中、滇东南和滇西北地区为5~10天，滇西南部分高海拔地区为1~2天。

综合分析，高黎贡山、无量山、哀牢山等山脉是云南冰冻天气重要的地理分界线。云南冰冻天气出现最多的是滇东北地区；其次是滇西北地区；滇中和滇东南地区天气情况较轻微；滇西南除高海拔地区外，几乎没有冰冻天气。滇西南极少出现冰冻天气的原因如下：

（1）通常爬上滇中高原的冷空气距离源地已很远，其在南下西移过程中已经减弱甚至变性；

（2）高黎贡山、无量山、哀牢山等山脉阻挡了冷空气的继续西移；

（3）滇西南海拔较低，背景气温相对较高，该条件不利于形成冰冻天气；

（4）滇西南低空常年为西南气流控制，即暖平流控制，也不利于形成冰冻天气。

2. 时间分布

统计1958—2007年中云南全省共有冰冻天气站日数8 873个（样本），其中雨凇样本数为6271个、雾凇样本数为2602个。

如图1-4-4所示为实测资料的云南冰冻天气年变化情况。由图可见，10月的冰冻天气日数不超过年总数的2%，10月后冰冻天气日数迅速增加，次年1月是冰冻天气出现最多的月份，之后逐渐减少，到 4 月冰冻天气发生率不到全年的 4%。之后 5~9 月全省范围很少出现冰冻天气（高海拔地区也很少出现）。对 8 873 个冰冻天气样本各月出现比例的统计表明，冰冻天气主要发生在 11 月至次年 4 月，雨凇和雾凇的样本数分别为 6 210 个和 2 554 个，分别占各自全年总数的 99.03% 和 98.16%。

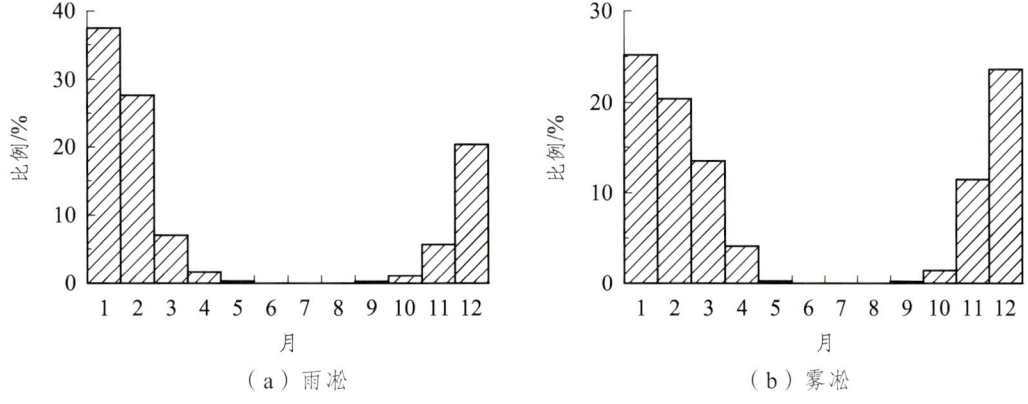

图 1-4-4　实测资料的云南冰冻天气年变化情况

图 1-4-5 所示为 1958—2007 年云南网络资料冰冻天气年际变化情况，云南冰冻天气具有明显的年际、年代际变化特征，年际振荡较为明显。冰冻天气最多的年份是 1983 年，冰冻网格点数几乎是平均值的 2 倍；最少的是 2001 年，仅为平均值的 43.06%。年代际主要特征是 20 世纪 80 年代以前，冰冻天气偏多的年份居多，尤其是 20 世纪 70 年代以前。在 20 世纪 80 年代以后，冰冻天气偏少的年份居多，特别是 2000—2007 年间，除 2001 和 2005 年偏多外，其余 6 年冰冻天气均较气候平均值偏少。

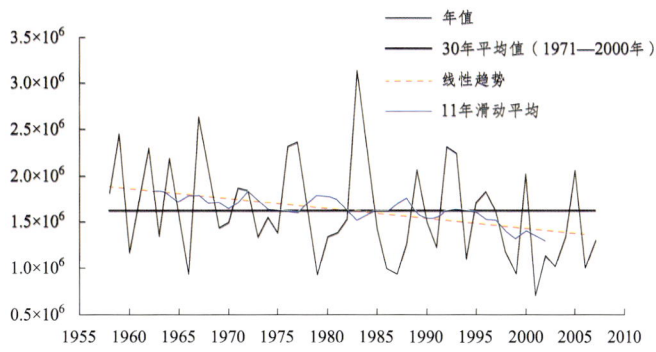

纵坐标为达到冰冻天气条件的网格资料的格点数，横坐标为年

图 1-4-5　1958-2007 年云南网格资料冰冻天气年际变化情况

如图 1-4-6 所示为 2008—2018 年实测资料的云南冰冻天气累计日数统计图。2008、2011 和 2016 年累计冰冻日数均超过 120 天，其中 2008 年达到 180 天，为有观测资料以来全年累计冰冻日数最大值；2009、2010、2013 和 2017 年累计冰冻日数均小于 50 天，比近十年平均值少 50%以上，特别是 2017 年，全省仅有 30 天出现冰冻天气，较平均值少 65%。由此可见，类似于气候平均态，云南冰冻天气近 11 年来同样呈现明显的年际振荡特征。

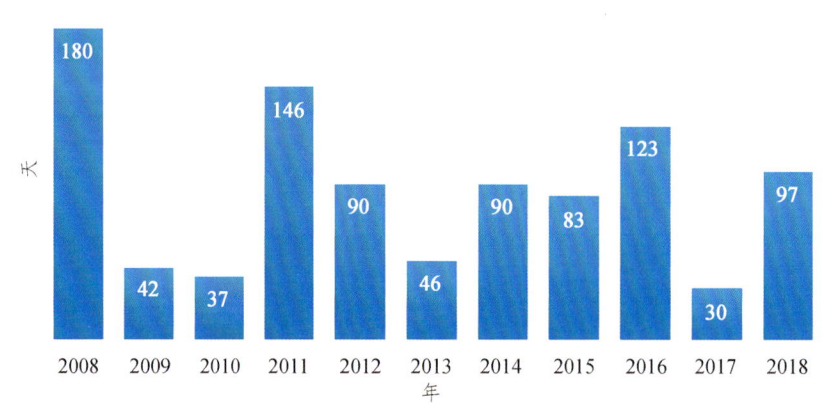

图 1-4-6 2008—2018 年实测资料的云南冰冻天气累计日数统计（单位：天）

1.4.4 电网高精度覆冰数值预报技术

由于特殊的地理位置、地形环境和气候条件的共同影响，云南省东部地区易出现冰冻天气，而西北地区海拔较高、温度较低，对水汽输送依赖较大，1 月以后的冰冻天气出现区域和日数增加。其中，滇东北的镇雄、威信和鲁甸，滇西北的德庆和贡山，滇东的曲靖等地均易出现冰冻天气。云南电力资源的向东输送对华东华南地区的电力保障具有举足轻重的作用。云南电力资源的外送主要通过南网从滇东地区送出，而该地区也是云南覆冰频发、重发且严重的地区。因此，开展电网高精度覆冰数值预报，不仅具有重要的科学意义，而且具有极其重要的实用价值和推广应用前景。

2008 年初的持续低温冰冻天气过程造成南方电网直接经济损失超过 50 亿元，云南东北部地区电线覆冰严重，出现倒杆、倒塔事故，2012 年云南电网也遭受了较强的电网覆冰灾害。电力覆冰灾害造成云南省巨大的经济损失，并威胁到人民群众的

1.4 基于网格化的高精度覆冰数值预报

生命财产安全和生产生活。目前关于云南导线覆冰的研究多限于对灾害形成机理及冰区划分的研究,对云南省区域覆冰的精细化预报方面的研究还很欠缺,其中较为关键的是有关云南省区域覆冰模型的研究。在当前全球气候变化导致极端气象灾害趋多趋强的严峻形势下,为保障电力运输的安全,开展云南省区域覆冰模型研究是十分必要的,也将对输电线路规划、工程设计及已建输电线路的设计、运行和维护起到非常重要的现实意义。

云南省内冰冻灾害最严重的地区主要集中在滇东北的镇雄、威信、昭通和鲁甸等地,滇东的曲靖各县区、滇西北的迪庆和贡山地区及滇东南的文山、红河等地区,冰冻天数最多的滇东北的镇雄和威信,多年平均可达 50～80 天/年。严峻的天气气候条件要求云南电网具有更高、更好、更精细的区域电线覆冰监测与预报预警防护能力。通过高精度数值预报力争在区域覆冰模型上有所突破。依据区域覆冰模型对滇西北和滇东地区覆冰是否发生给出定性预报,对覆冰厚度给出定量预报,得到各个格点有无覆冰和覆冰厚度预报。通过电线覆冰有无模型和覆冰厚度模型,能对未来一周或一旬内云南区域导线是否出现覆冰情况做定性判别及覆冰厚度的定量精细化预报。提升预警时间提前量,为电力生产、运行、维护、调度提供决策支持。研究云南区域覆冰模型,并应用于云南电网中,可为云南电网覆冰灾害主动性防御提供重要技术支撑,进一步降低因覆冰事故而遭受的电网经济损失,保障电网安全稳定运行。

本章选用电力覆冰监测站的覆冰监测资料和地面气象观测站的电线积冰观测资料。由于两组数据的观测(监测)地点、方式及环境完全不一样,得到导线覆冰厚度资料差别也较大。电力覆冰监测站的导线覆冰厚度基于等值覆冰厚度数学计算模型得到,监测到的导线覆冰厚度也相对较大。地面气象观测站的电线积冰厚度由人工测量,观测到的导线积冰厚度较小。故本节对两组数据采用相同的方法建立电线覆冰有无和厚度模型,并做对比分析哪种方式可以更客观地反映导线覆冰情况,以便后期对导线覆冰厚度进行监测和预报。两种资料具体介绍如下:

电力覆冰监测站选取云南省东部地区(昭通、曲靖、红河北部、文山北部)和西北部地区(怒江、迪庆、丽江),2011—2014 年间每年 12 月至次年 2 月的逐小时的电网覆冰监测资料(逐小时气温、逐小时相对湿度、逐小时覆冰厚度、逐小时风向风速),提取出日最低温度、日平均温度和日平均相对湿度共 3 个预报因子及日平均厚度共 1 个预报量。由于逐小时风向风速缺测较多,误差较大,所以没有挑取风向风速。

地面气象观测站选取云南省东部地区 1980—2011 年每年 12 月至次年 2 月的有电

线积冰观测的 5 个气象观测站（大关、镇雄、威信、会泽和富源），共 299 天有电线积冰观测数据。从有电线积冰观测日的日值资料和定时资料中统计出日最低气温、日平均气温、日平均相对湿度和日平均风速，共 4 个预报因子及电线积冰，共 1 个预报量。

对所收集的资料进行收集和预处理，主要根据温度、湿度、降水和风速等因子，建立覆冰模型：

在覆冰建模过程中，预报覆冰是否发生较为重要，而影响覆冰生成的临界条件十分复杂，可以通过对常规气象要素的分析来预测覆冰过程。从覆冰开始到覆冰消融的过程为一个覆冰过程，其中有开始、冻结、发展、保持和消融等多个阶段。覆冰过程中涉及各个阶段时间节点的辨识分析，其中最主要的就是对导线覆冰开始冻结判别。初步对是否出现覆冰建立 Fisher 意义下的多因子二级判别模型，通过返算计算数据和实例检验看效果如何，对冷空气过程，判别了第一天是否有覆冰，如果有覆冰，在过程影响期间，覆冰厚度大不大，对电网的影响是否严重，那么有关覆冰厚度大致预报则非常重要。在工作中初步考虑用多元线性回归分析方法预报导线覆冰厚度或覆冰厚度变化趋势。

1. 多因子二级判别

在电线覆冰的气象预报中，先把覆冰（预报量）分成两个级别，即把覆冰的资料分为简单的两级：有覆冰和无覆冰，然后根据预报量的不同类别，选择一些预报因子如温度、湿度等，在不同类别的样本内寻找预报因子与预报量的关系，建立针对不同类别的预报量的方程式，选择适当的判别规则，判别某个因子观测样品所属的类别，实现对预报量的预报，这种方法称为判别分析。

覆冰只有发生与不发生两种情况，对覆冰是否发生的定性预报，建立 Fisher 意义下的二级判别方程。Fisher 判别分析是一种经典的两分类分析方法。其分类思路是根据最大化类间离散度和最小化类内离散度（即各总体的方差尽可能小，不同总体均值之间的差距尽可能大）的原则，确定原始向量的投影方向，使训练样本投影到该方向时各类之间最大程度地分离，从而达到正确分类的目的。在前面已分析了覆冰现象的发生受温度、湿度等因素的影响。通常，有覆冰时，温度较低，相对湿度较大，覆冰日的日最低温度通常在 0 ℃ 以下，因此，筛选出满足最低温度条件但没有发生覆冰时的气象资料，与发生覆冰日的气象资料进行对比，初步找出有无覆冰现象发生的判据，利用 Fisher 判别方法对覆冰是否发生进行判别，具体步骤如下：

有导线覆冰过程：1 天或连续 1 天以上发生覆冰；

无导线覆冰过程：1 天或连续 1 天以上无覆冰发生且日最低气温<0 ℃的过程；

建立对照组：A：有导线覆冰过程，样本容量为 n_1，因子数目为 n。

B：无导线覆冰过程，样本容量为 n_2，因子数目为 n。

为了综合预报因子 $x_i(i=1,2,\cdots,n)$ 预报电线有无覆冰的作用，用一种多因子线性组合形式把 $x_i(i=1,2,\cdots,n)$ 组合起来，构成一个新的变量 y，表示为：

$$y = b_1 x_1 + b_2 x_2 + \cdots + b_n x_n \tag{1-4-1}$$

y 称为判别函数，$b_i(i=1,2,\cdots,n)$ 为判别系数。根据 Fisher 判别准则，要求 y 的方差最小，而条件期望值差异最大，则：

$$\lambda = \frac{(\overline{y_A} - \overline{y_B})^2}{\sum_{i=1}^{n_1}(y_{Ai} - \overline{y_A}) - \sum_{i=1}^{n_2}(y_{Bi} - \overline{y_B})} = \frac{E}{F} \to \max \tag{1-4-2}$$

式中，y_A 与 y_B 分别为有覆冰和无覆冰的判别函数值，其值如下：

$$\overline{y_A} = \frac{1}{n_1}\sum_{i=1}^{n_1} y_{Ai}, \quad \overline{y_B} = \frac{1}{n_2}\sum_{i=1}^{n_2} y_{Bi}$$

其中，y_A 和 y_B 可通过式（1-4-1）计算得到，为有覆冰和无覆冰的判别函数的平均值。

根据微积分学中求极值原则，有 $\frac{\partial \lambda}{\partial b_k} = 0, k=1,2,\cdots,n$，$b_k$ 为判别系数。

$$\frac{\partial \lambda}{\partial b_k} = \frac{F\frac{\partial E}{\partial b_k} - E\frac{\partial F}{\partial b_k}}{F^2} = 0 \tag{1-4-3}$$

即

$$F\frac{\partial E}{\partial b_k} - E\frac{\partial F}{\partial b_k} = 0 \to \frac{F}{E}\frac{\partial E}{\partial b_k} = \frac{\partial F}{\partial b_k} \to \frac{1}{\lambda}\frac{\partial E}{\partial b_k} = \frac{\partial F}{\partial b_{\partial k}} \tag{1-4-4}$$

将 y_{Ai} 和 y_{Bi} 代入式（1-4-1），得到：

$$\frac{\partial E}{\partial b_k} = 2\left(\sum_{k=1}^{5} b_k d_k\right), \quad \frac{\partial F}{\partial b_k} = 2\left(\sum_{k,l=1}^{5} b_k w_{kl}\right), \quad k,l=1,2,\cdots,5$$

于是

$$\frac{\partial \lambda}{\partial b_k} = \frac{F\frac{\partial E}{\partial b_k} - E\frac{\partial F}{\partial b_k}}{F^2} = 0$$

式（1-4-3）就变为：

$$\begin{cases} w_{11}b_1 + w_{12}b_2 + \cdots + w_{1k}b_k = d_1 \\ w_{21}b_1 + w_{22}b_2 + \cdots + w_{2k}b_k = d_2 \\ \vdots \\ w_{k1}b_1 + w_{k2}b_2 + \cdots + w_{kk}b_k = d_k \end{cases} \quad (1\text{-}4\text{-}5)$$

式（1-4-5）称为求判别系数 b_k 的标准方程组，其中：

$$w_{kl} = \sum_{i=1}^{n_1}(x_{kAi} - \overline{x_{kA}})(x_{lAi} - \overline{x_{lA}}) + \sum_{i=1}^{n_2}(x_{kBi} - \overline{x_{kB}})(x_{lBi} - \overline{x_{lB}})$$

这是不同因子 k 和 l 的两类内交叉和；$d_k = \overline{x_{kA}} - \overline{x_{kB}}$，为不同类别平均值之差。其中 $\overline{x_{kA}} = \frac{1}{n_1}\sum_{i=1}^{n_1}x_{kAi}$，$\overline{x_{kB}} = \frac{1}{n_2}\sum_{i=1}^{n_2}x_{kBi}$ 分别为因子 x_A 和 x_B 在有、无覆冰两类样本中的平均值。在日常预报中，当因子值发生时，代入判别方程（1-4-1），求得判别函数值 y。判别时，再找到一个差别值（判别临界值）y_c：

$$y_c = \frac{1}{n_1 + n_2}(n_1\overline{y_A} + n_2\overline{y_B}) \quad (1\text{-}4\text{-}6)$$

即：

$$y_c = \frac{1}{n_1 + n_2}\sum_{k=1}^{5}(n_1 b_k \overline{x_{kA}} + n_2 b_k \overline{x_{kB}}) \quad (1\text{-}4\text{-}7)$$

若 $y > y_c$，报有覆冰；$y < y_c$，报无覆冰。求出的判别方程遵从分子自由度为 p、分母自由度为 $n_1 + n_2 - p - 1$ 的 F 分布，p 为预报因子数。

2. 多元线性回归

回归分析是用来寻找若干变量之间的统计联系关系的一种方法。利用所找到的统计关系对某一变量做出未来时刻的估计，称为预报值。利用回归分析方法分析多个气象预报因子与覆冰厚度或覆冰厚度变化之间的相互关系建立回归模型，最后通过回归模型对未来时刻的覆冰厚度或覆冰厚度变化做出预报估计。

一般来说，对抽取容量为 n 的预报量 y 与预报因子 x 的样本，假定预报量 y 与 p 个因子的关系是线性的，那么预报量的估计值 $\hat{y}$ 与预报因子 x 有如下关系：

$$\hat{y} = b_0 + b_1 x_1 + b_2 x_2 + \cdots + b_p x_p$$

其中，$b_0, b_1, \cdots, b_p$ 为回归系数。

对所有的预报因子 x_i，若全部回归估计值 $\hat{y}_i$ 与观测值 y_i 的偏差最小，则认为方程所确定的预报值能最好地代表所有实测点的值，即：

$$Q = \sum_{i=1}^{n}(y_i - \hat{y}_i)^2 \to \min \tag{1-4-8}$$

其中，Q 称为残差平方和。根据极值原理：

$$\begin{cases} \dfrac{\partial Q}{\partial b_0} = 0 \\ \dfrac{\partial Q}{\partial b_1} = 0 \\ \quad \vdots \\ \dfrac{\partial Q}{\partial b_p} = 0 \end{cases} \tag{1-4-9}$$

即可得到求回归系数的标准方程组如下：

$$\begin{cases} nb_0 + b_1 \sum_{i=1}^{n} x_{i1} + \cdots + b_p \sum_{i=1}^{n} x_{ip} = \sum_{i=1}^{n} y_i \\ b_0 \sum_{i=1}^{n} x_{i1} + b_1 \sum_{i=1}^{n} x_{i1}^2 + \cdots + b_p \sum_{i=1}^{n} x_{i1} x_{ip} = \sum_{i=1}^{n} x_{i1} y_i \\ b_0 \sum_{i=1}^{n} x_{i2} + b_1 \sum_{i=1}^{n} x_{i2} x_{i1} + \cdots + b_p \sum_{i=1}^{n} x_{i2} x_{ip} = \sum_{i=1}^{n} x_{i2} y_i \\ \quad \vdots \\ b_0 \sum_{i=1}^{n} x_{ip} + b_1 \sum_{i=1}^{n} x_{ip} x_{i1} + \cdots + b_p \sum_{i=1}^{n} x_{ip}^2 = \sum_{i=1}^{n} x_{ip} y_i \end{cases} \tag{1-4-10}$$

式中，x_{ip} 为第 p 个因子的第 i 个值，求出系数得到回归方程，遵从分子自由度为 p、分母自由度为 $(n-p-1)$ 的 F 分布。

3. 导线覆冰厚度回归预报模型

利用云南省东部地区电网覆冰监测站有覆冰日的日最低温度 T_{min}（℃）、日平均温度 T_{av}（℃）和日平均相对湿度 R_{av}（%）作为三个气象预报因子与覆冰厚度（H）或覆冰厚度变化趋势（B）之间的相互关系建立回归模型。结果分为两种：一种是直接建立导线覆冰厚度回归方程，即利用该回归方程计算出导线覆冰厚度；另一种是建立导线覆冰厚度变化模型，即利用该回归方程计算出导线覆冰厚度变化趋势，正值为未来覆冰厚度增加，负值为未来覆冰厚度减弱，根据变化趋势与前一天的覆冰厚度预报或实况相叠加即可得到覆冰厚度预报。

（1）导线覆冰厚度回归方程如下：

$$H = 8.74 - 0.07T_{min} - 0.64T_{av} - 0.06R_{av} \tag{1-4-11}$$

通过95%置信度检验，回归方程是显著的，可初步定性预报导线覆冰厚度情况。

（2）导线覆冰厚度变化趋势回归方程如下：

$$B = -0.77 + 0.18T_{min} - 0.37T_{av} + 0.01R_{av} \tag{1-4-12}$$

通过95%置信度检验，回归方程是显著的，能初步定性预报导线覆冰厚度变化情况。即导线覆冰厚度：

$$H_i = B + \alpha R_{i-1}, \quad i = 1, 2, 3, \cdots, n \tag{1-4-13}$$

其中，R_{i-1} 为预报时效前一天的导线覆冰实况或导线覆冰厚度预报，H_i 为未来第 i 天的覆冰预报，α 为有效导线覆冰系数（$0 < \alpha \leq 1$）。目前在试验过程中暂时考虑东部地区静止锋的影响通常为三天，所以从有覆冰开始的第一天到第三天有效导线覆冰系数均取为1，从第四天开始冷空气减弱，覆冰逐渐融化，有效导线覆冰系数呈指数衰减，后期可根据静止锋的影响持续时间对有效导线覆冰系数的取法进行调整。目前存在最大的问题是：有效导线覆冰系数的具体算法有待进一步研究，同时这也是本研究工作中的一个难点。

那么，导线覆冰厚度回归预报模型和导线覆冰厚度趋势变化回归模型哪一种预报的结果更接近实际导线覆冰厚度情况？利用这两个回归模型分别反算了有覆冰日的1 013个样本的覆冰情况，并与监测的数据做对比（见图1-4-7）。从图中可以看出，厚度变化预报模型计算的结果与电网覆冰监测的覆冰厚度比较一致，能相对较真实地反映出覆冰的真实情况，而覆冰厚度预报模型计算的结果与电网覆冰监测的结果差异较大。

实际上,导线覆冰现象受大范围的天气形势控制,它的形成又受到局部地形、微气候条件、微物理过程等影响而具有独特性。其与导线线路实际所处的地理位置、海拔高度、四周的地形,以及输电线路架设高度、自身电场及导线的扭转性能等密切相关,导线覆冰现象具有很强的随机性。仅从气象条件方面很难直接较准确地预报出未来具体的导线覆冰厚度,但可以根据气象条件,预报未来覆冰厚度变化趋势,观察导线覆冰未来是加重还是减轻,再用未来天气形势与前期实际监测到的覆冰厚度加以辅助订正,可以相对准确地对导线覆冰厚度进行预报。

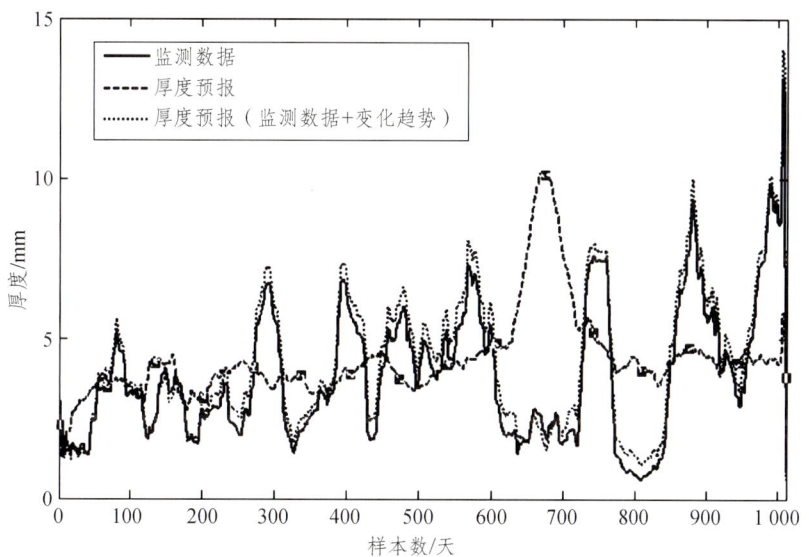

图 1-4-7　电网覆冰监测数据与厚度预报模型及厚度变化预报模型的结果比较

4. 导线覆冰有无判别

1)导线覆冰有无判别模型

在覆冰过程的整个预报中,预报覆冰是否发生比较重要,从覆冰开始到覆冰消融的过程为一个覆冰过程,其中有开始、冻结、发展、保持和消融等多个阶段,覆冰过程中涉及各个阶段时间节点的辨识分析,其中最主要的就是对导线覆冰开始冻结的判别,即为覆冰有无的判别。覆冰只有发生与不发生两种情况,对覆冰是否发生的定性预报,建立导线覆冰有无二级判别方程。在导线覆冰有无的研究中,从前面有覆冰日的 1013 天记录中筛选了 862 个样本,在日最低温度小于 0 ℃ 的无覆冰日的样本中筛选了 920 个样本，选取日最低温度 T_{min}（℃）、日平均温度 T_{av}（℃）和日平均相对湿度 R_{av}（%）三个判别因子，建立了有无覆冰判别模型：

$$Y = -1.28T_{min} - 0.92T_{av} + 0.38R_{av} \tag{1-4-14}$$

方程（1-4-14）通过了 95%的置信度检验，即该判别模型对覆冰现象是否发生的辨识效果是显著的。

通过计算，有覆冰和无覆冰的判别临界值为 $Y_c = 40.21$，将冬季各日预报样本的日最低温度 T_{min}（℃）、日平均温度 T_{av}（℃）和日平均相对湿度 R_{av}（%）三个因子代入判别模型 Y 的表达式中，求出判别模型 Y 的值，然后与临界值 Y_c 做比较。若计算得到的函数值 Y 大于临界值 $Y_c = 40.21$，则预报该日有覆冰现象发生；若计算得到的函数值 Y 小于临界值 $Y_c = 40.21$，则预报该日无覆冰现象发生。当然，理论上可根据这种方式判断是否有覆冰现象发生，但在实际的工作中，还需预报员根据未来的天气形势加以辅助订正。

2）导线覆冰有无模型对历史资料的拟合准确率

对历史资料的有覆冰的 862 个样本和无覆冰的 920 个样本进行返算，通过与临界值 Y_c 做比较，判断覆冰是否出现。在出现覆冰的 862 个样本中，有 693 个做了正确的发生覆冰判别，有 169 个判别错误，准确率为 80.39%，漏报率为 19.61%；在无覆冰的 920 个样本中，有 576 个做了正确的发生覆冰判别，有 344 个判别错误，准确率为 62.61%，漏报率为 37.39%。总体来讲，在 1 782 个样本中，有 1269 个判别正确，对覆冰是否发生的判别准确率为 71.21%（见表 1-4-1）。

表 1-4-1　对历史资料的判别准确率

事件	样本数	判对次数	判错次数	准确率	漏报率
有覆冰日	862	693	169	80.39%	19.61%
无覆冰日	920	576	344	62.61%	37.39%
总体	1 782	1 269	513	71.21%	28.79%

3）利用电网覆冰监测资料建立导线覆冰模型分析导线覆冰个例

在前面的研究分析中，我们利用电网覆冰监测资料建立的导线有（无）覆冰判别模型和导线覆冰厚度变化模型，选取历史个例进行预报分析。选取 2013—2015 年冬季的 3 个寒潮历史个例做导线覆冰预报，并与实况做对比分析。选取的典型历史个例如下：2013 年 12 月 13～16 日；2014 年 1 月 19～21 日；2015 年 1 月 8～11 日。建立模型选取数据时间段为 2011—2014 年每年 12 月至次年 2 月的逐小时的电网覆冰监测资料，其中，2013 年和 2014 年是历史个例，而 2015 年的可作为预报个例。

由于电网覆冰监测站的监测站点比较少，而预报的格点相对较密，为了方便预报与实况的对比分析，把电网覆冰监测的实况资料采用梯度距离平方反比法进行插值，与预报场一样的精度出图。

1.5　基于电网风险的融冰调度技术

1.5.1　融冰计划决策要素分析

电网是关系国家能源安全和国民经济命脉的重要基础设施，承担着为经济社会发展和国计民生提供能源保障的重要责任。输电网络遭受的各种自然灾害中，冰灾是电网面临的最严重威胁之一，造成的损失往往也更为严重，轻则发生冰闪，重则造成导线断线、杆塔倒塌，甚至电网瘫痪。

在诸多除冰手段中，直流融冰技术已成为我国电网超特高压输电线路除冰最为有效的方式。在 2008 年遍及中国南方各省的极端冰灾后，吸取冰灾中的经验教训，电网公司在重冰灾区建立起一套较为完善的电网直流融冰工作体系，并在近几年的冰灾中发挥了明显的作用。直流融冰装置及运行的研究现已比较成熟，大量直流融冰装置配置在电网中，为电网应对极端冰雪凝冻灾害提供了可靠保障，而如何科学有效地编制输电网络的直流融冰计划、合理安排覆冰线路的融冰工作成为新的课题。

电网直流融冰计划问题的研究刚刚兴起，尚未形成统一的直流融冰计划模型，现有的研究大都仅把对覆冰线路及时融冰作为决策目标，忽视了直流融冰工作对系统运行风险的影响等方面，对问题的考虑过于简单。而电网的直流融冰计划问题本身较为复杂，与直流融冰计划问题相关的各种要素较多，本章将对影响直流融冰计划决策的因素及与直流融冰计划本身有关的一些要素依次进行分析研究，为建立合理的电网直流融冰计划数学模型提供科学依据。

1. 线路融冰的及时性

电网直流融冰计划最基本和最重要的目标是使覆冰线路可及时进行融冰，避免因覆冰过重发生导地线断线或杆塔倒塌的情况。

1）导地线断线

冰雪凝冻灾害期间，覆冰导地线断线的基本原因是导地线上的综合荷载超过线路本身荷载承受极限。

导线覆冰时的综合荷载为：

$$T_L = \sqrt{(T_{Li} + T_g)^2 + T_{Lv}^2} \qquad (1\text{-}5\text{-}1)$$

式中，T_{Li} 为导线的冰荷载，N；T_{Lv} 为覆冰时导线的风荷载，N；T_g 为导线的自重力荷载，N。

覆冰时导线的冰荷载、风荷载以及导线的自重力荷载的计算模型分别为：

$$T_{Li} = \rho_i g \pi \delta (\delta + d) L \times 10^{-6} \qquad (1\text{-}5\text{-}2)$$

$$T_{Lv} = 0.625 v^2 (2\delta + d) \alpha \mu_{sc} L \times 10^{-3} \qquad (1\text{-}5\text{-}3)$$

$$T_g = \rho_l g l \qquad (1\text{-}5\text{-}4)$$

式中，ρ_i 为冰的密度，kg/m^3；g 为重力加速度，一般取 9.8 N/kg；δ 为导线的等效覆冰厚度，mm；d 为导线的直径，mm；L 为一挡导线的长度，m；v 为导线平均高度处的风速，m/s；α 为导线的风压不均匀系数；μ_{sc} 为导线体型系数；ρ_l 为导线单位长度质量，kg/m。

2）杆塔倒塌

冰雪凝冻灾害期间，杆塔倒塌的基本原因是杆塔上的综合荷载超过杆塔本身荷载承受极限。杆塔的综合荷载主要包括冰荷载、风荷载和纵向不平衡张力三部分，可表示为：

$$T_T = T_{Ti} + T_{Tv} + \Delta T \qquad (1\text{-}5\text{-}5)$$

式中，T_{Ti} 为圆截面铁塔的冰荷载，N；T_{Tv} 为铁塔的风荷载，N；ΔT 为杆塔所受的导地线的纵向不平衡张力，N。

铁塔的冰荷载、风荷载和纵向不平衡张力可分别按下列公式计算：

$$T_{Ti} = \pi \delta a_1 a_2 (d + b a_1 a_2) \gamma l \times 10^{-3} \qquad (1\text{-}5\text{-}6)$$

$$T_{Tv} = \frac{1}{2} v^2 \rho C_d(\alpha) A_f \qquad (1\text{-}5\text{-}7)$$

$$\Delta T = T_1 \cos \alpha_1 - T_2 \cos \alpha_2 \qquad (1\text{-}5\text{-}8)$$

式中，δ 为等效覆冰厚度，mm；d 为圆截面构件、拉绳、缆索、架空线的直径，mm；a_1 为与构件直径有关的覆冰厚度修正系数；a_2 为覆冰厚度的高度递增系数；γ 为覆冰重度，一般取 9 kN/m³；l 为铁塔构件总长度，m；ρ 为空气密度，kg/m³；$C_d(\alpha)$ 为风荷载的拖动系数；A_f 为铁塔构件承受风压的有效面积，m²；T_1、T_2 为杆塔前后两挡内的电线张力，N，其值与杆塔前后侧导地线覆冰或脱冰的不均匀程度相关；α_1、α_2 为导地线与杆塔横担垂线之间的夹角。

在冰雪凝冻灾害期间，输电线路发生导地线断线、杆塔倒塌事故与元件自身结构、强度、覆冰厚度、覆冰不均匀性以及风速、风向等均有一定关系。最根本的原因是导地线及杆塔上的冰荷载、风荷载或纵向不平衡张力严重过载，从而导致导地线及杆塔所受的拉力超过其承受极限。导线和杆塔所受冰荷载主要受导线或杆塔的覆冰厚度影响；覆冰情况下导线和杆塔所受的风荷载除了与风速有关外，还与导线或杆塔的覆冰厚度有关；杆塔的纵向不平衡张力主要与导线的覆冰厚度和覆冰不均匀性相关。综合以上分析可以认为：输电线路是否发生导地线断线及杆塔倒塌事故主要受覆冰严重程度及风速的影响。

3）线路覆冰率预测

（1）线路覆冰率。

由于输电线路的材料、型号等因素的不同，其承受的覆冰极限值也不一样，仅用覆冰厚度无法全面体现线路覆冰的严重程度。因此，本节设置了线路覆冰率指标来衡量线路覆冰的严重程度。线路覆冰率的定义为：

$$R_i = \max(r_{i,k}), k = 1, 2, \cdots, K \tag{1-5-9}$$

$$r_{i,k} = \frac{\delta_k}{\delta_{k,\lim}} \tag{1-5-10}$$

式中，R_i 为输电线路 i 的覆冰率，其值等于该回线路中各挡架线及杆塔中的最大覆冰率；$r_{i,k}$ 为输电线路 i 的第 k 个元件（各挡架线及杆塔）的覆冰率；δ_k 为第 k 个元件的等效覆冰厚度，mm；$\delta_{k,\lim}$ 为第 k 个元件的覆冰极限厚度，mm，其值根据元件所在区域冰期历史最大风速及元件自身结构属性求得；K 为线路所含元件数量。

由于风速具有很大的分散性和随机性，在实际工程中难以预测和计算。因此，本节设置了覆冰极限厚度 $\delta_{k,\lim}$，该指标以各挡架线及杆塔所在区域的冰灾期历史最大风速作为参考风速求解而得，若元件的覆冰厚度不超过此值，可认为不会发生导地线断线或杆塔倒塌事故，即 $R_i<1$ 时可认为线路安全。

（2）线路预测覆冰率。

在进行电网的直流融冰计划决策时，不光要考虑到输电线路现有的覆冰情况，还需考虑到输电线路覆冰的发展情况。对于未来冰冻灾害持续甚至加重区域的覆冰线路，原则上考虑优先进行融冰，而对于未来冰冻灾害停止或减弱区域的覆冰线路，原则上可以延后安排融冰。对于线路未来覆冰的发展情况可用输电线路的预测覆冰率 R_i^t 进行评估，其定义式如下：

$$R_i^t = \max(r_{i,k}^t), k=1,2,\cdots,K \quad (1\text{-}5\text{-}11)$$

式中，R_i^t 为输电线路 i 在时段 t 结束时的预测覆冰率；$r_{i,k}^t$ 为输电线路 i 的第 k 个元件在时段 t 结束时的预测覆冰率。

相对于线路的实时覆冰率，线路的预测覆冰率指标更能反映线路未来的覆冰情况以及冰灾期间线路是否会发生断线、杆塔倒塌等事故的可能性。因此，本节以该指标作为线路能否及时融冰的参考指标。

4）覆冰监测及预测

输电线路的实时覆冰情况可通过输电线路覆冰在线监测系统得到，而输电线路的覆冰预测一般可通过相关的覆冰预测模型结合线路的实时覆冰情况及气象预测信息求解。

覆冰在线监测系统主要由监测终端、通信网络及主站组成。监测终端主要完成杆塔现场图像、绝缘子倾斜角、导/地线拉力等线路实时覆冰信息及气象信息的采集工作，然后把信息通过 2G/3G 通信网络发送到主站，接着由主站进行各个监测量的存储、分析及显示，由主站系统根据覆冰计算模型计算出导线的覆冰实时等值厚度。线路覆冰的计算方法一般有称重法、导线倾角法、图像监测法等。图 1-5-1 为输电线路覆冰在线监测预警系统的总体结构。

输电线路的覆冰预测模型主要分为以下三类：

（1）根据机理预测覆冰的模型，如根据线路覆冰形成的气象机理及力学相关原理的 Makkonen 模型。

（2）根据统计方法建立起考虑微气象参数的统计学模型，如 Farzaneh 根据现场数据统计分析得到的导线结冰速率预测经验模型。

（3）根据各类智能算法（如神经网络算法、灰度关联分析、线性回归法、模糊逻辑理论等）建立起的覆冰预测模型，如基于 GA-BP 的覆冰预测模型。

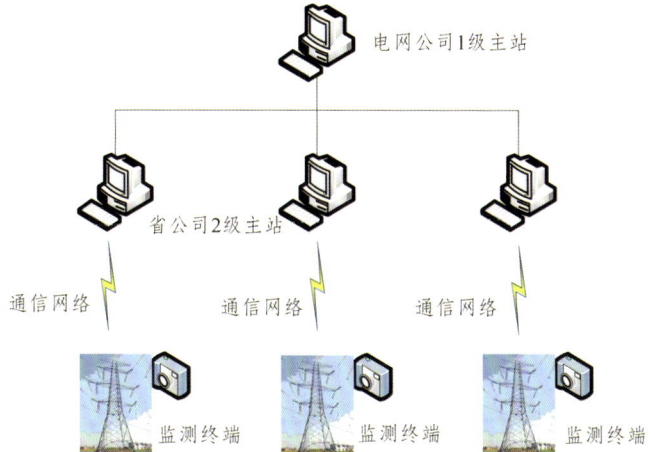

图 1-5-1　输电线路覆冰在线监测预警系统总体结构图

2. 直流融冰时的系统风险

直流融冰装置工作时会对装置所在站点的有功负荷、无功负荷、电压稳定性、谐波水平及系统稳定性造成一定程度的影响。在进行直流融冰计划决策时，需要考虑因线路退出运行和节点有功负荷波动对系统运行风险的影响。

与正常运行情况相比，当系统中存在线路进行直流融冰工作时，系统的拓扑结构和潮流运行都将发生变化，系统运行风险会有一定程度的上升。特别是在遭受诸如 2008 年初的极端冰灾时，电网受灾范围相当大，需要进行融冰的线路数量多，可能出现需要对多条线路同时进行直流融冰的情况。这种情况下由于融冰而退出运行的线路较多，系统的拓扑结构和运行方式变化较大，直流融冰工作本身反而可能会对系统运行造成较大风险，严重影响直流融冰过程中系统的安全稳定运行。

从电力系统运行的经验可知，当系统的拓扑结构发生较大变化时，容易出现支路潮流越限或者节点电压越限等情况，此时可采用如发电机出力调整、变压器分接头调整等校正措施，以调整运行状态；若仍然违背约束条件，最终将采用切除某些负荷的手段解决，这样系统的供电能力将受到一定影响，系统的运行风险增大。

对于发输电系统，常用与负荷削减有关的风险评估指标，如：负荷削减概率（Probability of Load Curtailments，PLC）、电量不足期望值（Expected Energy Not Supplied，EENS）、负荷削减期望值（Expected Load Curtailments，ELC）等。

（1）负荷削减概率可表示为：

$$PLC = \sum_{i \in S} P_i \tag{1-5-12}$$

式中，P_i 为系统处于状态 i 的概率，S 为设定的时间内无法满足负荷要求的系统状态全集。

（2）电量不足期望值可表示为：

$$EENS = \sum_{i \in S} C_i P_i T_{\text{per}} \tag{1-5-13}$$

式中，$EENS$ 为电力系统在给定时间内由于各种原因所造成负荷需求电量消减的期望值，单位：MW·h；C_i 为系统状态 i 时消减的负荷功率，单位：MW；T_{per} 为设定的时长，单位：h。

（3）负荷切除期望值可表示为：

$$ELC = \sum_{i \in S} C_i P_i \tag{1-5-14}$$

在决策周期内进行直流融冰与正常运行时相比，系统 $EENS$ 的增量可作为判断直流融冰计划对系统运行风险影响的指标，其定义式为：

$$E_t = EENS_t(x) - EENS_t^* \tag{1-5-15}$$

式中，E_t 为在时段 t 进行直流融冰较正常运行时系统 $EENS$ 的增量，单位：MW·h；$EENS_t(x)$ 为按照直流融冰计划 x 系统在时段 t 的电量不足期望值，单位：MW·h；$EENS_t^*$ 为正常运行时系统在时段 t 的电量不足期望值，单位：MW·h。

一次直流融冰计划的决策周期一般比较短，大多为几天。在不考虑覆冰影响的情况下，电网各元件的故障率变化较小，为简化计算的需要，可认为短时间内元件的故障率不发生变化。在忽略元件故障率的情况下，E_t 可按下式近似计算：

$$E_t \approx \sum_{j=1}^{R} C_j^{\text{de-icing}} T_j \tag{1-5-16}$$

式中，$C_j^{\text{de-icing}}$ 为系统处于直流融冰状态 j 时消减的负荷功率，可按最小切负荷线性规划模型计算，单位：MW；T_j 为系统直流融冰状态 j 的时长，单位：h；R 为时段 t 内系统直流融冰状态的数量。

电网实际融冰工作安排中，往往需要在短时间内制订计划，对于某些关键指标需在短时间内获取到。

由于忽略了元件的故障率并不能求得真正意义上的系统 EENS 的增量，但此求解值可近似反映直流融冰计划对系统运行风险的影响，求解过程较为容易，有助于直流融冰的快速决策。

电网中输电线路因直流融冰退出运行，会直接或间接影响其他线路或元件的运行，对整个系统稳定运行的影响取决于直流融冰计划的合理性。若电网的直流融冰计划安排不当造成某一时刻进行直流融冰线路的数量过多或者直流融冰线路组合搭配不当，都会导致这一时段系统运行风险大大提高，严重影响直流融冰过程中系统的供电稳定性。此外，系统的负荷水平也会影响融冰时系统的运行风险。

因此，如何合理安排线路的融冰时段、对各时段的直流融冰线路组合进行优化、尽量降低直流融冰过程中系统的运行风险是直流融冰计划决策的一个重要目标。

3. 经济因素

电网抗冰融冰工作涉及的经济费用包括直流融冰工作本身所需要的费用、融冰过程中的售电损失、线路或杆塔维修费用等。直流融冰工作本身所需要的费用主要包括两部分：一部分为直流融冰过程中所消耗的电能费用，线路在进行直流融冰时需要的直流电源由发电车（机）或主变压器提供，直流融冰过程中需要消耗较大的电能，从而产生经济费用；另一部分与直流融冰工作时需要的人力与物资有关，直流融冰工作往往被安排在负荷较低的时段，且整个工作持续数小时，往往意味着需要加班工作，从而导致人工费用增加，而且直流融冰工作时使用车辆及相关物资也会产生一定的经济费用。融冰过程中的售电损失是指融冰计划已确定的情况下，因停电而损失电量的费用以及因停电造成的其他损失的费用。线路或杆塔维修费用指的是对因覆冰发生事故的线路及杆塔进行维修所产生的费用。

在电网进行线路融冰的整个过程中，直流融冰工作本身所需要的总费用可表示为：

$$F_\mathrm{w} = \sum_{i=1}^{M}\sum_{t=1}^{T} f_i^t u_i^t \tag{1-5-17}$$

式中，f_i^t 为线路 i 在时段 t 进行直流融冰所需要的费用，包括直流融冰所消耗的电能费用、人工费用、物资费用等；u_i^t 为线路的直流融冰状态，$u_i^t = 1$ 表示线路 i 在时段 t 进行直流融冰，$u_i^t = 0$ 表示线路 i 在时段 t 正常运行；M 为线路数量；T 为融冰时段数量。

直流融冰过程中的停电损失可表达为：

$$F_{\text{loss}} = \sum_{t=1}^{T} \lambda(t) E_t \Delta T_t \tag{1-5-18}$$

式中，$\lambda(t)$ 为时段 t 的实时电价，元/MW·h；ΔT_t 为时段 t 的时长，h。

此外，某些线路或者杆塔由于除冰不及时可能会出现故障，进行维修工作也会产生费用。但由于故障发生、修复时间及工作量等都存在一定的不可预知性，因此与维修相关的经济费用难以计算。

在面对不同程度的冰灾时，电网抗冰除冰工作所采取的策略是有一定差异的，因此在进行电网的直流融冰计划决策时，是否考虑经济性指标、考虑何种经济性指标需要根据具体的电网冰灾情况和融冰策略决定。

4. 装置点的融冰子计划

与交流融冰相比，直流融冰的一个显著特点就是需要把覆冰线路连接到一个直流融冰装置上才能进行融冰。而不论是采用固定式还是车载式直流融冰装置，一套直流融冰装置同时只能对该装置所在站点的一条出线开展直流融冰工作。那么在安排某一条线路的融冰时段时，需要考虑其连接的直流融冰装置在该时段是否处于可使用的状态，而使用同一直流融冰装置进行融冰的线路显然是不能安排在同一时段融冰的。根据直流融冰装置每个时段的工作状态，可得到该装置点的融冰子计划，如下式：

$$p_i = \left[p_{i1}, p_{i2}, \cdots, p_{ij}, \cdots, p_{iT} \right] \tag{1-5-19}$$

式中，p_i 为第 i 个直流融冰装置的融冰子计划；p_{ij} 为第 i 个直流融冰装置在融冰时段 j 的工作状态，其值若为"0"表示不融冰，其值若非"0"则表示对其值代表的线路融冰；T 为融冰时段数量。整个电网的直流融冰计划可视为由各个直流融冰装置点的融冰子计划组合而成。

在每年冬季抗冰除冰工作开展前，电网公司需要提前制定防冰调度预案，对网内所有可进行直流融冰的输电线路进行直流融冰工作的布置安排，确定线路的直流融冰方式（直接融冰或串联融冰）及使用的直流融冰装置，并且明确各条线路的首端搭接拆除部门、末端搭接拆除部门及线路观冰责任部门。对于采用串联方式进行直流融冰的线路还需要确定其串联的线路，并把该线路及其串联线路安排在同一组进行融冰。这样一方面可以使每条线路的直流融冰工作分工清晰，有利于融冰工作顺利展开；另一方面可以使各直流融冰装置点能得到充分合理的使用，且有利于整网的直流融冰计划安排。

5. 线路融冰优先性

根据电网直流融冰工作的要求，一些重要线路如重要电源送出线路、区域联络线、连接重要负荷的线路等，原则上需要优先安排融冰工作，否则若因线路融冰不及时而导致发生导线断线、杆塔倒塌事故，对系统安全运行、地区供电能力的影响以及造成的政治经济损失将远超过一般线路。在电网的抗冰工作中应尽力保证这一类线路能得到及时融冰。

线路融冰的优先级可分为以下三类：

第一类（最先实施融冰的线路）：

（1）保证 500 kV 主网架安全稳定的 500 kV 线路；

（2）保证城市可靠供电的重要线路；

（3）网内重要电源送出线路及重要联络线；

（4）西电东送通道线路。

第二类（其次实施融冰的线路）：

（1）保证 500 kV 电网完整的线路；

（2）保证重要用户供电线路；

（3）黑启动相关路径的线路。

第三类（最后实施融冰的线路）：

其他可以进行融冰的 220 kV 线路。

对于这三类线路，可以由有经验的技术人员和专家确定各条线路的融冰优先性指标 a_i，取值范围为 0~1，值越大优先级越高。

6. 直流融冰时间

目前，输电线路的直流融冰过程包括线路停复电操作、融冰母线搭接、短路点搭接、融冰隔离刀闸拉合、装置升流融冰等。按照现有的技术能力和操作流程，使用固定式直流融冰装置对输电线路进行融冰。对于 500 kV 线路，每套装置 6.5 小时可完成

1 次融冰，能除去一回线路的 10 mm 覆冰，两天内最多可保证 7 条次线路正常运行；对于 220 kV 线路，每套装置 5.5 小时可完成 1 次融冰，能除去一回线路的 10 mm 覆冰，两天内最多可保证 8 条次线路正常运行。图 1-5-2 和图 1-5-3 所示为 500 kV、220 kV 线路直流融冰过程时间节点示意图。

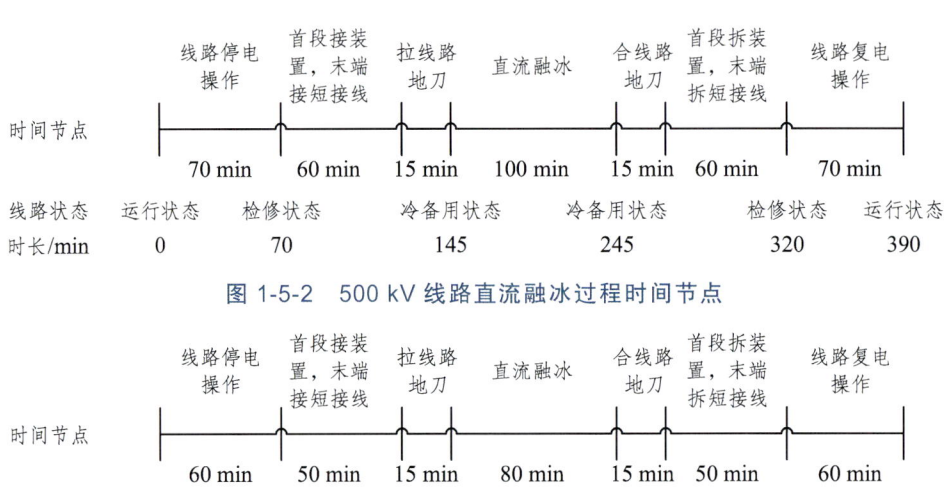

图 1-5-2　500 kV 线路直流融冰过程时间节点

图 1-5-3　220 kV 线路直流融冰过程时间节点

7. 直流融冰计划的决策周期

直流融冰计划的决策周期是指一次直流融冰计划的研究时长。直流融冰计划的决策周期可根据气象预测信息或线路重复融冰的间隔时间确定。如遭受最严重冰灾情况下，根据南方电网的直流融冰经验，对覆冰最严重的线路 2 天进行一次直流融冰，可保证其安全性，因此这种情况下直流融冰计划的决策周期可设置为 2 天。

1.5.2　冰灾时电网直流融冰计划

电网直流融冰计划的决策问题是指决策人员根据一定的策略及线路同时融冰、互斥融冰、潮流是否越限等约束条件，为一系列等待安排直流融冰的输电线路安排其融冰时段的过程。

面对不同的冰雪凝冻灾害时，电网抗冰工作的防御策略是有差异性的，不同冰灾情况下的电网直流融冰计划的优化目标和约束条件并不完全相同，决策模型存在一定差异，求解方法也需要随之调整。

根据电网遭受冰灾的不同程度，可分为一般冰灾、严重冰灾和极端冰灾。一般冰灾时，需要进行融冰的线路较少，线路融冰的紧急性较低，直流融冰装置使用的频率较低，可采用一般冰灾时的直流融冰计划决策模型；严重冰灾和极端冰灾类似，需要进行直流融冰的线路较多，融冰紧急性高的线路较多，直流融冰装置使用的频率较高，区别在于严重冰灾时需要考虑电网内所有可进行融冰的线路，而极端冰灾情况下需要考虑的仅为保底网架内的线路。因此两种冰灾情况下可采用相同的直流融冰计划决策模型。

1. 一般冰灾时直流融冰计划决策的特点

一般冰灾是指冰雪凝冻灾害范围较小，电网中输电线路的覆冰率普遍低于融冰门槛的冰灾。

发生一般冰灾时，电网的直流融冰计划决策工作具有以下特点：

（1）电网中仅有少量线路的覆冰率高于融冰门槛，需要进行融冰的线路数量较少。

（2）两条或多条线路同时进行直流融冰的情况较少，直流融冰工作的开展对系统运行风险影响较小。

（3）由于线路覆冰增长较为缓慢，对覆冰线路除冰的紧急性要求较低，覆冰线路进行直流融冰工作可安排的时段较多。

（4）一次直流融冰计划的决策周期较长。

根据一般冰灾的特点，此阶段直流融冰计划决策的基本要求为：在对覆冰线路及时融冰的前提下，经济合理地安排覆冰线路的直流融冰计划，尽量减小直流融冰工作对系统运行的影响。

2. 目标函数

由上一章的研究可以看出，电网的直流融冰计划问题比较复杂，与直流融冰计划决策相关的要素有很多，如线路覆冰监测、气象预测、覆冰预测、线路杆塔受力、融冰方式、融冰时长、负荷水平、电网结构、融冰线路组合、经济费用等。为了便于问题的分析和求解，在构建电网的直流融冰计划决策模型前，先做如下假设：

（1）认为融冰计划决策周期内的天气预测信息是准确的。

（2）认为融冰决策周期内线路的覆冰厚度可根据线路实时覆冰情况和天气预测信

息,并通过覆冰增长模型计算得到。

(3) 认为电源是可靠的,节点负荷用集中总负荷表示。

(4) 整个融冰计划决策周期分为数个时长相等的时段,认为线路可以在一个时段内完成所有的直流融冰工作,清除所有的覆冰。

(5) 在做融冰计划决策前已确定可融冰线路的融冰方式及使用的直流融冰装置。

(6) 只考虑因线路进行直流融冰退出运行和覆冰造成的导线断线和杆塔倒塌的情况,不考虑其他因素引起的系统故障。

(7) 为了便于考虑负荷波动的影响,假定待融冰线路的可选融冰时段是连续的。

发生一般冰灾时,电网直流融冰计划问题包括直流融冰时的系统风险、线路融冰的及时性和融冰经济性 3 个优化目标。

1) 直流融冰时的系统风险目标函数

发生一般冰灾时,电网直流融冰计划决策的目标之一是使直流融冰计划对系统运行风险造成的影响尽可能低。

在决策周期内进行直流融冰与正常运行时相比系统 EENS 的增量可作为判断直流融冰计划对系统运行风险影响的指标,其定义式为:

$$E_t = EENS_t(x) - EENS_t^* \quad (1\text{-}5\text{-}20)$$

式中,E_t 为在时段 t 进行直流融冰时较正常运行时系统 EENS 的增量,单位:MW·h;$EENS_t(x)$ 为按照直流融冰计划 x 系统在时段 t 的电量不足期望值,单位:MW·h;$EENS_t^*$ 为正常运行时系统在时段 t 的电量不足期望值,单位:MW·h。

可以看出,系统 EENS 的增量指标可以较好地衡量直流融冰计划对系统运行风险的影响程度,因此目标函数可表示为:

$$\text{Min} \quad F_1(x) = \sum_{t=1}^{T} E_t(x) \quad (1\text{-}5\text{-}21)$$

式中,$F_1(x)$ 为融冰计划为 x 时直流融冰决策周期内的系统 EENS 的增量总和,单位:MW·h;T 为直流融冰决策周期所包含的时段数;$E_t(x)$ 为在时段 t 内进行直流融冰较正常运行时系统 EENS 的增量,单位:MW·h。

2) 线路融冰的及时性目标函数

线路的预测覆冰率可预测出线路未来的覆冰情况并可据此判断覆冰线路发生导线

断线、杆塔倒塌等事故的可能，可为计划决策人员及时安排线路融冰提供依据。发生一般冰灾时，电网直流融冰计划决策的第二个优化目标是使决策周期内输电线路的最大预测覆冰率尽可能低，目标函数可表示为：

$$\text{Min } F_2(x) = \max[R_i^t(x), i=1,2,\cdots,M, t=1,2,\cdots,T] \quad (1\text{-}5\text{-}22)$$

式中，$F_2(x)$ 为融冰计划为 x 时，直流融冰决策周期内所有线路中预测覆冰率的最大值；$R_i^t(x)$ 为线路 i 在融冰时段 t 结束时的预测覆冰率；M 为待融冰线路的数量。

3）融冰经济性目标函数

发生一般冰灾时，电网受灾范围较小，直流融冰的工作量较小，线路覆冰引发线路或杆塔故障的风险和直流融冰工作对系统运行风险的影响都较小。因此，在可保证覆冰线路及时融冰和系统运行安全运行的基础上，还可考虑一定的经济性，降低直流融冰工作引起的经济费用。

在直流融冰工作涉及的经济费用中，融冰过程中的售电损失与 $E_t(x)$ 有关：

$$F_{\text{loss}} = \sum_{t=1}^{T} \lambda(t) E_t \Delta T_t \quad (1\text{-}5\text{-}23)$$

式中，$\lambda(t)$ 为时段 t 的实时电价，单位：元/MW·h；ΔT_t 为时段 t 的时长，单位：h。

式（1-5-23）可体现经济性，无须重复考虑；而与维修相关的经济费用由于存在较大的不可测性，难以计算和预测，暂不考虑。因此发生一般冰灾时，电网直流融冰计划决策的经济性目标为直流融冰工作本身所需要的费用，目标函数可表示为：

$$\text{Min } F_3(x) = F_w(x) \quad (1\text{-}5\text{-}24)$$

式中，$F_w(x)$ 为直流融冰决策周期内开展直流融冰工作所需的总费用，包括直流融冰所消耗的电能费用、人工费用、物资费用等。

3. 约束条件

在编制电网的直流融冰计划时，可根据线路的直流融冰耗时和冰灾情况将一天划分为数个融冰时段，认为线路可在 1 个时段内完成融冰工作。线路的可融冰时段表示为：

$$\tau_i \in \Omega_i \tag{1-5-25}$$

式中，τ_i 为线路 i 的直流融冰时段，Ω_i 为线路 i 的直流融冰时段可选集。

1）融冰启动时段约束

根据直流融冰工作的实际经验，当线路的覆冰率达到门槛值（如贵州电网设定的融冰率门槛值为 0.4）后，才启动该线路的直流融冰工作，减少线路不必要的融冰停运。

$$R_i^t(x) < R_{\text{threshold}}, \quad q_i^{t+1} = 0 \tag{1-5-26}$$

式中，q_i^{t+1} 表示在第（$t+1$）个融冰时段线路 i 的直流融冰状态，$q_i^{t+1}=0$ 表示不融冰，$q_i^{t+1}=1$ 表示融冰；$R_{\text{threshold}}$ 为线路的融冰率门槛值。

根据 $R_i^t(x) < R_{\text{threshold}}$，$q_i^{t+1} = 0$，若第 t 个融冰时段结束时，线路的预测覆冰率未达到融冰率门槛值，则不需要在下一时段对该线路进行融冰。

2）同时融冰约束

一部分输电线路无法直接连接到直流融冰装置进行融冰，但是可以通过其他线路串接到直流融冰装置进行串联融冰，这类线路在进行直流融冰时其串接的线路也必须同时停运。采用串联方式进行直流融冰的线路与其串接线路须安排在相同的时间段内进行直流融冰，在决策过程中串联融冰线路可编为一组进行安排。线路 i 和线路 j 同时融冰的数学模型为：

$$\tau_i = \tau_j \tag{1-5-27}$$

3）互斥融冰约束

部分线路不能安排同时进行直流融冰，例如：

（1）双回线路不能安排两回线路同时进行直流融冰。

（2）直流融冰装置所在站点原则上不安排两回出线同时融冰。

（3）500 kV 线路进行融冰时，原则上避免形成两个及以上 500 kV 层面电厂单线送出方式。

（4）采用同一直流融冰装置进行融冰的线路不能同时融冰。

线路 i 和线路 j 为互斥融冰线路的数学模型如下：

$$\tau_i \neq \tau_j \tag{1-5-28}$$

4）线路潮流约束

$$|S_l| \leqslant S_{l\max} \tag{1-5-29}$$

式中，S_l 为线路 l 的实际潮流，单位：MVA；$S_{l\max}$ 为线路 l 的潮流极限，单位：MVA。

5）发电机节点出力约束

$$g_{k,\min} \leqslant g_k \leqslant g_{k,\max} \tag{1-5-30}$$

式中，g_k 为发电机节点 k 的有功出力，单位：MW；$g_{k,\max}$ 为发电机节点 k 有功出力的上界，单位：MW，$g_{k,\min}$ 为发电机节点 k 有功出力的下界，单位：MW。

6）节点切负荷量约束

$$0 \leqslant r_i \leqslant L_i \tag{1-5-31}$$

式中，r_i 为负荷节点 i 的切负荷量，MW；L_i 为负荷节点 i 的有功负荷，MW。

7）节点电压约束

$$U_{i,\min} \leqslant U_i \leqslant U_{i,\max} \tag{1-5-32}$$

式中，U_i 为节点 i 的电压，单位：kV；$U_{i,\max}$、$U_{i,\min}$ 分别为节点 i 电压的上、下界，单位：kV。

8）直流融冰资源约束

直流融冰资源包括参与融冰工作的人员及相关的物资设备等。由于融冰资源的限制使得可同时进行直流融冰的线路数量有限，如下：

$$m_i \leqslant M_i \tag{1-5-33}$$

式中，m_i 为时段 i 安排直流融冰的线路数量，M_i 为时段 i 可满足同时进行直流融冰的线路总数。

4. 案例分析

本节采用 IEEE RTS-79 可靠性测试系统作为算例系统，采用 matlab 软件编写程序。该系统如图 1-5-4 所示，总装机容量为 3 405 MW，负荷为 2 850 MW，包含 24 条母线、32 台发电机组、20 个负荷节点和 33 条线路。

遭受某一次冰灾时，共有 6 条线路因覆冰较重需要进行融冰，覆冰线路的长度、型号和融冰电流等信息如表 1-5-1 所示。设 6 条覆冰线路的直流融冰时间都为 1 小时，电价为 800 元/MW·h，每条线路进行直流融冰消耗的电量及其费用如表 1-5-1 所示；这 6 条覆冰线路可分别连接到节点 5、4、8、12、11 和 20 的直流融冰装置进行融冰，不存在互斥融冰的情况。

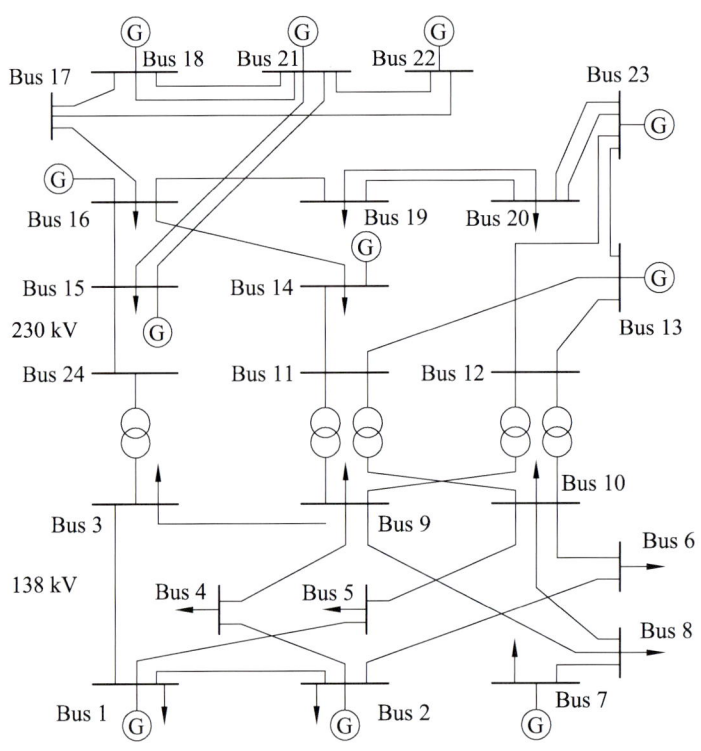

图 1-5-4　IEEE RTS-79 测试系统

表 1-5-1　覆冰线路信息

覆冰线路	融冰装置	线路长度/km	线路型号	融冰电流/A	融冰消耗电量/(MW·h)	消耗电量的费用/万元
1—5	5	37.2	LGJ-240	600	3.2	0.26
4—9	4	45.7	LGJ-240	600	3.9	0.32
8—9	8	72.7	LGJ-240	600	6.3	0.50
12—13	12	55.8	LGJ-2×240	1 200	9.6	0.77
11—14	11	49	LGJ-2×240	1 200	8.5	0.68
19—20	20	46.5	LGJ-2×240	1 200	8.0	0.64

线路的预测覆冰率如图 1-5-5 所示，设融冰决策周期为 48 小时，等分为 4 个融冰时段，各时段直流融冰装置均处于可用状态，融冰工作操作班组共 3 组。各融冰时段的负荷水平及融冰人力物资费用如表 1-5-2 所示。

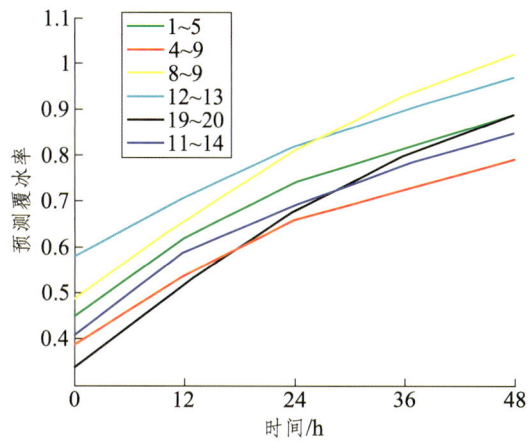

图 1-5-5 线路的预测覆冰率

表 1-5-2 负荷水平及融冰人力物资费用

时段	负荷水平	融冰人力物资费用/（万元/次）
1	0.77	6
2	0.75	6
3	0.88	4
4	0.95	4

根据算例中电网运行情况和待融冰线路的信息，决策者首先将线路最大预测覆冰率的正负理想极值分别设为 $F_1^+ = 0.69$ 和 $F_1^- = 1.0$，系统 $EENS$ 增量的正负理想极值分别设为 $F_2^+ = 10$ MW·h 和 $F_2^- = 150$ MW·h，直流融冰经济费用的正负理想极值分别设为 $F_3^+ = 20$ 万元和 $F_3^- = 70$ 万元。然后按照交互式电网直流融冰计划优化决策方法求解优化模型 Model 4、Model 5 和 Model 6，对覆冰线路的融冰时段进行优化。

目标决策交互式过程如下：

（1）以整体协调度最大为目标建立模型 Model 4，并对此模型进行求解，得出最优解 $x^{(1)}$，对应的直流融冰计划如表 1-5-3 所示。

表 1-5-3　直流融冰计划一

融冰装置	融冰时段			
	1	2	3	4
4	无	无	无	4—9
8	8—9	无	无	无
11	无	11—14	无	无
12	12—13	无	无	无
5	无	1—5	无	无
20	无	无	19—20	无

相应的计算结果为：

$\lambda(x^{(1)}) = 0.8995$，$\mu[F_1(x^{(1)})] = 0.8710$，$\mu[F_2(x^{(1)})] = 0.9743$，$\mu[F_3(x^{(1)})] = 0.696$，$F_1(x^{(1)}) = 0.73$，$F_2(x^{(1)}) = 13.6 \text{ MW·h}$，$F_3(x^{(1)}) = 35.2 \text{ 万元}$。

（2）对第一次求解结果，决策者认为线路最大预测覆冰率和系统 EENS 增量的满意度已符合要求，但直流融冰经济费用较高，该指标的满意度 $\mu[F_3(x)]$ 需要提高。因此提出各个优化目标满意度的下限值 $\mu_1^- = \mu_2^- = \mu_3^- = 0.77$，建立 Model 5 模型，并对此模型进行求解，得出最优解 $x^{(2)}$，对应的直流融冰计划如表 1-5-4 所示。

表 1-5-4　直流融冰计划二

融冰装置	融冰时段			
	1	2	3	4
4	无	无	无	4—9
8	无	8—9	无	无
11	无	无	无	11—14
12	12—13	无	无	无
5	无	无	1—5	无
20	无	无	19—20	无

相应的计算结果为：

$\lambda(x^{(2)}) = 0.8272$，$\mu[F_1(x^{(2)})] = 0.7742$，$\mu[F_2(x^{(2)})] = 0.8014$，
$\mu[F_3(x^{(2)})] = 0.776$，$F_1(x^{(2)}) = 0.76$，$F_2(x^{(2)}) = 37.8\ \text{MW·h}$，$F_3(x^{(2)}) = 31.2$ 万元。

（3）对第二次求解结果，决策者对目标整体协调度 $\lambda(x^{(2)})$ 不满意，提出新的要求：目标整体协调度的下限值为 $\lambda^- = 0.85$，各单目标满意度的容许调整幅度均为 0.1，建立 Model6 模型，并对此模型进行求解，得出最优解 $x^{(3)}$，对应的直流融冰计划如表 1-5-5 所示。

表 1-5-5　直流融冰计划三

融冰装置	融冰时段			
	1	2	3	4
4	无	无	无	4—9
8	无	8—9	无	无
11	无	无	11—14	无
12	12—13	无	无	无
5	无	1—5	无	无
20	无	无	19—20	无

相应的计算结果为：

$\lambda(x^{(3)}) = 0.8591$，$\mu[F_1(x^{(3)})] = 0.8710$，$\mu[F_2(x^{(3)})] = 0.8815$，$\mu[F_3(x^{(3)})] = 0.7360$，
$F_1(x^{(3)}) = 0.73$，$F_2(x^{(3)}) = 26.6\ \text{MW·h}$，$F_3(x^{(3)}) = 33.2$ 万元。

（4）决策者对第三次求解的结果满意，不再提出新的交互要求，将 $x^{(3)}$ 作为电网直流融冰计划的最优方案。

由交互式电网直流融冰计划的求解过程可以看出：交互式决策方法通过设定单目标满意度和目标整体协调度两个指标实现了对决策者主观偏好的量化处理，有利于决策者辨别方案的优劣；通过构建 3 个单目标决策模型的形式将原多目标问题分解为基于交互过程的单目标问题，简化了优化计算过程；设立的目标整体协调度指标平衡了单目标之间的矛盾，能引导优化解向决策者的理想解逼近，最终能获得系统风险、线路融冰的及时性和融冰经济性 3 个目标的满意度和目标整体协调度都能满足决策者要求的电网直流融冰最优计划。

第 2 章 山火关键技术

2.1 概述

山火自然灾害是一类非常严重的电网自然灾害。云南多山，农林交错，输变电网多布局在远离人为活动的林区中，山火一直是输变电网络安全性运行、电力企业安全生产的隐患。随着森林可燃物易燃性的不断提高，引发山火的火源频度和强度不断加大，再加上全球气候变化的影响，电力网络受山火威胁成为常态。

大面积停电给人民生产生活带来极大威胁，造成极大的经济损失和社会不安定隐患。因此，积极预防治理和控制输变电网络区域的山火，是电网公司的一项重要安全生产工作。要做好积极主动、高效科学的预防治理和控制，山火的早期监测与发现、发生山火的火灾环境的探测与火灾蔓延的提前预报是最为关键的工作。野外林区一旦发生火灾，森林可燃物燃烧释放的高温水汽、植物细屑颗粒以及其他烟气化学成分，随气流上升到电网通路区域，会形成高温混合气体导电区域，从而造成高压输变电网短路，导致路网崩溃。故有必要开展山火的预测预报关键技术研究，以提高预防和处置能力，消除或减少山火对电网的威胁，提高云南电网安全生产保障能力。

电网山火关键技术主要包括：

（1）线路山火危险性指数模型。

（2）山火灾害预警模型。

（3）山火蔓延预报模型。

线路山火危险性指数模型：研究和给出云南全省的山火空间格局危险性指数模型，该模型的测报结果与输电线路地图叠加后，可生成线路危险性的空间测报与评估结果。

线路山火危险性指数模型的服务目标是：评估和指示历史以来云南的山火危险性平均空间格局，将云南全省细分为极高风险区、高风险区、中等风险区、低较低风险区和低风险区。为云南电网的线路规划与设计、输变电场所选址、重点危险区的山火预防管理，以及机构与人员配置、线路巡护划分等，提供辅助决策数据。

山火灾害预警模型：研究和给出山火灾害的测报预警模型，以此计算每天的山火灾害危险性。在山火灾害预警测报系统中，利用气象、火源等输入数据，进行时间和空间模拟后，可实时生成时空动态的测报变量；将这些变量代入测报模型后，可动态计算出云南全境的每个空间位置、每个时刻或每个时间阶段出现山火灾害的概率。

山火灾害预警模型的服务目标是：在任何时刻、任何时间阶段上，对云南全省的山火灾害进行测报预警，为云南电网制定每天的预防管理措施，开展应急准备，安排布置针对性的线路巡护与监测等事宜，提供辅助决策及管理支持数据。

山火灾害预警模型又可细分为山火火源预警模型、山火天气等级预警模型、山火可燃物易燃性预警模型，以及综合性的山火发生概率预警模型。

本章将在山火火源预警模型、山火天气等级预警模型、山火可燃物易燃性预警模型的基础上，研究和给出综合的山火发生概率预警模型。

山火蔓延预报模型、研究和给出山火发生时整个火场的蔓延发展测报模型，以表达和计算山火发生后的蔓延发展趋势。

山火蔓延预报模型的服务目标是：当火灾发生后，可预报和指示火场的蔓延发展速度、距离、火场面积等，以支持管理者和决策者做出精准的山火发展预判，为电网部门制定科学的应急调度、抢险救灾决策提供科学依据。

2.2 变量的时空模拟算法

2.2.1 山火灾害时空化测报的基本原理概述

一般来说，在现代空间技术支持下开展自然灾害测报预警，必须具有四大要素及相关技术的支持：第一，必须具有开展自然灾害测报预警分析的专用 GIS 系统及关键技术支持；第二，必须有灾变因子或致灾因子的观测系统及输出数据以及相关技术的支持；第三，必须有一套灾害测报预警的机理模型以及相应测报计算方法；第四，必须有一套测报变量时空模拟算法及以此为基础构建的测报变量地图大数据。

1. 自然灾害测报预警分析的专用 GIS 系统及技术

自然灾害测报预警分析的专用 GIS 系统，是用 GIS 开发工具、高级编程语言，依据测报预警的业务员需求开发的专用 GIS 系统。其本质上属于计算机软件系统，专用 GIS 系统需要在数据、测报模型、测报方法支持下才能运行。专用 GIS 测报预警系统的关键技术是指开发系统的栅格地图处理技术、主题地图彩色编码技术、地图立体可视化表达技术、测报预警地图的人机交互理解和应用技术等。

2. 灾变因子或致灾因子观测系统、输出数据以及相关技术

一般来说,自然灾害的发生、发展与各种自然因子有关,如气象因子、地形地貌因子、人为影响因子、植被因子、环境因子等。要开展自然灾害测报预警,首先必须要有灾变因子或致灾因子的观测数据,因此必须建立致灾因子观测系统。测报预警 GIS 系统以观测系统的输出数据为基础,进行测报分析运算。由于地面观测所需要的人财物力投资大、耗费高,相比而言,卫星遥感观具有全天候覆盖、省时省力、低投入和高产出的特点,所以利用遥感数据分析和提取灾变因子,具有潜在且极高的经济效益。测灾变因子或致灾因子观测系统的相关技术是指处理地面观测数据、卫星遥感观测数据的关键技术,主要包括遥感变量提取与分析技术、地面观测变量的点对面技术、灾变因子的时空模拟和表达技术等。

3. 灾害测报预警的机理模型及相应的计算方法

灾害测报预警机理模型是一套由灾害因子或致灾因子计算灾害发生风险的数学模型。它是由灾害发生发展的内在规律、因子变化与灾害的关系决定的数学模型,一般可通过数学建模得到。灾害测报预警机理模型,是测报预警 GIS 系统的核心技术。相应的计算方法是指利用 GIS 系统进行测报计算的方法,主要包括测报模型库和测报变量交互管理方法。

4. 测报变量时空模拟算法以及测报变量地图大数据

一般来说,利用 GIS 系统开展精准化测报预警,每个测报因子(又称测报变量、或简称变量)都必须进行时空化模拟表达,每个变量必须表达为空间栅格地图,栅格为变量的最小空间表达单元,如 $30\ m \times 30\ m$、$100\ m \times 100\ m$,将所有的变量表达为空间连续变化的栅格单元,形成测报变量地图。在测报系统中,每个测报变量就是一张栅格化的地图。在 GIS 测报应用中,很多测报变量还是时间过程上的变量,例如气象条件变量,每日、每月、每个季节、每年,这些变量都随时间的变化而变化,还有一些变量,如人为活动与火源变量,也有时间变化特征,如农业生产引起的火源变化,祭祀引起的人为活动与火源变化等,因此,需要将测报变量精准表达在时间尺度上,从而形成时间空间维上的连续化表达的测报变量。当然,在测报应用中,还有很多变

量在时间尺度上很少变化，如地表的可燃物载量、可燃物类型、交通与人口等，其时间变化周期通常以年为单位，可认为它们是相对静态变量。还有一类变量是绝对静态变量，如地形地貌因子等。

2.2.2 山火灾害测报变量的空间连续化模拟算法

利用 GIS 技术进行自然灾害测报预警分析和计算，每个测报变量需要表达为空间连续化的地图，相应的处理算法称为空间连续化模拟算法。

测报变量的空间连续化模拟，主要利用各种 GIS 系统的空间分析算法，将测报因子表达为空间连续变化的地图，一个测报变量为一幅地图，最后用地图栅格代数运算，实现 GIS 系统支持下的空间分析应用。

将测报变量表达为空间连续化分布地图，最常用的方法有各种空间内插方法、空间趋势面分析方法、多元变量建模分析方法、空间缓冲分析方法等。

空间内插分析方法，主要针对的是野外观测数据少或地面样本观测点位不足的变量的模拟表达方法。空间内插算法是一种通过已知点的数据推求同一区域其他未知点数据的计算方法。此种方法是从存在的观测数据中找到一个内插的函数关系式，使该关系式逼近已知的空间数据，并能根据函数关系式推求区域范围内其他任意点或任意分区的值。

空间内插方法包括整体内插方法（global methods）和局部插值方法（local methods），前者用于对研究区所有采样点的数据进行全区特征拟合，后者是用邻近的数据点估计未知点的值。

1. 移动平均插值方法——距离倒数插值

距离倒数插值方法综合了泰森多边形的邻近点方法和趋势面分析的渐变方法的长处，它假设未知点 x_0 处属性值是在局部邻域内所有数据点的距离加权平均值，因此又称距离加权平均法。其计算公式是设计一个与距离有关的函数，用于以距离为参量计算空间未知点的观测值。

2. 空间自协方差最佳内插法——克里金（Kriging）插值

克里金插值法又叫地学统计法，该方法由南非矿山工程师克里金 Kriging 于 20 世纪 50 年代提出，20 世纪 60 年代由法国数学家马特隆（Matheron）将其上升为理论。

克里金插值法充分吸收了空间统计的思想，认为任何空间连续性变化的属性非常不规则，不能用简单的平滑数学函数进行模拟，但可以用随机表面给予较恰当的描述。从数学角度抽象来说，它是一种对空间分布数据求最优、线性、无偏内插的估计（Best Linear Unbiased Estimation，BLUE）方法。较常规方法而言，它的优点在于不仅考虑了各已知数据点的空间相关性，而且在给出待估计点的数值的同时，还能给出表示估计精度的方差。克里金方法的关键在于权重系数的确定。该方法在插值过程中根据某种优化准则函数动态决定变量的数值，从而使内插函数处于最佳状态。

克里金方法的插值公式为：

$$\hat{z}(x_0) = \sum_{i=1}^{n} \lambda_i \cdot z(x_i) \text{；} \sum_{i=1}^{n} \lambda_i = 1 \tag{2-2-1}$$

式中，$z(x_0)$ 为 x_0 处的估计值；$z(x_i)$ 为 x_i 处的观测值；λ_i 为克里金权重系数；n 为观测点个数。

3. 趋势面分析法

趋势面分析法常被用来模拟自然因子在空间上的分布规律，该方法利用样本观测值建立一个空间模拟表达函数，以表现样本数据的空间变化趋势，并模拟表达了连续的空间曲面变化。

趋势面分析法实际上是一种多项式回归法。其基本思想是用多项式构建一个空间曲面，按最小二乘法原理对数据点进行拟合，形成变量的空间模拟。趋势面一般为 3 类：

一次趋势面方程： $z = b_0 + b_1 x + b_2 y$ （2-2-2）

二次趋势面方程： $z = b_0 + b_1 x + b_2 y + b_3 x^2 + b_4 xy + b_5 y^2$ （2-2-3）

三次趋势面方程：

$$z = b_0 + b_1 x + b_2 y + b_3 x^2 + b_4 xy + b_5 y^2 + b_6 x^3 + b_7 x^2 y + b_8 xy^2 + b_9 y^3 \tag{2-2-4}$$

趋势面分析的优点是：极易理解，计算简便，多数空间数据都可用低次多项式模拟。

4. 最邻近点法——泰森（Thiessen）多边形方法

泰森多边形是由荷兰气象学家 Thiessen A H 先提出的。泰森多边形围绕已知点样本构建而成，使得在泰森多边形内的任意点与多边形内的已知点更接近，它实际上是假设空间属性在边界上发生突变，在区域内均匀分布。这种方法适用于站点密集的地区，并且该地区的地形应大致相同。对于逐渐变化的空间变量（如温度、降水）的插值则不太合适。同时，该方法忽略了高程的影响，对于高程变化较大的区域，用泰森多边形插值所得的插值数据的误差很大。

5. 缓冲区分析

缓冲区分析是对选中的一组或一类地图要素（点、线或面）按设定的距离条件，围绕其要素而形成一定缓冲区的多边形实体，从而实现数据在二维空间得以扩展的信息分析方法。

缓冲区建立的形态多种多样，根据缓冲区建立的条件进行确定。常用的对于点状要素有圆形，也有三角形、矩形和环形等；对于线状要素有双侧对称、双侧不对称或单侧缓冲区；对于面状要素有内侧和外侧缓冲区，虽然这些形体各异，但可适合不同的应用要求。点状要素、线状要素和面状要素的缓冲区示意图如图 2-2-1 所示。

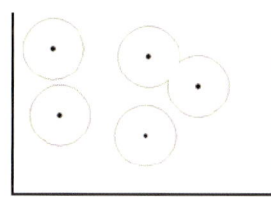 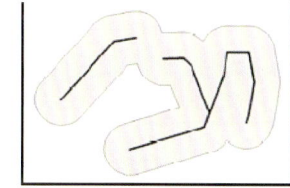 

（a）点状要素的缓冲区　　　（b）线状要素的缓冲区　　　（c）面状要素的缓冲区

图 2-2-1　点、线和面状要素的缓冲区分析方法

6. 成本分配地图与成本距离分析

（1）成本分配。

成本分配函数是在最邻近分析的基础上确定可到达最少累积成本的单元所属的源，即将所有栅格单元分配给离其最近的源，输出格网的值被赋予了其归属源的值。分配函数可通过直线距离或成本距离加权函数完成，前者单元分配的值是在直线距离上最邻近源的值，后者考虑通行成本而不是直线距离的结果。成本分配函数具有重要的使用价值，其本质是对源的控制和服务范围的划分。

（2）成本距离。

成本距离函数是计算每个单元格到达源单元的最少累积成本，它需要一个源格网和一个成本格网，即两个数据集——目标地理实体和计算成本的权重格网。源格网可以包含一个或多个类型区。这些类型区可以是相互连接或不连接的。在源格网中源单元格的数量没有限制。成本格网中每个单元的成本可能是几种不同成本之和，该成本可以是金钱、时间等。

（3）成本计算。

在栅格图像上计算成本时，需要将栅格数据抽象成图的结构加以计算。如图 2-2-2 所示为成本距离计算原理图。

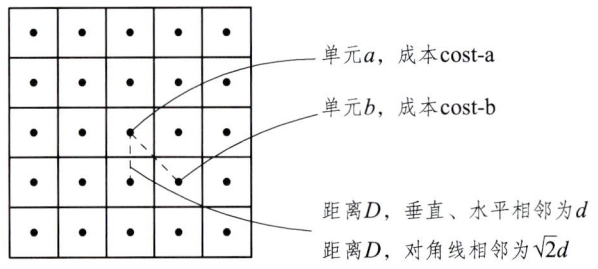

图 2-2-2　成本距离计算原理图

$$accum\_cost = a1+((cost\_a + cost\_b)/2)*D$$

accum_cost：某一单元 b 的累计通行成本

　　a1：上一个相邻单元 a 的累计通行成本

　　cost_a：单元 a 的成本

　　cost_b：单元 b 的成本

7. 空间数据可视化算法

可视化是指人通过视觉观察并在头脑中形成客观事物的影像的过程，这是一个心智处理过程，促使对事物的观察能力及整体概念的形成等。可视化技术在空间数据分析中起着重要的作用，其目的是帮助人类更直观形象地理解、认识、分析、改造和利用客观世界，更加全面和准确地了解空间信息，分析空间规律，甚至可以为空间信息领域的生产及宏观规划进行辅助决策。在病虫害的风险评估中主要体现在三个方面：

（1）可视化通过空间对象的空间分布与特征的展现，使得风险评估的结果易于理解和认知。

（2）可视化作为空间数据分析的一种方法和工具被用于风险因子知识、病虫害流行的发现过程。

（3）可视化作为空间信息和知识的展现方式被用于展示空间数据分析的结果。

可视化是地理信息系统所具备的主要功能。GIS可以将空间数据转化为"地图"，以可视化这些数据所表达的空间关系，人们可以在地图、影像和其他图形中分析它们所表达的各种类型的空间关系。基于GIS的可视化主要用于分析空间对象的空间展布规律和进行空间对象的空间性质计算。同时可以直接查询需要做进一步分析的数据。GIS可视化技术由于受到计算机图形软硬件显示技术的限制，早期的可视化是在二维平面显示空间对象，但由于现实世界是真三维空间的，二维GIS无法表达真三维数据场，继而发展到了把三维空间数据投影显示在二维屏幕上，以表示对象的空间关系。基于GIS的真三维可视化是在20世纪80年代末发展起来的GIS中包含大量的空间地理信息，能够提供丰富的图形图像信息并同相关的数据和资料建立联系，可利用可视化结果分析对象的属性空间位置的变化规律。

8. 多元回归建模

回归分析是一种处理变量的统计相关关系的数理统计方法。回归分析的基本思想是：虽然自变量和因变量之间没有严格的、确定性的函数关系，但可以设法找出最能代表它们之间关系的数学表达形式。

回归分析主要解决以下几个方面的问题：确定几个特定的变量之间是否存在相关关系，如果存在的话，找出它们之间合适的数学表达式；根据一个或几个变量的值，预测或控制另一个变量的取值，且可以知道这种预测或控制可达到什么样的精确度；进行因素分析，确定因素的主次以及因素之间的相互关系等。多元回归分析是研究多个变量之间关系的回归分析方法，按因变量和自变量的数量对应关系可划分为一个因变量对多个自变量的回归分析（简称为"一对多"回归分析）及多个因变量对多个自变量的回归分析（简称为"多对多"回归分析），按回归模型类型可划分为线性回归分析和非线性回归分析。

回归模型是在一个方程式中建立一个因变量和多个自变量的关系，可用于预测和估算。多元线性回归统计模型的一般形式为：

$$y_i = \beta_0 + \beta_1 x_{1i} + \cdots + \beta_p x_{pi} + \varepsilon_i, \quad i = 1, 2, \cdots, n \tag{2-2-5}$$

式中，p是自变量的个数，当$p=1$时为一元线性回归模型。

建立多元线性回归方程后，需要进行检验，其中F检验是关于方程显著性的检验，

T 检验是针对回归系数显著性的检验。

F 检验是检验模型 $y_i = \beta_0 + \beta_1 x_{1i} + \cdots + \beta_p x_{pi} + \varepsilon_i$（$i = 1,2,\cdots,n$）中的系数 $\beta_1,\cdots,\beta_p$ 是否显著不为 0，即检验：

$$H_0: \beta_1 = \cdots = \beta_p = 0 \leftrightarrow H_1: \beta_i(i=1,\cdots,p) \text{不全为} 0$$

T 检验是检验某个自变量对因变量的影响是否显著，等价于检验相应的回归系数是否显著不为 0。

用 c_{jj} 表示矩阵 $(\boldsymbol{X}^\mathrm{T}\boldsymbol{X})^{-1}$ 主对角线上第 i 个元素，由：

$$y_i = \beta_0 + \beta_1 x_{1i} + \cdots + \beta_p x_{pi} + \varepsilon_i, \quad i = 1,2,\cdots,n$$

可得：

$$\hat{\beta}_j \sim N(\beta_j, \sigma^2 c_{jj})$$

记 $\hat{\beta}_j$ 的标准差的估计为：

$$S\hat{\beta}_j = \sqrt{\hat{\sigma}^2 c_{jj}} = \sqrt{\frac{SSE}{n-p-1} c_{jj}}$$

可构造 T 统计量：

$$t = \frac{\hat{\beta}_j - \beta_j}{S_{\hat{\beta}_j}} \sim t(n-p-1)$$

对于回归系数 $\beta_j(j=1,\cdots,p)$ 的检验为：

$$H_0: \beta_j = 0 \leftrightarrow H_1: \beta_j \neq 0$$

当 $H_0: \beta_j = 0$ 成立时，有

$$t = \frac{\hat{\beta}_j}{S_{\hat{\beta}_j}} \sim t(n-p-1)$$

对于给定显著水平 α，当 $|t| > t_{\alpha/2}(n-p-1)$ 时，拒绝 H_0。

9. 层次分析建模

层次分析法是由美国著名运筹学家 Satty T L 于 20 世纪 70 年代中期提出的，它是系统分析的数学工具之一，把人的思维过程层次化和数量化，并用数学方法为分析、决策、预报或控制提供定量的依据。层次分析法是一种定性和定量相结合的、系统化、

层次化的分析方法。其本质是一种决策思维方式，基本思想是把复杂的问题按其主次或支配关系分组而形成有序的递阶层次结构，使之条理化，然后根据一定的客观现实判断，就每一层次的相对重要性给予定量表示，利用数学方法确定表达每一层中所有元素的相对重要性的权值，最后通过分析排序结果来解决所考虑的问题。

在应用层次分析法时，首先要把系统中所要考虑的各因素或问题按其属性分成若干组，每一组作为一层，同一层次的元素作为准备对下一层的某些元素起着支配作用，它同时受上一层次元素的支配，这种从上而下的支配关系构成了递阶层次结构，通常划分为：

（1）最高层：表示解决问题的目标或理想结果。

（2）中间层：表示采用某种措施和政策实现预定目标所涉及的中间环节，一般又可称为策略层、约束层和准则层。

（3）最低层：表示决策的方案或解决问题的措施和政策。

层次分析结构模型如图 2-2-3 所示。

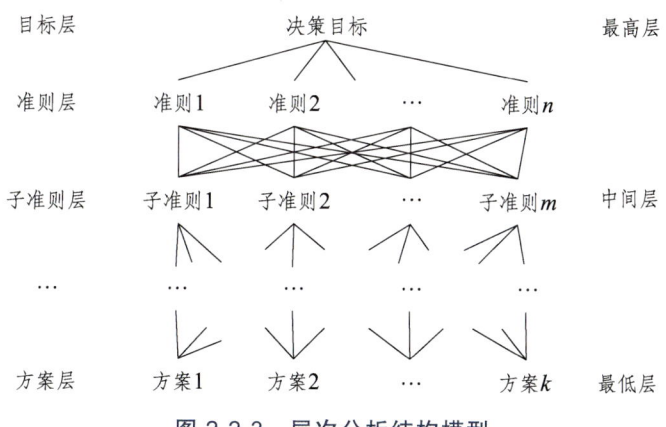

图 2-2-3　层次分析结构模型

2.2.3　变量空间模拟的其他算法

1. 空间叠加算法

当各分解指标可独立地对上一级指标做出贡献时，它们的评价值之和（或平均值）即为上一级指标的评价值。公式表达为：

$$P = \sum W_i p_i / \sum W_i$$

式中，P_i 为分解指标的平均值；W_i 为分解指标权重。

2. 地图连乘算法

当各项（或其中某几项）分解指标之间有某种内在关联，它们互相影响，缺一不可，共同对上一级指标做出贡献时，它们的评价值之积的 n 次方根即为上一级指标的评价值（或构成评价值的某一部分）。公式表达为：

$$p = \sqrt[n]{\prod P_i W_i}$$

式中，n 为乘积中指标的数目。

3. 地图卷积算法

对变量进行空间建模、空间模拟表达时，不可避免存在噪声、毛刺和不一致性等影响，相反，也会存在变量地图视觉模糊、信息的层次表达不显著等问题。这时，就必须使用地图卷积算法，以消除变量中的噪声影响，或突出、增强变量在空间上的表达能力。

卷积算法的核心为窗口算法，窗口也称卷积核。卷积算法又称频域算法，一般来说，变量地图的边缘急剧变化部分，在窗口算法中表现为高频分量；变量地图的一致性较强的区域，非边缘部分表达为低频分量，由于它与窗口上的变量取值的频率有关，故称为频域算法。地图变量频域算法与矩阵灰阶的直接算法有显著差异，所以也称为地图的滤波算法，后者称作空域算法。

压制或去除高频分量的频域算法，其作用是去除噪声和地图毛刺，也称低通滤波；压制或去除低频分量的频域算法，其作用相反，是突出地图的差异性、压制和消除地图的模糊性、增强地图的边缘信息，所以又称高通滤波。

常用的窗口一般为 3×3、5×5 或 7×7 等。地图卷积算法是变量空间模拟、灾害测报预警处理、可视化表达时经常使用的算法，也是空间模拟表达中使用频率最高的地图处理方法。

2.3 测报变量地图模拟表达

2.3.1 气象变量场的分布模拟

气象因子是影响山火发生的重要影响因子之一。本书收集了森林火灾国家行业公益项目的有关生态因子的空间建模、空间模拟的部分相关研究成果（仅用于火灾分析与建模研究），以这些空间因子地图为基础，开展了其与云南火灾的关系研究，为开展云南电网线路的森林火险预报、线路灾害预警提供技术支撑，为云南电网自然灾害监测预警的日常化决策管理等，奠定坚实的技术基础。

每类要素又分为若干具体的因子，气象类因子具有随年份、季度变化的特性，同时在地球自转等作用下，1 天 24 小时气象因子也在不断变化。干旱、少雨、大风等气象因素是造成森林火灾发生、发展的必要天气条件。

使用云南历史年平均气象场数据，进行气象因子的制图。全部因子共计 70 层。

气象场数据在时间上具有年度、季节、天规律性，随着气象变动，还具有一定的波动性；气象场数据在空间上也具有连续变化特征，特别是在西南云南山地地区，更是具有"一山分四季、十里不同天"的变化特征。所以，在火险模型研究中，使用历史平均水平，而忽略其年代波动性。实际上，每日的火险预报需要体现波动性所带来的火险变化。

当开展火险预报时，体现波动性的气象数据主要源于野外观测数据以及用野外观测数据、卫星遥感数据同化生成的地面气象场。该内容也是一项极富挑战性的研究工作，此处不再赘述。

采用云南的 70 个气象指标场的地图数据，以支持开展变量筛选、建模分析。

以历史气象台站观测数据为基础，依据气象因子的分布特性、空间分布规律，主要使用了回归建模、空间内插、空间卷积运算；卫星热红外遥感数据反演等空间建模与分析方法，开展空间气象场的分布模拟，并辅以人机交互、可视化理解、模型优化等方法，进行模型优化、模拟表达的适合性检验等。

将全云南省测报变量地图的空间栅格分辨率设定为：100 m × 100 m。模型研究、模型测试和预警测报实验计算的所有变量，且使用全省统一 100 m × 100 m 的变量场数据。

全省地图投影和地图坐标系选择为国家标准的 Lambert 投影，双标线纬度为：北纬 27°、45°，中央经线为 105°。标准椭球选择为 WGS84 椭球体。

测报变量为矩阵或地图的条件下，变量表达的区域可以是一个省、一个国家，变量的取值数据是海量数据。传统意义下的多元变量的样本可以是一幅全国地图、省地图，也可以是地图中再次取样的一个样本集合，显然，如果使用全部样本数据，即地图，可能因数据量大而影响统计分析的效率。例如：云南省 100 m 的一幅量化灰阶地图，其数据量可达 500 MB，这样的数据已难以适合进行多变量的统计分析。

2.3.2 环境变量的场分布模拟

一般来说，环境因子也是影响火灾发生的主要数据，环境因子属于静态数据。本章以 DEM 为基本数据，利用空间建模、空间模拟表达，得到了常用的坡度、坡向、坡位、地表曲率、海拔、沟谷指数、坡向指数、地形起伏度、地形起伏参照面、经度、纬度等数据，共有 19 个变量。如图 2-3-1 所示为环境因子变量地图。

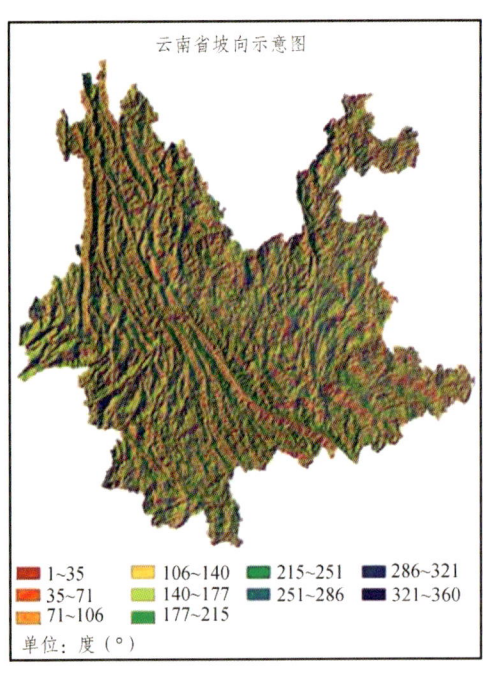
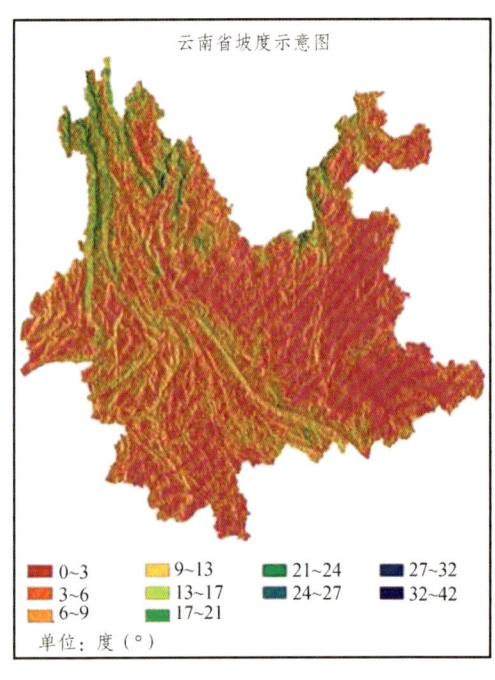

2.3 测报变量地图模拟表达

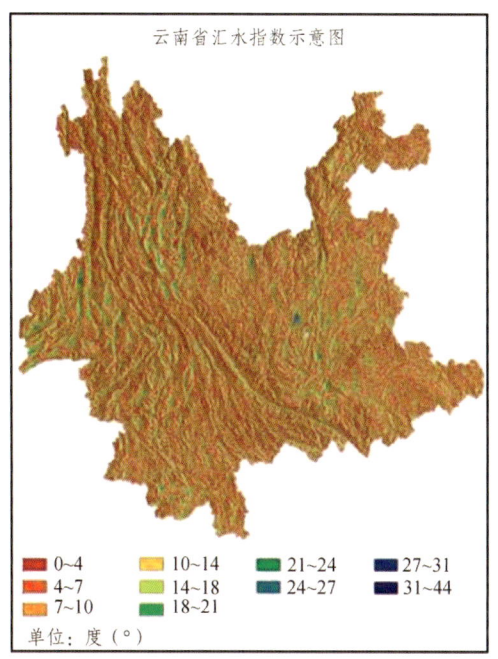

云南省汇水指数示意图

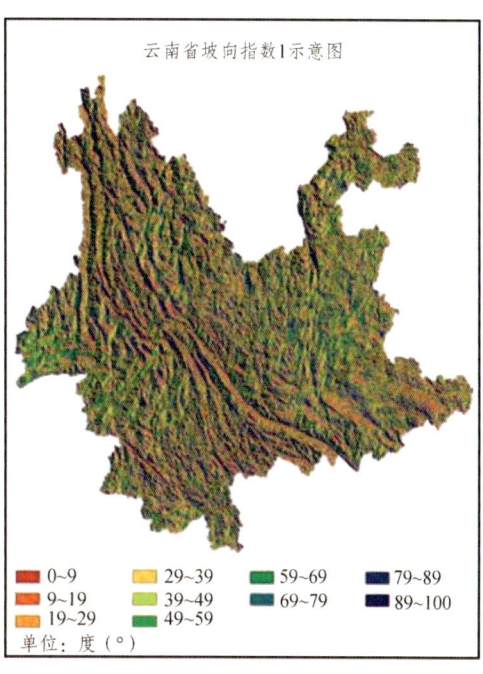

云南省坡向指数1示意图

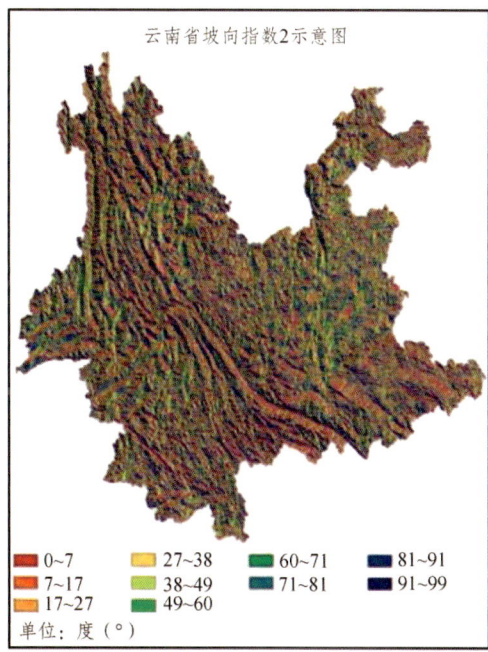

云南省坡向指数2示意图

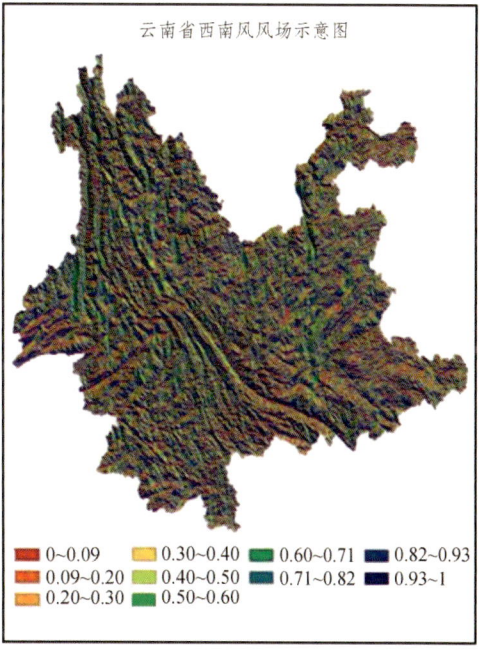

云南省西南风风场示意图

第 2 章 山火关键技术

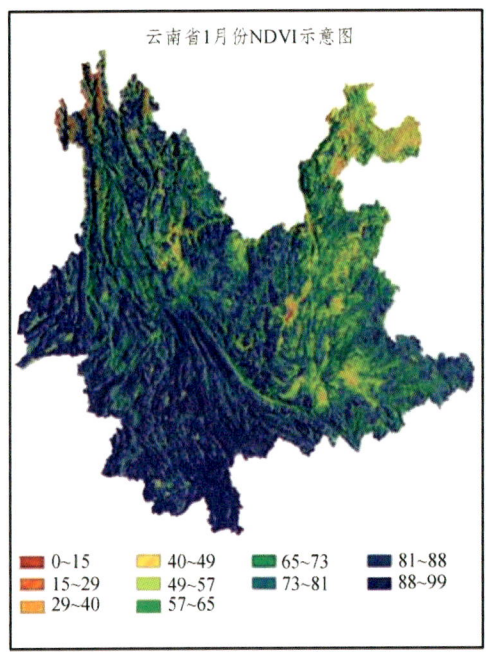
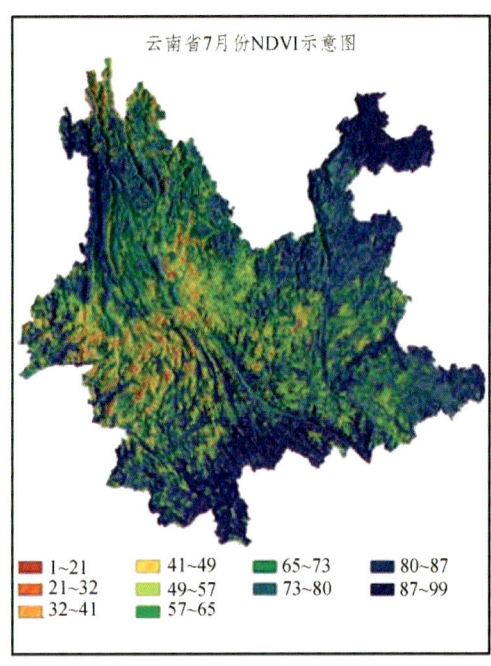
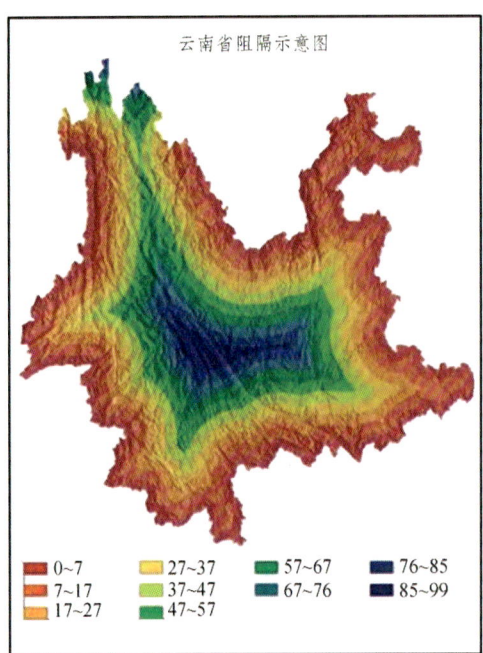
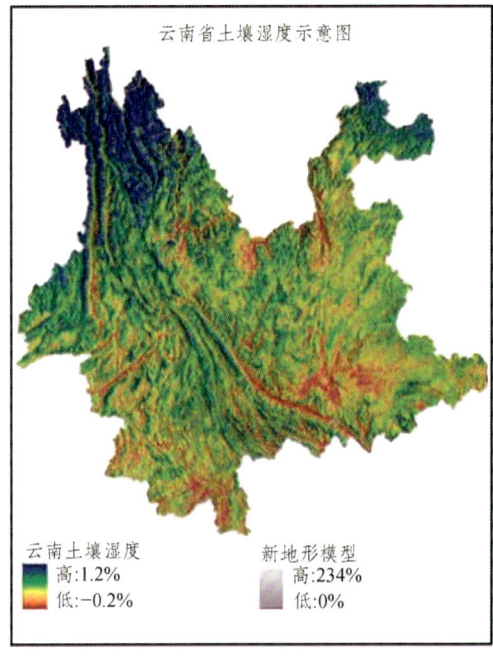

图 2-3-1　环境因子变量地图之二

2.3.3 人为影响变量的场分布模拟

火源是森林火灾发生的主要驱动因子，火源来源于人为影响因子数据。人或人类社会携带传播火源，主要通过人的活动表现出来，所以人为活动是火险的主要制约或影响因子，也是火灾预测预报的关键生态因子。

收集和共享了 1∶250 000 比例尺的基础地理底图，制作了 8 层人为影响因子主题地图数据。一般来说，不同的主题数据对火源的传播作用影响不尽相同，开展预测预报时，需要将人为影响数据与有害生物发生、发展数据结合起来进行分析，动态构建有生态学意义人为影响预测变量，以满足火险测报应用的需要。所以，这 8 层数据也称人为影响基线数据。

绝大多数人为影响变量，如交通、居民区、人口等是相对静态数据，只需要在一定的时间周期内构建、更新这些测报变量即可，如：某地新修建了高速公路、省道、国道，则可按建设情况，更新相应的矢量数据；之后，再利用空间模拟方法，更新空间影响变量。但还有一类人为影响数据——野外大型在建工程变量，其时空变化非常快，一般情况下，无法预先构建这样的影响变量。在实际应用中，可依据应用需求，利用遥感图像解译、野外调查等多种手段，采集野外项目区地图，进行空间建模、空间模拟，即可生成动态且有生态学意义的火源影响变量。

火源基变量图如图 2-3-2 所示。

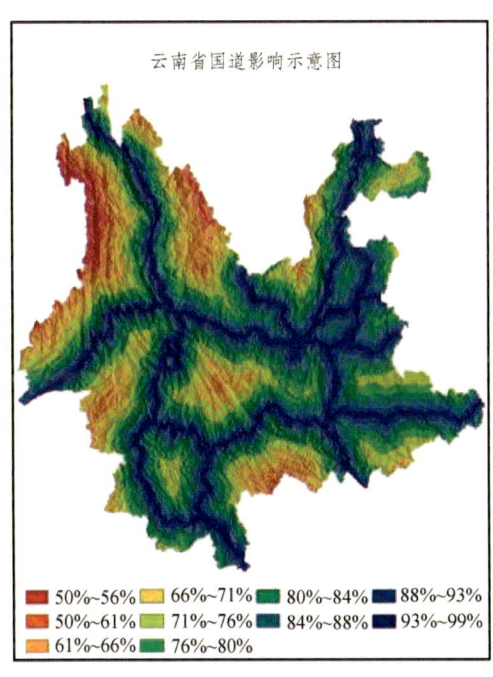
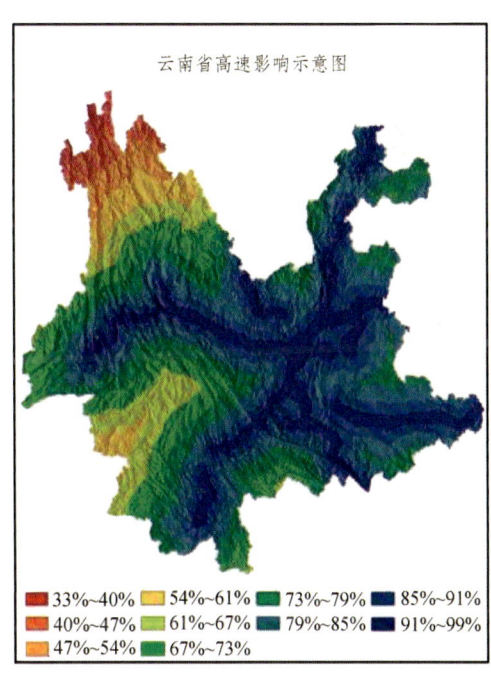

第 2 章 山火关键技术

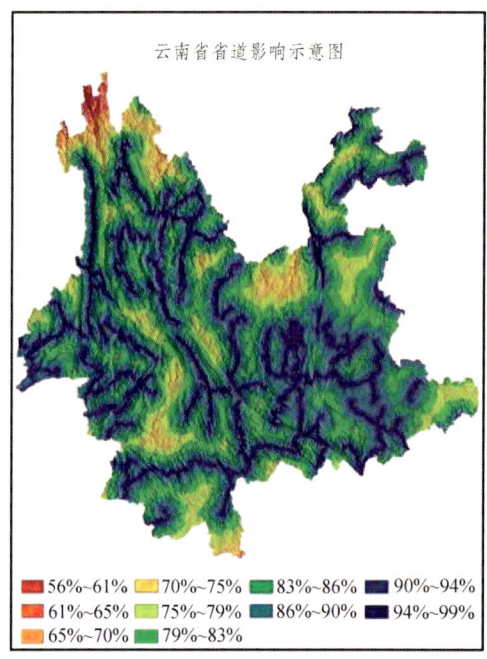

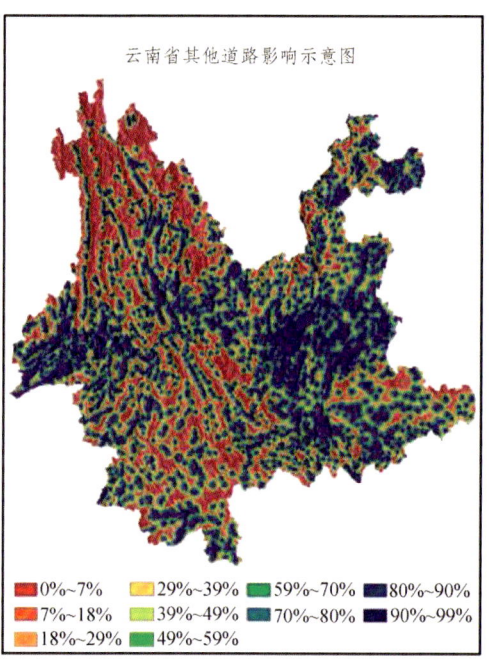

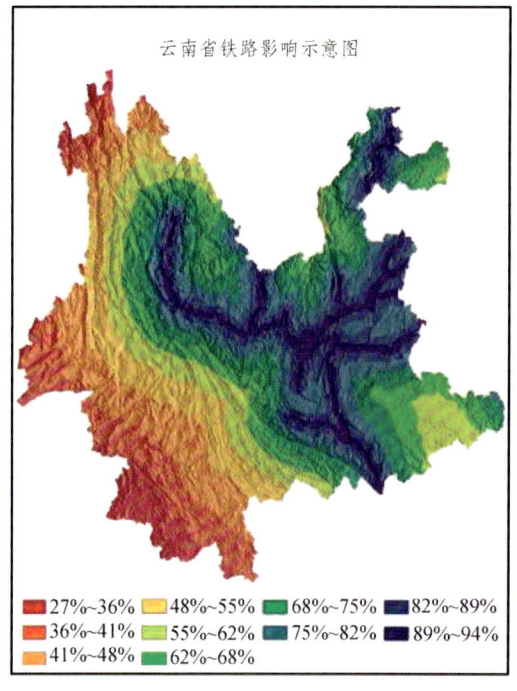

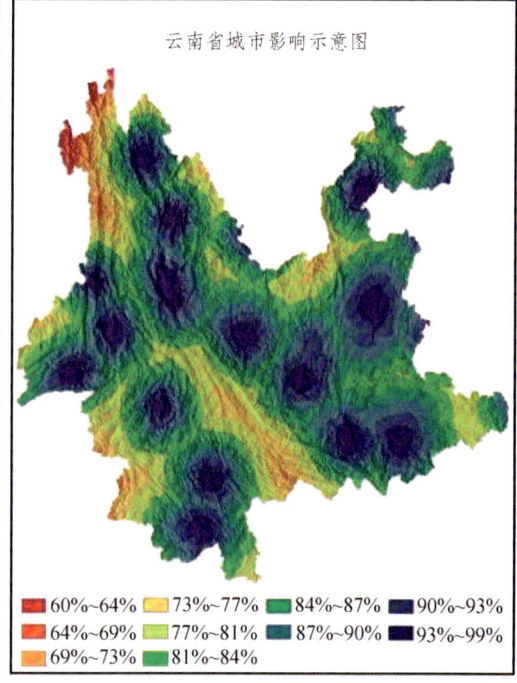

2.3 测报变量地图模拟表达

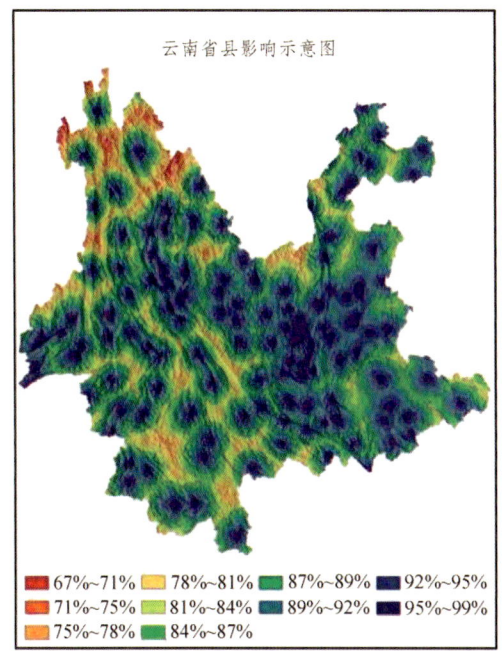
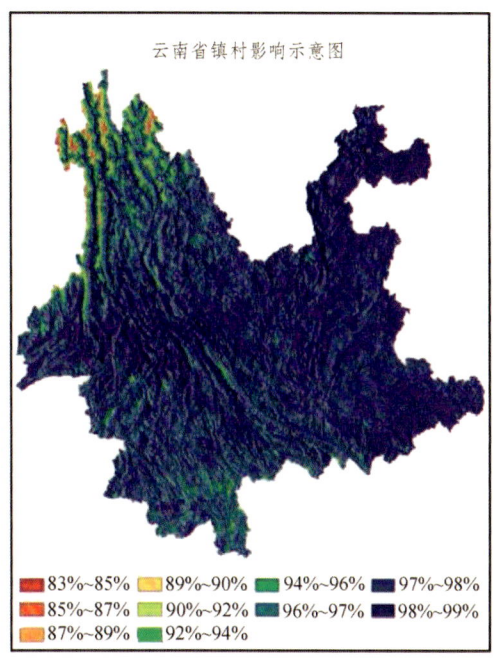
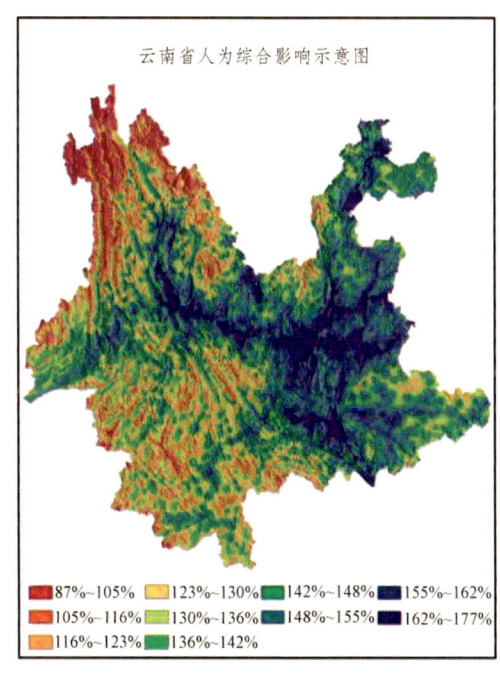

图 2-3-2　火源基变量地图

2.3.4 可燃物变量的场分布模拟

可燃物变量是燃烧的主体，一般来说，由于不同植被具有不同的燃烧特性，从而形成了不同的火险格局，所以，可燃物变量是重要的火险预测预报的生态因子。

由于数据获取困难，本书共享了云南植被图、土地利用图、NDVI 和 NPP 遥感数据，经过整理、建模等，形成了云南主要的可燃物分布数据。

由于这些收集数据的精度不高，在此仅作为研究预警模型、算法模型的测试分析数据。

如果要应用于实际，还需要通过专门的野外调查、遥感解译制图、室内燃烧实验等，研究可引燃和燃物分类、可燃物分类、制作专门的用于森林火险测报的可燃物性分布地图，如图 2-3-3、2-3-4 为云南可燃物变量地图。

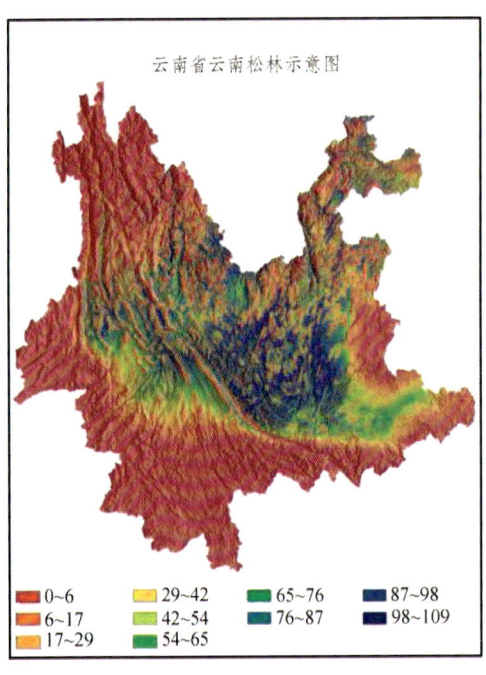
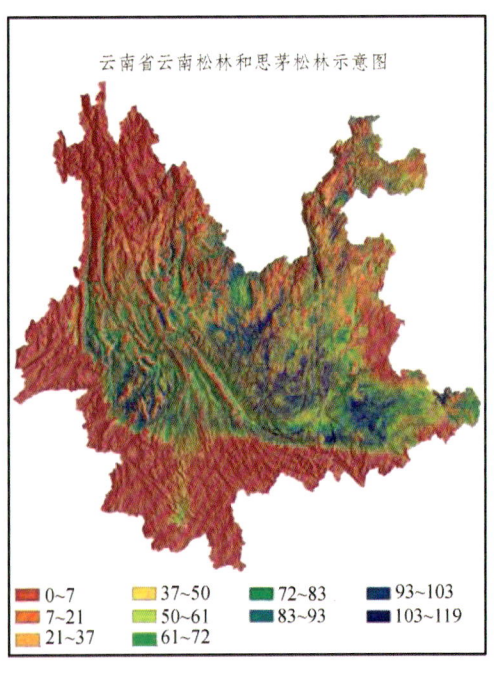

2.3 测报变量地图模拟表达

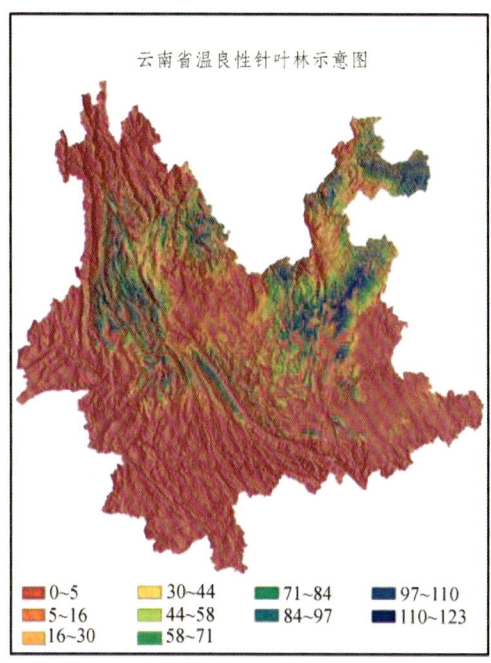

图 2-3-3 云南可燃物变量地图之一

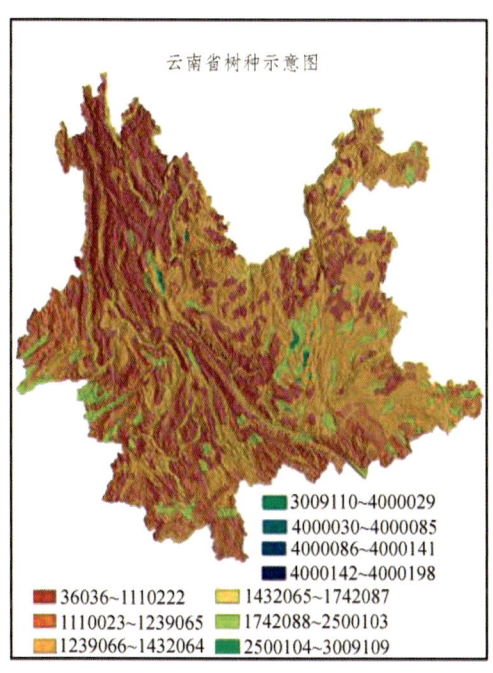

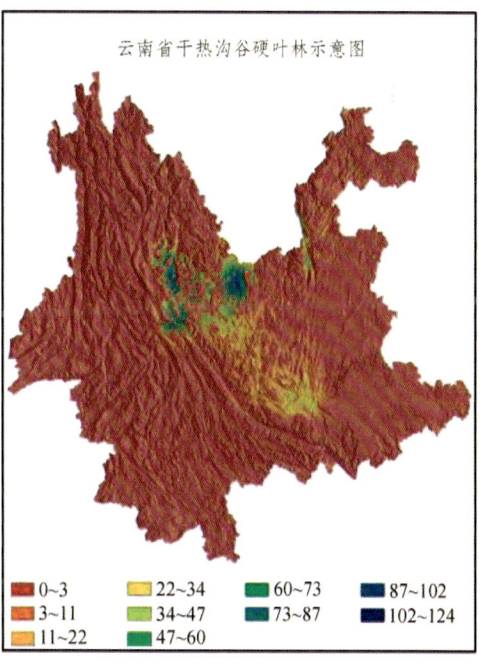

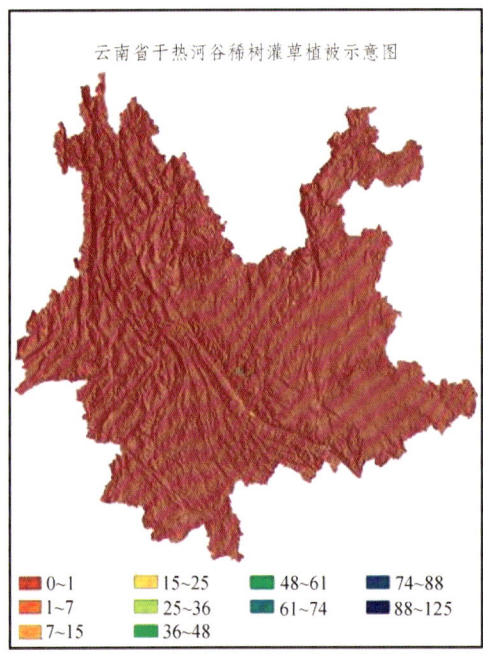

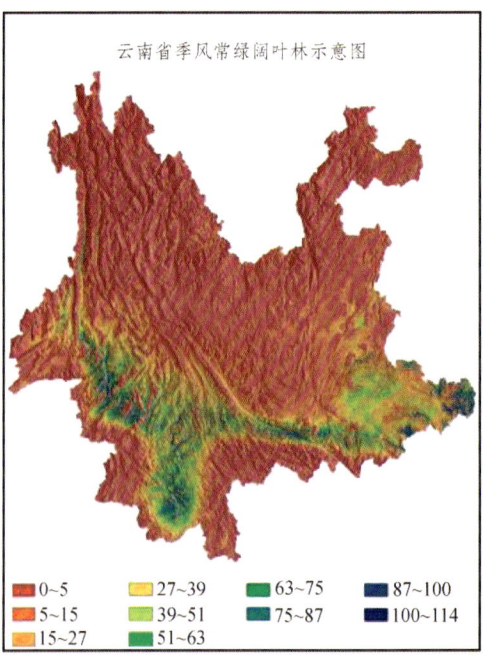

2.3 测报变量地图模拟表达

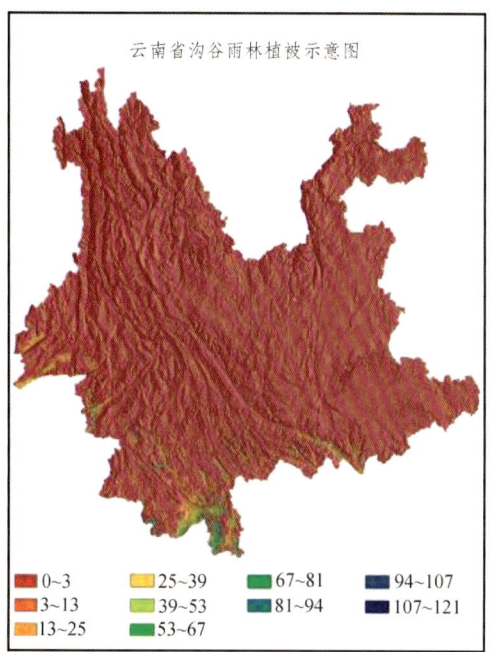
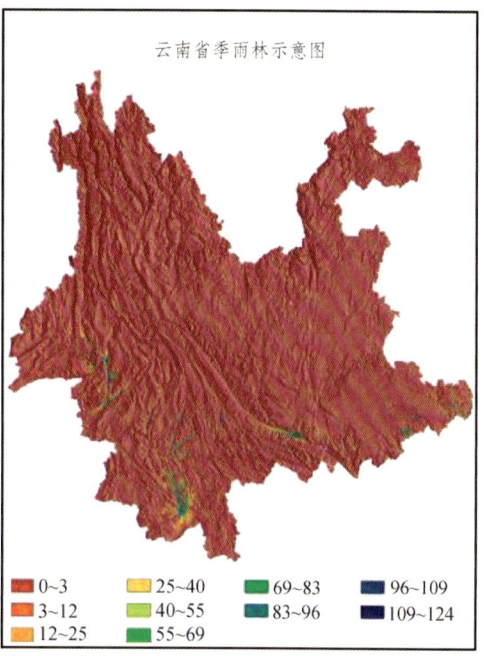
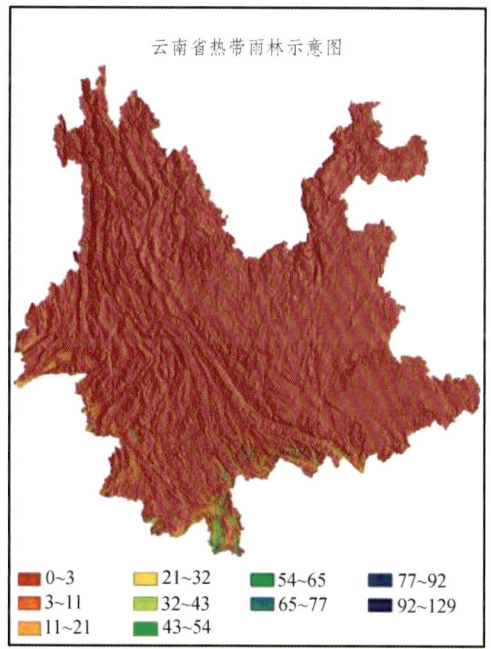
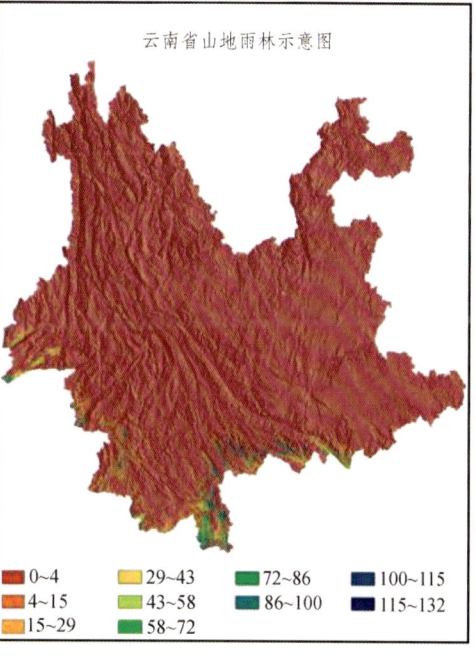

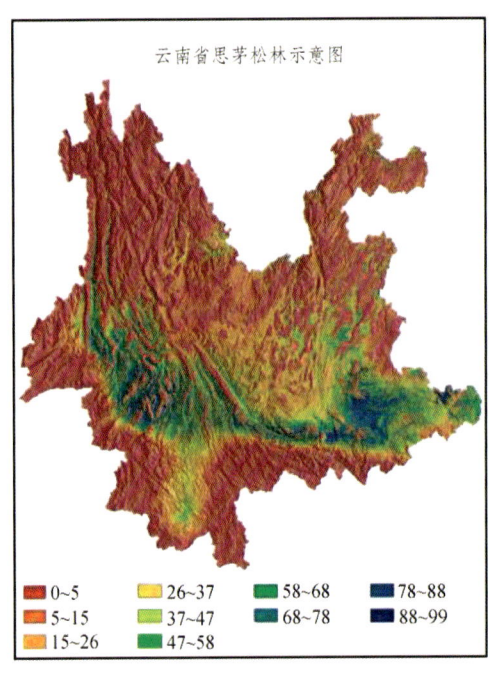 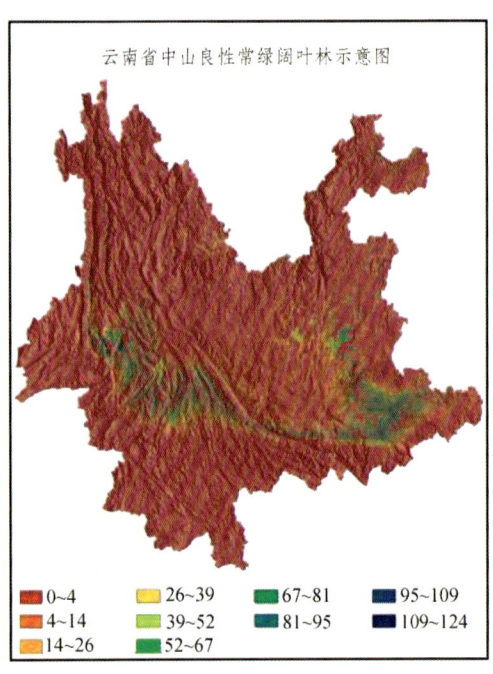

图 2-3-4　云南主要可燃物分布变量地图之二

2.3.5　基础地理信息收集与处理

道路、水系、城市、村镇、地名等基础地理信息，是建立地图的地理参照，协助使用和理解地图的基本数据，也是火源模拟表达的基本数据。

本节收集了网络地图上的非涉密的基础地理信息，采集并集成为矢量数据，这些共享数据属于非涉密数据，可公开使用。

总的来说，这些数据能满足建模和火险分析需要，也能方便互联+信息发布和应用，对于火险的发布、火险的理解和应用，对于使用者的地理参照定位、导航等位置服务，都是必须的条件。如图 2-3-5 为火险模拟的地理参照数据。

2.3 测报变量地图模拟表达

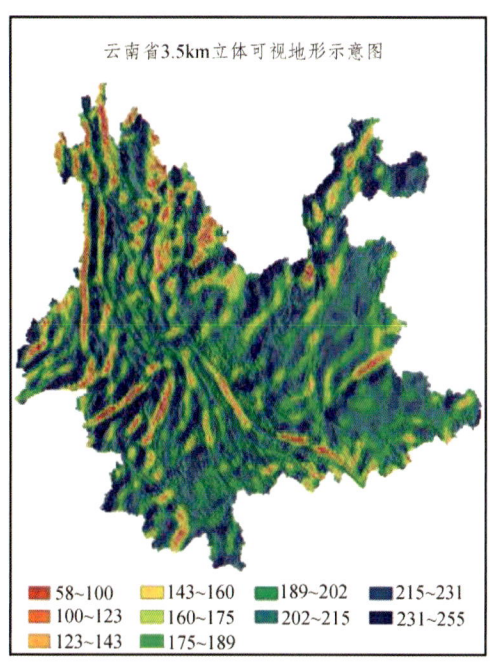
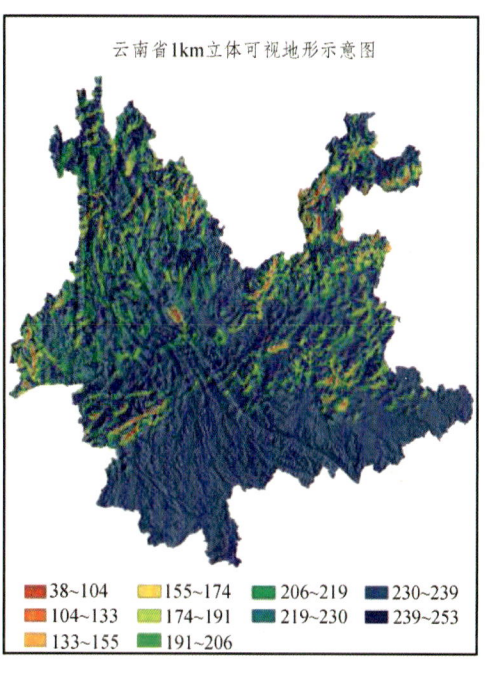
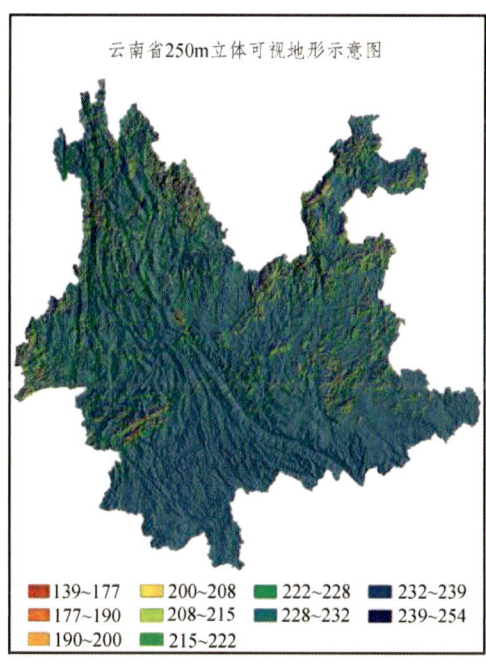
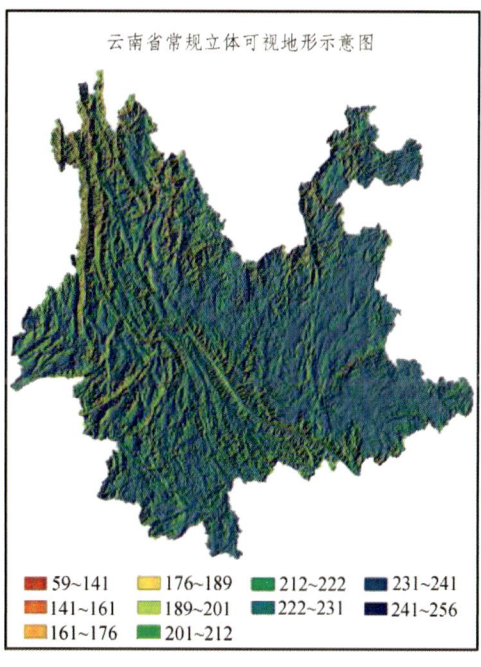

图 2-3-5　火险模拟的地理参照数据

2.4 山火测报预警模型研究

2.4.1 历史山火数据概率化建模

由于影响山火发生、发展的生态因子数据繁杂，主要分为气象类、人为影响与火源类、可燃物类、地理环境要素类、遥感要素类等。因大量的野外调查和数据采集存在一定的困难，故本书中以共享数据作为研究中数据来源的主要路径之一。

本节收集了云南 2007—2013 年的 2374 场火灾数据，以及国家林业公益性行业科技成果数据：如云南 70 个气象因子、8 个人为影响与火源、10 多个地理环境因子，对影响森林火灾的要素进行了分析，得出了云南省山火数据分布密度图，建立了影响因子关系模型。

本节收集了 2007—2013 年的 2 374 火灾位点数据（见图 2-4-1），进行了格式转换、投影变换，生成了火灾位点 GIS 的 shape 文件。

由于卫星热红外遥感的空间分辨率为 1 000 m，考虑地图配准的几何误差，每场火灾的空间定位应为 1 500 m 的空间半径范围之内，依次设计空间统计方法，按 3 000 m 空间栅格统计单元，按地理统计方法概率，从而得到全云南省的火灾发生概率，将森林火灾量化为时间、空间上的发生频率数据，生成相对发生概率变量的样本数据，即火灾概率（频率）分布图。该量化地图为火灾影响因子分析、火灾测报模型构建奠定了基础。

通过量化地图可知：云南常发森林火灾的区域主要位于红河与文山、大理、丽江、玉溪、怒江的兰坪、保山的隆阳和腾冲以及昆明、楚雄等区域。

为了便于计算，概率的量纲采用 0~100，以替代 0~1，即在频率量纲的基础上乘以 100。

概率制图中，概率的计算方法为：由于卫星热红外遥感成像的空间分辨率为 1 km，卫星图像的几何定位误差为 1.5 km，作者在研究中确定了空间统计的面单元大小为 3 km×3 km 的格网。以此为基础，统计落入每个面单元的火灾次数，并除以火灾总次数，从而得到火灾空间出现的频率，用频率代表火灾出现概率，达到支持概率化研究的目的。

2.4 山火测报预警模型研究

同时，重大、特大森林火灾常发区域为滇中、滇东南、滇西北三大区域。

火源、林火发生概率化制图，能从空间上表达区域的火源与林火发生的现实状况，对于火源模拟模型、火险预警等研究有着十分重要的基础支撑作用。

sample12_e location_t	town	date	loc	time_trth	longitude	latitude_t	
上茂地与西崩交界	砚山	200912	;上茂地	20091223	104.519722	23.710001	12月23日16:27时接到州防火办通报:砚山县者腊乡西…
一平浪镇干海子	一平	201204	一平浪镇	20120404	101.943336	25.126389	属今日下午通报的热点，为同一火场。
三公里、小团山	永定	200804	三公里	20080407	101.609718	26.059721	
三坝乡瓦刷村下支部社	香格	201004	三坝乡瓦	20100409	100.160561	27.530832	经核查属三坝乡瓦刷村火灾，火场已得到控制。
三塘乡三塘村委会布德隆老寨	泸西	201001	三塘乡三	20100128	103.82972	24.359722	14时0分接到热点后，防火办主任杨元勋立即带领王宏…
三塘乡布德隆上寨东北面	泸西	200902	三塘乡布	20090223	103.849724	24.370001	19时10分接到卫星热点后，县防火办立即通知三塘乡林…
三岔河乡吹风丫口	三姚	201003	三岔河乡	20100323	100.921664	25.798332	6个火点已扑灭5个火点，1个火点正在扑救中。
三岔河背阴地二十四丫口	大姚	201003	三岔河背	20100322	100.931664	25.807777	3月20日18时，接群众报告，在我县三岔河乡背阴地二…
三岔河背阴地二十四丫口	三岔	201003	三岔河背	20100322	100.931938	25.8225	3月20日18时，接群众报告，在三岔河乡背阴地二十四…
三川镇章斐高粱地	永胜	201202	三川镇章	20120206	100.927223	26.337778	该火点查实属荒火，正在处理中。火场指挥李伊航，出动…
三道沟	芳华	200902	三道沟	20090211	103.68972	25.219723	2月11日下午16时27分起火，19时40分扑灭。
上水头后山	砚山	201204	上水头后	20120424	104.540833	23.512501	此火于2012年 4月 29日 22:16时接到上级森林…
上江乡大练地	泸水	200902	上江乡大	20090223	98.82972	25.76	上江乡大练地火灾过火面积500亩左右，现在90人正在…
上江乡福库村红土社药山	香格	201003	上江乡福	20100321	99.653893	27.440832	经核查，属上江乡美重复。
上江乡良美村六队	香格	201003	上江乡良	20100322	99.695831	27.457224	经查为上江乡良美六队同一火场。
上江乡良美六队	香格	201003	上江乡良	20100322	99.695164	27.457224	经核查属上江乡良美回火场重复点。
上色则	竹园	201202	上色则	20120210	104.338058	25.388889	经查，此热点位于富源县竹园镇海章村委会阿形村上色…
上魁阁	砚山	201001	上魁阁	20100131	104.650002	23.530001	1月30日接到州防火办通报：砚山蚌峨乡凹掌上魁阁同…
下关镇大麦地	大理	201003	下关镇大	20100315	100.241661	25.495556	3月14日17时05分下关镇大麦地发生森林火情，明火于5…
下关镇荷花回族公墓区	大理	201002	下关镇荷	20100203	100.202499	25.604445	2010年2月3日，14:00下关镇荷花回族公墓区林缘发生…
下科目	砚山	201003	下科目	20100308	104.462494	23.744167	此火为3月7日接到上级指挥部办公室通报后，通知阿猛…

图 2-4-1 云南近 7 年的山火数据表（部分）

2.4.2 火源预测模型

将变量数据与山火数据叠加，通过建模分析，研究算法模型。

按影响火灾发生的变量类，分别分析和研究火源、火险天气条件、可燃物易燃性预警模型、综合山火灾害预警模型。

火源是点燃可燃物并引发森林火灾的内在因素，火源预报在火灾预报中具有非常重要的地位和作用。

历史数据以及科学研究表明，云南99%以上山火的发生，其火源都来自人类活动，所以，开展云南的火源预测研究，必须紧密围绕人为活动进行。

人为活动是引发火源的客观要素，由于人为活动过程非常复杂且难以量化，因此，本书使用了与人为活动密切相关的地理要素因子，通过空间建模方法，来模拟火源及人为活动。

1. 火源的影响变量筛选

在集成化的 GIS 分析系统中，采集并集成了 100 多种变量，其中包括了多种人为作用变量，在建模工作中，为了提高效率，我们提出了如下变量筛选原则：

（1）如果存在经典的火险预报理论阐述的影响变量，则以其为指导，选择建模与分析变量。

（2）如果事实不清，则假设地图大数据指标服从正态分布，按统计学原理：正态随机变量的不相关与独立性是等价的，利用相关系数，判断和选择关联变量集合。

由于有关火源与人为影响的关系缺少相关理论支持，通过分析知道，全部 8 个人为影响变量互不相关（相关系数小于 0.6），即互相独立，因此以它们为变量集合，开展可点燃森林火灾的火源分布研究。

2. 人为变量的空间化模拟

通过筛选发现，国道（X_1）、高速公路（X_2）、省道（X_3）、铁路（X_4）、其他公路（X_5），以及州市（X_6）、县区（X_7）、村镇（X_8）人口活动，与火灾发生密切相关，所以可用其模拟、表达和预测火源的存在。

在基础地理底图中，以上地理要素是以矢量方式存在的。人类在地理区域的可及性的高低决定了火源密度的高低，即人可到达且人为活动密集的地区，火源密度较高，反之火源密度较低。

人为活动变量的空间化模拟，即为构建空间化变量模拟模型 $F(x)$，将 X_1，X_2，…，X_8 表达为人为活动每季度的空间场地图。

显然，变量到任何空间场所的距离的大小是决定空间影响力大小的关键要素。本书设计了空间距离模拟表达方法，以表示人为活动的可及性与密度，从而为建立测报变量场奠定基础。

（1）距离与火源密度的参数评估。

通过专家打分、距离统计和文献资料查询等，确定人为活动频度与地理要素变量的距离关系，并制定火源与距离的作用关系评估表，如表 2-4-1 所示。

2.4 山火测报预警模型研究

表 2-4-1 火源与距离的作用关系评估表

变量名	距离区间	概率
国道（X_1）	700 m 以下	60
	1 km 以内	88
	1～5 km	73
	5～10 km	60
	>10 km	35
高速公路（X_2）	1 km 以内	85
	1～5 km	70
	5～10 km	60
	>10 km	25
省道（X_3）	1 km 以内	90
	1～5 km	75
	5～10 km	65
	>10 km	38
铁路（X_4）	1 km 以内	85
	1～5 km	70
	5～10 km	60
	>10 km	35
其他公路（X_5）	1 km 以内	90
	1～5 km	75
	5～10 km	68
	>10 km	40
州市（X_6）	1 km 以内	90
	1～10 km	78
	10～50 km	68
县区（X_7）	1 km 以内	87
	1～5 km	77
	5～10 km	67
村镇（X_8）	>10 km	37
	>10 km	43
	1～5 km	76
	5～10 km	67
	>10 km	42

(2)缓冲区可将建模分析。

利用地理信息系统的可降缓冲建模函数，以及表 2-4-1 构建的距离区间，生成各个变量 X_1，X_2，...，X_8 的距离缓冲区矢量，并同时在距离缓冲区中，将矢量的指标值赋予为表 2-4-1 中的概率值。

(3)矢量到栅格的转换分析。

利用地理信息系统矢量到栅格的转换功能，将前面生成的距离、火源密度作为概率矢量数据，转化为栅格变量地图。

转换过程中，注意坐标系统的设置、像元参数的设置与本书规定的地图与栅格数据的规范的一致性。

(4)栅格数据的平滑分析（低通滤波）。

使用前述方法生成的栅格变量地图，在距离区间的过渡区域，有较大的不连续性和跳跃性，为使变量地图的过渡性和连续性更好，需要使用大尺度的平滑滤波器进行多窗口、多次的地图低通滤波处理。

分别使用 11×11、9×9、7×7、3×3 的窗口均值卷积算法，对变量进行滤波处理，最后生成滤波地图。

通过以上（1）、（2）、（3）、（4）步的处理，将基础地理底图变量 X_1，X_2，...，X_8，完全映射为函数 $F(X_1)$，$F(X_2)$，...，$F(X_8)$，即每个变量映射为表达火源密度或人为活动频度的变量，为火源预报模型的建立奠定了基础。

3. 火源密度测报模型研究

以火源密度影响函数 $F(X_1)$，$F(X_2)$，...，$F(X_8)$ 为自变量，以建立的胡林火发生概率为因变量，建立层次分析模型，即可获得火源密度预报模型。

针对该问题，作者团队提出了一种多元变量随机取样方法，以在地图中产生几百到几千个点的林火发生概率与火源作用函数 $F(X_1)$，$F(X_2)$，...，$F(X_8)$ 的样本集合，以此作为样本点，再输入 SPSS 或其他软件包，进行统计学分析（满足统计检验条件），求出各个变量与林火发生的关系系数。

按前述层次分析方法，构建静态火源格局预测模型：

$$F(X_1, X_2, \cdots, X_n) = A_1 f(X_1) + A_2 f(X_2) + \cdots + A_n f(X_n)$$

考虑到地图运算的简易和高效性，基于 SPSS 输出的相关系数矩阵（见表 2-4-2），用 CRITIC 方法确定系数 A_1，A_2，...，A_n，执行过程和演算步骤如下所述：

用 R_{kj} 表示第 k 个特征和第 j 个特征之间的相关系数,该系数可以用随机样本统计计算,也可以用全域地图统计计算。第 j 个特征所包含的信息量,用 $G_j = S_j \times mk = S_j \sum (1 - R_{kj})$ 表达,式中,S_j 表示第 j 个特征的地图变量标准差。使用 CRITIC 法可得到第 j 个特征的归一化权重为:

$$A_j = G_j / \sum G, \quad j = 1, 2, 3, \cdots, n$$

在分析中,得到的 $X_1, X_2, \cdots, X_n$ 的模型参数如表 2-4-3 所示。

表 2-4-2 相关系数矩阵表

	国道	高速公路	省道	铁路	州市	县区	村镇	其他公路
国道	1.000 0	0.467 5	0.012 0	−0.030 0	0.338 2	0.244 8	0.133 1	0.133 3
高速公路	0.467 5	1.000 0	0.208 5	−0.000 6	0.308 1	0.275 4	0.223 4	0.178 5
省道	0.012 0	0.208 5	1.000 0	0.002 3	0.133 7	0.334 5	0.120 3	0.011 8
铁路	−0.030 0	−0.000 6	0.002 3	1.000 0	−0.005 3	−0.018 4	0.017 8	0.059 8
州市	0.338 2	0.308 1	0.133 7	−0.005 3	1.000 0	0.080 9	0.093 3	0.140 8
县区	0.244 8	0.275 4	0.344 5	−0.018 4	0.080 9	1.000 0	0.168 1	0.010 0
村镇	0.133 1	0.223 4	0.120 3	0.017 8	0.093 3	0.168 1	1.000 0	0.059 8
其他公路	0.133 3	0.178 5	0.011 8	0.059 8	0.140 8	0.010 0	0.059 8	1.000 0

表 2-4-3 各变量的模型参数表

变量名	相对权重	归一化权重	方差
国道(X_1)	0.769 360	0.060 668 237(a_1)	0.124
高速公路(X_2)	1.543 023	0.121 675 789(a_2)	0.289
省道(X_3)	1.732 899	0.136 648 548(a_3)	0.281
铁路(X_4)	0.962 478	0.075 896 646(a_4)	0.138
其他公路(X_5)	2.588 048	0.204 081 716(a_5)	0.404
州市(X_6)	1.725 808	0.136 089 384(a_6)	0.292
县区(X_7)	1.611 997	0.127 114 765(a_7)	0.273
村镇(X_8)	1.747 814	0.137 824 678(a_8)	0.281
累计	12.681 430	0.999 999 763	1.678

将模型 $F(X_1, X_2, \cdots, X_n) = a_1 f(X_1) + a_2 f(X_2) + \ldots + a_n f(X_n)$ 输入 GIS 系统,进行模

拟计算，即可得到云南省可点燃森林火灾的火源密度图。

结合过去历史上的火灾发生数据可看出，能引燃森林火灾的火源区主要分布在昆明市、楚雄州、红河州、保山市；丽江市、大理州、文山州和曲靖市的部分地区；怒江州、迪庆州、普洱市、德宏州、西双版纳州、临沧市的少部分地区。火源密度较低的地区为：滇西北的高山地区、无量山、哀牢山、河口、宾川、绿春、元谋等地方。

2.5 山火趋势分析与预测模型研究

2.5.1 火险天气等级预报模型

天气条件是诱发火灾发生的主要因子，将各类气象场因子表达为栅格地图，之后将主要气象因子与火灾频率分布图进行叠加，利用统计方法进行空间相关分析、空间独立性检验与分析，结果得到独立作用于火险的气象因子变量表，如表 2-5-1 所示。

表 2-5-1 影响森林火灾的主要气象因子一览表

序号	因子名称	与火险变量的空间相关系数	注
1	降水	−0.059 000	
2	风力	0.011 300 0	
3	温度	0.000 899	
4	湿度	0.020 869 7	
5	……	……	

按空间统计规则，所有气象因子与火险都不存在线性相关关系，但传统理论指出，火险与天气条件是密切相关的，所以只能假定其存在非线性关系，按非线性关系建立预测预报模型。

1. 火险天气等级预报模型构建

森林火灾是威胁地球生态的主要灾害之一。为实现对林区起火可能性、火灾强度、火灾蔓延速度以及火灾扑救难易程度进行评估和预测，我国于 1995 年 12 月 1 日实施

《全国森林火险等级》,并将其作为全国各地森林火险天气等级的实时评定标准和预报准确率的事后评价依据。然而,该标准存在以下问题:

(1)以省的行政区为划分单位,预报尺度粗略。概略性预报决定了多个州市或县区只有一种火险等级,不能区分和突出山头地块上的重点火险区,预报精度低。

(2)采用查找表计算火险指标数值,经综合得分结果进行预报。这种权值打分法,会使森林火险天气指标取值存在较严重的阶跃现象,往往微小差异的气象数据会计算出较大差距的火险等级,导致预报误差较大。例如:当某几天的预报因子[温度、湿度、连旱天(上一次降雨量为 5.1 cm)、风速]的取值分别为:A 天(20,41,4,10.7),B 天(20.1,40,5,10.8)时,按原国家标准计算出的火险指数分别为 68 与 91,对应的火险等级分别为 3 级与 5 级,显然 A 天与 B 天的天气情况非常接近,不应该有 2 级的误差。

(3)地理信息系统(简称 GIS)是目前采集、处理、分析、表达、传播和应用的空间信息的处理技术,该标准已经不适合 GIS 系统下的预测与地图发布。

目前国内外森林火险气象指数可归纳为指数查对法、综合指标法和统计回归法等类型。在实际应用中尚需要结合气候和环境特点进行适用性修正和完善。

以国家颁布《全国森林火险等级》行业标准为参考,分别寻找非线性函数,用以拟合测报模型。假设的每个单因子的火险天气指数 F_1、F_2、F_3、F_4、F_5 及综合指数 HTZ,参照原来的国家标准的量化分级指标,使用逻辑斯特回归建模方法,构建了如下 5 个指标和函数:

$$F_1 = \frac{25}{1+e^{(274-0.15x_1)}} \tag{2-5-1}$$

$$F_2 = \frac{22}{1+e^{(-0.13+0.09x_2)}} \tag{2-5-2}$$

$$F_3 = 5 \times (x_{32} - 0.42 \times x_{31}^{0.85} + 0.31) + 10 \tag{2-5-3}$$

$$F_4 = 7.75 \times x_{31}^{0.85} - 2.82 \tag{2-5-4}$$

$$F_5 = \frac{12 \times (H - x_5)}{10} \tag{2-5-5}$$

森林火险危险性综合指数 HTZ 由下式计算:

$$HTZ = F_1 + F_2 + F_3 + F_4 - F_5 \qquad (2\text{-}5\text{-}6)$$

2. 火险天气等级语义模型

结合国家的火险天气等级标准和云南的实际情况,确定了云南的火险天气等级语义标准:

若 $HTZ \leq 25$,则火险为一级,安全。可燃物不能燃烧、不能蔓延。

若 $25 < HTZ \leq 50$,则火险为二级,低度危险。可燃物难以燃烧、难以蔓延。

若 $50 < HTZ \leq 72$,则火险为三级,中度危险。可燃物较易燃烧、较易蔓延。

若 $72 < HTZ \leq 90$,则火险为四级,高度危险。可燃物容易燃烧、容易蔓延。

若 $HTZ > 90$,则火险为五级,极度危险。可燃物极易燃烧、极易蔓延。

2.5.2　火险天气等级在 GIS 系统中的算法

上述模型既可用于计算以行政区域为空间尺度的地理区域的火险,又可用于计算以栅格点为尺度的地理区域的火险。

如图 2-5-1 所示,火险天气等级在 GIS 系统中的计算步骤如下:

(1)用以下两种方式之一获取最高气温值 X_1、最小相对湿度值 X_2、前期降雨量值 X_{31}、连旱天数值 X_{32}、风速值 X_4,行政区域 AR_1 的纬度值 X_5 和最大纬度值 H 等森林火险天气等级预报因子数据,并将其存储在媒介之中。

① 将行政区域 AR_1 的 n 个气象观测站点的算术平均值作为气象预报因子数据 $X_1, \cdots, X_4$,取行政区域 AR_1 的几何中心位置处的纬度值作为纬度值 X_5。

② 将各样本所组成的样本集 $(G_1, G_2, G_3, G_4, \cdots, y)^1 \sim (G_1, G_2, G_3, G_4, \cdots, y)^n$ 导入统计分析软件进行逐步回归分析操作,$G_1, G_2, G_3, G_4, \cdots, y$ 表示环境梯度因子,建立关联函数内插模型,用 GIS 软件的空间分析功能建立包括上述因子的森林火险天气等级预报因子连续化的数据。具体步骤为:使用 GIS 软件执行点($1-n$)的导入操作,即将测报站点的经纬度以一定的格式导入 GIS 图像处理软件中,从而在地图上显示测报站点的分布,使用 GIS 软件中的空间分析功能,从 DEM 上提取坡度、坡向、地形起伏、经度纬度等环境梯度因子 $G_1, G_2, G_3, G_4, \cdots, y$ 为森林火险天气等级预报因子。

其中,① 是数据表中的记录项,以预报因子的算术平均值代表整个行政单元区域的气象状况;② 是经空间内插模拟获取的连续化的栅格数据,以栅格大小为单位代表连续、变化的地理区域上的气象状况。

2.5 山火趋势分析与预测模型研究

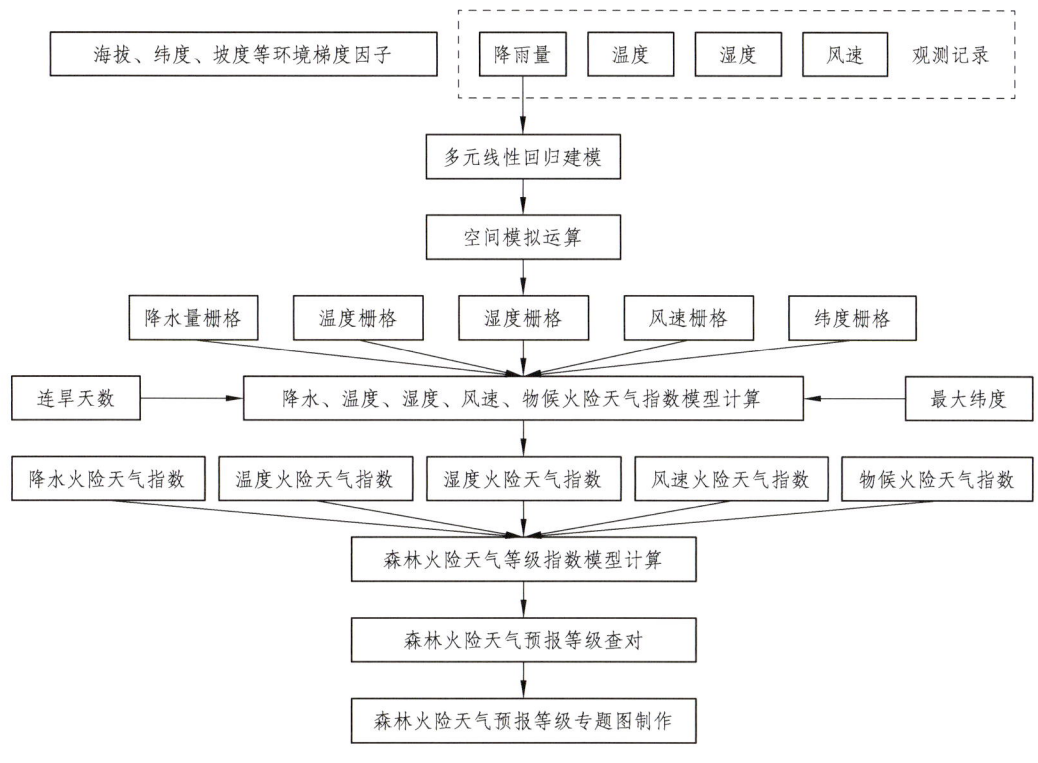

图 2-5-1 GIS 系统的火险天气等级计算的流程图

（2）设 F_1 为最高气温的火险天气指数；F_2 为最小相对湿度的火险天气指数；F_3 为降水量与连旱天的火险天气指数；F_4 为最大风力的火险天气指数；F_5 为地带性气候变化订正指数，将步骤（1）得到的数据代入公式（2-5-1）～（2-5-5），输出火险天气指数 F_1，F_2，F_3，F_4，F_5；将结果代入式（2-5-6），求算森林火险天气等级指数综合计算公式 HTZ。

将代表该行政区域 AR_1 上的森林火险天气等级指数 HTZ 存储于新的数据列中。

（3）按以下规则定义森林火险天气等级 A：

若 $HTZ \leqslant 25$，则 $A=1$；若 $25<HTZ \leqslant 50$，则 $A=2$；若 $50<HTZ \leqslant 72$，则 $A=3$；若 $72<HTZ \leqslant 90$，则 $A=4$；若 $HTZ>90$，则 $A=5$，并存储于新的数据列。

（4）重复步骤（1）～（3），存储并建立所预报行政区域 AR_1 的火险天气等级数据表 T_1。

（5）将所有预报行政区域 AR_1 的矢量化电子地图 Lyr 行政 1 属性库导入地理信息系统软件，以行政区域 AR_1 的 ID 属性列或名称属性列关联 Lyr 行政 1 的属性库与步骤（4）的数据表 T_1 的属性列，按火险天气等级 A 对 Lyr 行政 1 进行渲染。

（6）添加所需的地图要素，完成可视化表达。

根据上述连续化方法，其特征是在所述的步骤（4）之后循环步骤（1）~（3），计算行政区域 $AR_2 \sim AR_n$ 的火险天气等级数据行 $Row_2 \sim Row_n$，建立和存储行政区域 $AR_2 \sim AR_n$ 的火险天气等级数据表 $T_2 \sim T_n$，其数据行 $Row_2 \sim Row_n$ 按照步骤（5）关联 Lyr 行政 2 ~ Lyr 行政 n，按火险天气等级 A 分别染色。

根据（1）或（2）所述的连续化的方法，其特征是所述的火险预报因子为栅格化的数据，所得到的森林火险天气等级 A 是指以栅格大小为单元的森林火险天气等级。

提供的连续化模型所输入的各种气象因子是地理区域上的代表值，用定量化的连续函数计算火险值，结果可灵敏反映各种气象条件的变化。只要输入连续变化的气象因子，综合计算得到的森林火险天气等级指数结果将是连续化分布的火险值，不会产生阶跃、误差累积等现象。

利用 GIS 系统所提供的小区域地理环境和地图数据，根据森林火险天气等级预报的连续化模型，计算得出的云南省中长期火险天气等级预报 2013 年 4 月的月均中长期森林天气等级，其准确性和精细化程度明显高于目前国家标准所制作的预报结果，具有显著的进步以及更高的应用价值。

用连续函数计算的火险天气指数值与现有国家行业标准计算结果数值对比见表 2-5-2。从表中可以看出，气象条件相近的两个预报地点，若按照国家标准计算出的火险级别分别相差 1 级，而按照本书方法计算得出的火险级别为同一级别，更符合气象规律，且与原有国家标准的预报等级基本吻合，能够更为客观地反映森林火灾的实际危险状况。

表 2-5-2 用连续函数计算的与现有国家行业标准计算的结果数值对比表

序号	最高气温/(°C)	最小相对湿度/(%)	降雨（cm）/连旱天（天）	最大风力	纬度/(°)	现有标准		连续函数	
						HTZ	火险级别	HTZ	火险级别
1	20	51	5.1/3	5.4	22.9	46	二	55	三
2	20.1	50	5.0/3	5.5	22.8	66	三	56	三
3	20	41	2.1/6	10.7	24.4	80	四	91	五
4	20.1	40	2.0/6	10.8	24.5	96	五	92	五
5	10	61	2.1/6	1.59	26.0	42	二	55	三
6	10	61	2.0/6	1.6	26.0	52	三	55	三

以上过程若输入的气象因子数据为行政单元上的气象数据,则预报结果为以行政区为空间单元上的火险天气等级预报图。

如果以上输入是栅格化的空间模拟数据,则输出结果是以栅格像素大小为空间单元的精细化的火险天气等级预报图。其中,在 GIS 系统支持下,利用空间内插方法(如克里金内插、反距离内插等)或空间关系模型方法,将气象站点的数据模拟并推广到连续空间面上,可获得以栅格单位表达的连续化气象观测值。

除以上积极效果外,本书方法还可为森林火险等级预报测报仪的研制、林火发生火险测报系统的研发提供关键的方法模型。图 2-5-2 为 GIS 系统的功能模块结构示意图。

实施例 1:

(1)将行政区域 AR_1 内气象数据来源的预报站点 1~n 的经纬度数据存储于文本文件中,文本文件需按以下格式输入:

1,98.8833,28.45

2,103.95,28.6

3,103.6333,28.2333

4,104.25,28.0667

…………

End

其中,第一列为 ID,第二列为经度值,第三列为纬度值。

使用 GIS 软件执行点 1~n 的导入操作,即将测报站点的经纬度以一定格式导入 GIS 图像处理软件中,从而在地图上显示测报站点的分布,存储为矢量数据 Station_point。

(2)使用 GIS 软件中的空间分析功能,从 DEM 上提取坡度、坡向、地形起伏度、经度、纬度等环境梯度因子 ($G_1, G_2, G_3, G_4, \cdots$)。若无现成的提取函数,可查阅相关地学分析文献,根据各环境梯度因子的计算算法,在 GIS 软件中使用栅格计算功能,提取相应的因子。

第 2 章 山火关键技术

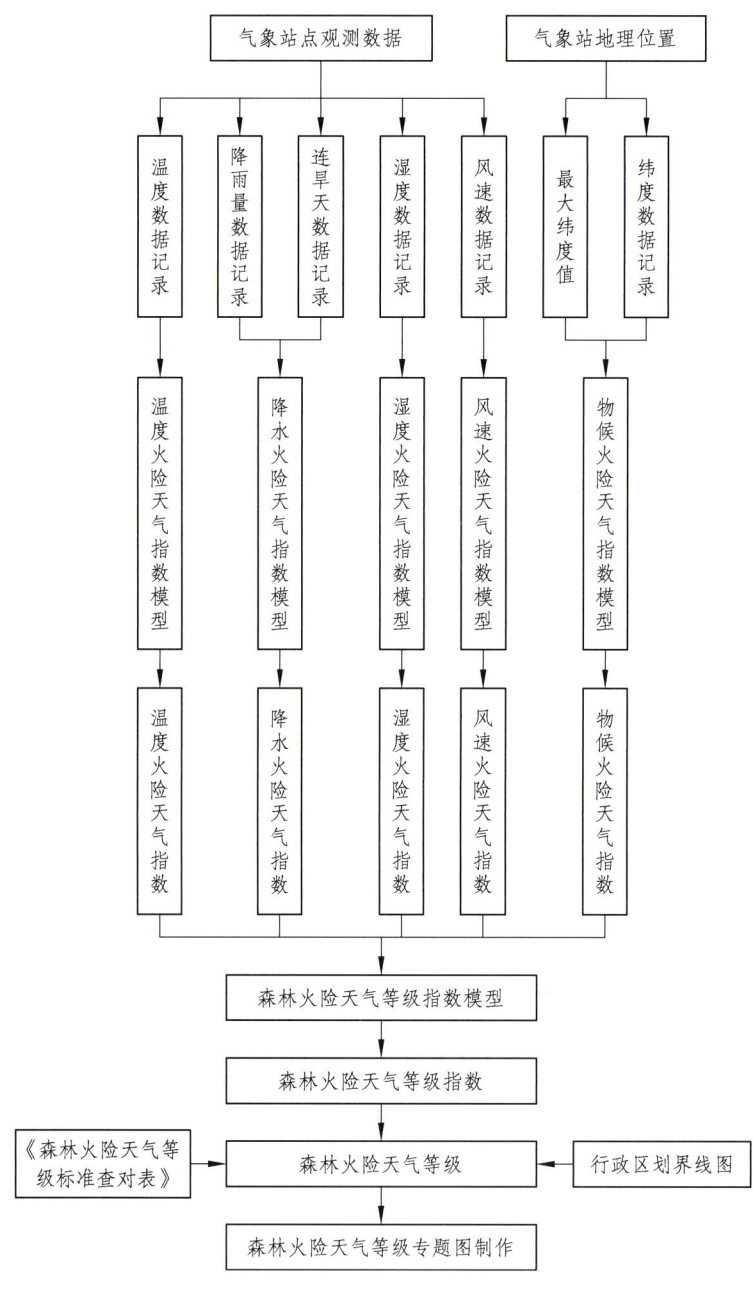

图 2-5-2　GIS 系统的功能模块结构示意图

例如提取地形起伏度的步骤如下：确定邻域分析窗口，$N \times N$ 大小；以 $N \times N$ 大小的分析窗口对 DEM 每个像元遍历，寻找分析窗口中的最大高程值 $H_{\max}$、最小高程值 $H_{\min}$，并分别存储于两个统计栅格数据 $Grid_1$ 和 $Grid_2$ 中；对统计分析产生的两个栅格数据 $Grid_1$ 和 $Grid_2$ 做栅格差值运算，差值结果即为地形起伏度的栅格数据。

基于导入的预报站点 $1 \sim n$ 的地理位置，使用 GIS 软件中的采样功能，顺序在环境因子数据 $G_1 \sim G_m$ 栅格上对环境梯度因子采样，以获取气象站点 Station_point 处的样本点集 $(g_1,g_2,g_3,\cdots,g_m,c)_1 \sim (g_1,g_2,g_3,\cdots,g_m,c)_n$，并将其存储于文本文件中。如表 2-5-3 所示为云南省怒江州部分样点数据情况。

表 2-5-3　云南省怒江州部分站点样本点数据

站名	E_DD	N_DD	海拔/m	坡度/(°)	坡向指数	坡形	沟谷
德钦	98.883 3	28.45	3 285	25	37	112	30
绥江	103.95	28.6	600	0	60	100	166
永善	103.633 3	28.233 3	813	6	41	93	123
盐津	104.25	28.066 7	835	17	98	119	119
贡山	98.666 7	27.75	1 535	6	66	36	65
维西	99.283 3	27.166 7	2 391	4	4	100	41
宁蒗	100.85	27.3	2 303	1	40	98	43
大关	103.883	27.766 7	992	2	8	45	100

（3）将天气预报因子数据，如温度 x_1、最小相对湿度值 x_2、前期降雨量值 x_3、风速值 x_4，按环境梯度因子表中的站点 $1 \sim n$ 顺序添加为新的一列，作为因变量集合 c。

将各样本所组成的样本集 $(g_1,g_2,g_3,\cdots,g_m,c)_1 \sim (g_1,g_2,g_3,\cdots,g_m,c)_n$ 导入统计分析软件（如 SPSS）进行逐步回归分析操作，得到回归方程的常数项和回归系数 $\beta_0,\beta_1,\beta_2,\beta_3,\cdots,\beta_m$，建立预报因子的内插模型：

$$c = \beta_0 + \beta_1 g_1 + \beta_2 g_2 + \beta_3 g_3 + \cdots + \beta_m g_m$$

将环境梯度因子栅格数据 $(G_1,G_2,G_3,\cdots,G_m)$ 代入空间内插模型做栅格运算，得到温

度 T 连续化分布的数据，该数据用 R_T 表示。

重复本步骤，分别得到湿度 H、降雨量 R、风速 W 连续化分布的数据 R_H, R_R, R_W。

（4）在 GIS 软件中的栅格计算器中，将以上栅格数据 R_T, R_H, R_R, R_W 和站点的连旱天 X_{32}、纬度栅格数据 G_5 和区域内的最大纬度 H，代入公式（2-5-1）~（2-5-6）计算，分别得到连续化火险天气指数因子 F_1、F_2、F_3、F_4、F_5 和 HTZ。

完成该行政区域内以栅格为空间单元的火险天气等级预报的可视化表达。

2.5.3 山火灾害预警模型研究

全面的森林火灾预警，必须考虑火源、可燃物、天气背景条件的三大危险性要素。林火发生预警模型是指综合考虑致灾因子后的综合火险预报模型。

1. 可燃物燃烧性分级模型

一般情况下，可燃物的采集制图是一项非常浩大的数据工程，可燃物燃烧性分类也是一项投资大的基础研究工作，难以深入开展研究。所以，在火模型研究中，我们简单采集模拟了可燃物数据，并进行了简单可燃物火燃烧性分级（见表 2-5-4），以此作为预报算法研究中的假设数据，但数据不能保障其真实性和可靠性。

具体实施办法：收集云南卫星遥感的 NDVI 数据，结合生态建模方法，提取云南松、思茅松、云冷杉针叶数据；结合 NDVI，将其他确认为阔叶林数据，依据以前燃烧试验的结果，进行易燃性量化。

表 2-5-4 常见可燃物类燃烧性分级（P_3）

可燃物类	可燃物树种	易燃性量化（P_3）
云南松	云南松及灌草丛	1.7
思茅松	针叶林	1.5
云冷杉	云冷杉	1.6
阔叶林	壳斗科、樟科、山茶科和木兰科的常绿树种	1
灌木林	灌木	1.8
草本	—	2.0

2. 山火线路风险指数和山火灾害预警模型

由于火源、可燃物易燃、火险天气条件是三个独立变量（地形地貌、海拔、土地利用等因素的影响，已包含在前述三类变量中）。

线路山火风险指数是指在火源、气候（气象）条件、可燃物燃烧特性共同作用下，线路潜在地可能发生山火的平均危险性，必须同时具备上述三个独立条件，代入下式可计算出风险指数值。山火灾害预警是指代入动态的火源、气象条件变量，下式的计算结果即为线路山火灾害预警模型：

$$P = F(x_1, x_2, \cdots, x_8) \times (HTZ/100) \times (P_3/2.0)$$

其中，$F(x_1, x_2, \cdots, x_8)$ 为火源风险指数，HTZ 为火险天气指数，P_3 为可燃物易燃性指数。上式如果取平均值，计算结果为线路风险指数；如果取实时的变化值，则计算结果为山火灾害预警指数。

假设云南某天的火险天气由各个气象台站提供，根据各个基于 GIS 离散分布的气象台站数据，可内插得到风场、连旱天、降水、湿度场等连续分布数据。研究中假设提供如下测试数据：

由于缺少有关降水的分布数据以及各地连旱天分布数据，假设全省降水为 0，连旱天数为 10 天，风速为 8 m/s，且不模拟场分布，则火险指数分别取值为：60、4.54。对于云南省全省预报、纬度不进行调整。

当然，如果需要开展火险精细化测报，进行风场、纬度场、降水、连旱天条件下在全云南省的建模和数字化模拟是必要的，但该方面的研究是全国火险研究的热点问题，已超出了本书范畴。

当进入旱季连旱 10 天后，气温、湿度只要达到年平均水平，风速为 8 m/s，云南滇南滇中均达到了高火险天气等级，只有滇西、滇北达到中等火险天气等级。

综合火源、可燃物和火险天气等级，则可得到火灾害发生危险性的概率化数值预报结果。该预报结果对于指导电网企业开展有针对性的日常性预防、巡护、抢险救灾准备等工作，具有重要的指导意义。

2.6 山火蔓延预报模型研究

2.6.1 诺斯曼理论模型的改进研究

美国科学家给出的理想状态下林火蔓延速度公式如下：

$$R = \frac{I_R \xi}{\rho_b \times \varepsilon \times Q_{ig}}(1 + \phi_w + \phi_s) \qquad (2\text{-}6\text{-}1)$$

式中，R 为林火蔓延速度，m/min；I_R 为火焰区反应强度，kJ/(min·m^2)；ξ 为林火蔓延通率（无因次）；ϕ_w 为风速修正系数；ϕ_s 为坡度修正系数；ρ_b 为可燃物的密度，kg/m^3；ε 为有效热系数（无因次）；Q_{ig} 为点燃单位质量的可燃物所需的热量，kJ/kg。

该模型表达了一种理想燃烧状态，任何一种计算机蔓延模拟算法，都要以该模型为基础，进行改进研究，最后形成适合计算机运算符合实际的离散化算法。

作者团队基于多年的野火蔓延、观测和计算机模拟实践，发现该模型存在如下问题：

按该模型，只要代入参变量 I_R、ϕ_w、ϕ_s、ρ_b、Q_{ig} 的数值，蔓延速度 R 总是大于 0，也就是说，只要地面有火源，任何区域的森林会一直燃烧下去，且不会有遗漏区域。

这与森林火场总是会烧成"花脸"的现实情况不吻合。如图 2-6-1 所示为云南安宁 2006 年"3·29"火场卫星遥感图像，该火灾持续燃烧了 10 天，烧成了大片的"花脸"形状。即火灾蔓延发展时，如果地表可燃物湿度大、环境冷湿，燃烧会自动停止，形成不可燃烧区域，即"花脸"。

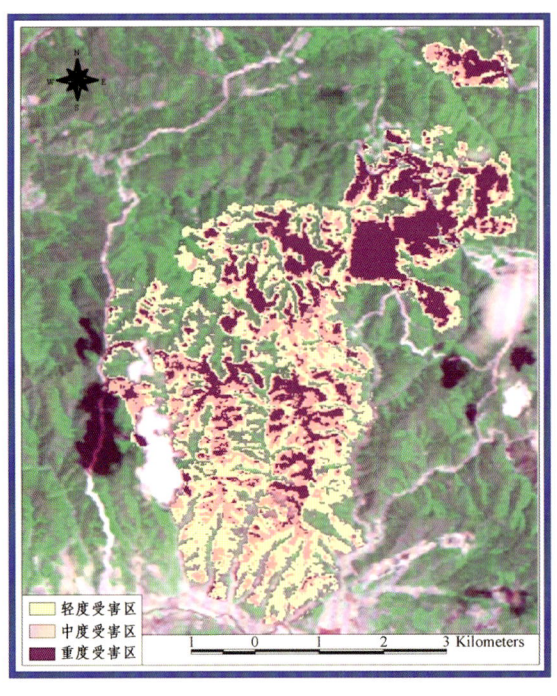

图 2-6-1　2006 年云南安宁"3·29"火场卫星遥感图像

按该模型，只要代入任何的坡度 ϕ_w、ϕ_s 修正系数后，蔓延速度 R 总是大于 0，也就是说，在任何地形、风速参数配合下，火势蔓延不会停止。这也与实际情况不符合。事实上，本场森林火灾燃烧到最北端时，就是在自然条件下停止燃烧的。停止燃烧的原因并非可燃物的湿度大、环境阴冷，而是风向、地形、可燃物分布的组合作用造成的，其原理与风力灭火机灭火类似。

当时的条件是：山火处于从上坡火翻越山脊，再转入下山火的过程中自动熄灭，当时可燃物具备连续燃烧条件，但下山山脊较窄、坡度大、风力大。

本书研究认为：理论模型严格体现物体的加热、热解和燃烧的时间过程，但实际森林火灾自动停止蔓延，都与可燃物加热过程的热量不足有关。而传递到可燃物的有效热量又与可燃物的湿度、可燃物密实体、环境温度湿度、风力风向、坡度坡向等因素有关。在可燃物和环境湿度大的区域，燃烧提供的热量不足以使前方的可燃物热解，从而使燃烧停止。在山脊附近，在风力和陡坡度作用下，燃烧热量主体被吹向开阔的天空，坡下的可燃物无法被加热和热解，火自动熄灭。

因此，依据以上事实，提出了改进的诺斯曼模型：

将燃烧单元（地面一小块森林植被）按时间过程分为两个时间过程：第一时间过程为加热，第二时间过程为燃烧。

第一时间过程中，前端可燃物获得热量模型改进为：

$$Q = Q_t[1 + \cos(aspect - winds)] \times \sin(slope) \times u$$

式中，Q_t 为前阶段燃烧体汇集过来的总能量；$aspect$ 为坡向；$slope$ 为坡度；$winds$ 为风向；u 为环境吸收热量系数，u 与空气湿度、空气温度、地表和风力有关。

蔓延模拟时，先计算加热的有效热量 Q，再将 Q 与 Q_{ig} 进行比较，如果 Q 小于 Q_{ig}，说明加热热量不够，可燃物无法点燃，该单元上蔓延停止；否则，进入第二步计算蔓延速度。

2.6.2 惠更斯参数模型的改进研究

1. 火行为概述

人们对林火的研究主要是从火行为的研究开始，进而发展到研究林火蔓延模型和计算机模拟。目前，由于地表火是森林火灾的主要形式，对火行为的研究主要是对地表火进行研究，对地下火、树冠火和由余烬或木炭等引起的其他类型的火研究较少。地表火的特征量分为火蔓延状况特征量和火场状况特征量两大类。前者包括火蔓延速度、火焰高度、单位面积放热量、火线强度等；后者包括火场面积、周边界长、长宽比等。我国进行了林火行为相关参数综合测报仪的研究，可以测定林火蔓延速度、有效可燃物消耗量、火线强度等林火行为相关参数。

2. 林火蔓延机理

林火蔓延的主要机制是热传导机制。热的传播方式主要有 3 种（热对流、热辐射和热传导），其中，热辐射和热对流可将火焰前方的可燃物进行预热，是外部的传热方式；热传导则是可燃物在其内部的传热方式。热辐射非常突出，是一种电磁波式的传热方式，向各个方向直线传播热量，辐射热的强度是与两个物体间距离的平方成反比。热对流和其他的大气对流相似，主要是热空气上升，周围的冷空气随之不断补充，加上火场有部分热能转变为动能，推动热空气上升。

3. 林火蔓延的影响参数

林火蔓延的影响因子可归纳到可燃物的特征、地形、气象因子 3 个方面的众多因子。

可燃物是地表火的燃烧床，其特征包括负荷量、颗粒平均径级及形态、密实度、容重或容积密度数、水平连续性、垂直分布、水分含量、化学成分等。把这些特征进行量化，综合分析即可根据这些因子建立森林可燃物的模型，从而进行火险等级的划分或火险区划，指导森林火灾的预测预报工作。可用可燃物生物量估测潜在能量释放的大小，不同的可燃物具有不同的潜在能量。

地形因子中，坡度是影响林火蔓延的主要因子之一。目前，国内外在这方面的研究已经成熟，但是在大坡度下的研究较少。

气象因子中，风是最主要的因素。其不仅决定林火蔓延速度，而且决定火蔓延的面积和方向。另外，风越大，大气湍流越强，常会造成"飞火"，在火场外产生新的火源，形成新的森林火场。现在，在林火蔓延的速度模拟和建模中，通常把地形和风相结合进行林火的蔓延速度研究。

4. 惠更斯参数模型的构建与求解

1946 年，Fons 首先提出了林火蔓延的数学模型，后来各国开始建立数学模型进行有关林火行为的预测模拟和定量分析。据分析，林火蔓延以描述蔓延速率、火线强度和可燃物燃烧过程等用途的林火蔓延或扩展模型占主体,其研究对象主要是地表火,而对于树冠火、地下火、飞火等相关研究较少。

从 20 世纪 50 年代至现在,出现了大量不同形式的地表火蔓延模型。目前,主要的地表火模型有美国的 Rothermel 模型、加拿大的国家林火蔓延模型、澳大利亚的 McArthur 模型、我国的王正非的框架模型以及在这些模型基础上的修正模型。其中,以 Rothermel 模型最成熟,应用最广泛。其是基于能量守恒定律的物理机理模型。由于综合考虑了森林的材质(燃料物质载荷、燃料深度、燃料粒子密度、热容量、灭火所需湿度等)、燃料湿度、空气温度、风速、风向、地形坡度,具有很高的参考性,已被美国林务局(USFS)用于预测野火行为、指导灭火、辅助培训和规划。树冠火模型主要有美国的 Van Wagner 模型和加拿大的模型。飞火模型有 Albini 模型。林火加速有 McAlpine 模型。

多相交互模型考虑了林火蔓延的各种机制(化学、物理、物理化学等),成为迄今为止最完整的模型类型。在模型的求解过程中,还出现了模型的集成化应用。目前已经建立起较为完整的林火蔓延的模型体系,并开始探讨和开发城区-林地交错带模型、地表火与树冠火行为耦合模型。这为研究地表火、树冠火、飞火的模拟提供了新的理论基础。

5. 可燃物(燃料床)参数的定量化和连续化

可燃物是引发森林火灾的重要因子。可燃物模型指依据平均可燃物条件对可燃物属性进行概要描述和定量分析,经常被用来描述可燃物类型的特性。随着林火行为研究的深入和遥感、地理信息系统的发展,森林燃料床的空间分析与制图成为可能,并逐渐被重视。目前,主要应用的遥感卫星数据和地面观测数据相结合的方式绘制可燃物分布图,主要的制图方式结合了野外观测法、遥感直接法、遥感间接法以及生物物理或梯度法。近年来,美国已出现区域、国家级分布特征分类系统或辅助建模。

考虑到湿度的影响,出现了测量可燃物湿度的方法:如利用野外数据测定法进行可燃物的平衡湿度和时间估计;用气象指数法确定湿度;也出现了利用 RADARSAT 影像进行针叶林可燃物湿度的分析和制图研究。在这些因子中,可燃物含水量(湿度)对林火蔓延速度、有效辐射率均有重大影响。目前,美国、加拿大、澳大利亚等国均研制出了各自的多种可燃物湿度模型,并在生产中得到了广泛的应用。我国开展这方面的研究工作始于 20 世纪 80 年代中期,也研制出了多种可燃物湿度模型。但是现在仍处于探索阶段,许多模型应用到实际工作中还存在一定的困难。

6. 地表火及蔓延参数

Rothermel 模型是以燃烧物理学为理论基础、以林火实验为依据的半理论、半经验的林火蔓延数学模型。它有较宽的使用范围，其基本思想是：林火的蔓延过程实际上是火焰前方未燃可燃物被连续点燃的过程。火焰区以辐射、对流、传导的方式向前方未燃物传热，当未燃的可燃物吸热升温达到燃点时，这些可燃物就被引燃，火头也就蔓延到该处。它要求可燃物是较均匀、直径小于 8 cm 的各种级别的混合物，且假定较大类型可燃物对林火蔓延的影响可以忽略不计。应用了"似稳态"的概念，即从宏观尺度描述火蔓延，这就要求燃烧床参数在空间分布是连续的，地形地势等在空间分布也是连续的，动态环境参数不能变化太快。

根据能量守恒方程，Rothermel 得出林火蔓延速度公式如下：

$$R = \frac{I_R \xi}{\rho_b \varepsilon Q_{ig}}(1 + \phi_w + \phi_s)$$

式中，R 为林火蔓延速度，m/min；I_R 为火焰区反应强度，kJ/(min·m^2)；ξ 为林火蔓延通率（无因次）；ϕ_w 为风速修正系数；ϕ_s 为坡度修正系数；ρ_b 为可燃物的密度，kg/m^3；ε 为有效热系数（无因次）；Q_{ig} 为点燃单位质量的可燃物所需的热量，kJ/kg。

7. 树冠火蔓延参数

本书选用了 Van Wagner（1977—1993 年）的树冠火蔓延模型，这个模型定义了树冠火发生的临界火线强度 I_0（单位：kW/m），计算公式如下：

$$I_0 = [0.010CBH(460 + 25.9M)]^{3/2}$$

其中，M 指树叶的湿度；CBH 指树冠基底高，m，在本书中，CBH 用枝下高代替。

如果在第 i 个节点地表火的强度达到或超过 I_0，将引发树冠火。树冠火的类型依赖于主动树冠火的开始速率 R_{AC}，计算公式如下：

$$R_{AC} = 3.0/CBD$$

其中，CBD 是树冠的密度（kg/m^3）；3.0 是个经验值，由树冠层连续火焰的临界流动速度和转换因子相乘得到。Van Wagner 鉴定了由 I_0 和 R_{AC} 定义的三种树冠火，由于最后一种是独立树冠火，非常稀少，因此本书只集成了两种：

（1）被动树冠火（$I_b \geq I_0$，$R_{cactual} < R_{AC}$）；
（2）主动树冠火（$I_b \geq I_0$，$R_{cactual} \geq R_{AC}$）。

被动树冠火的速率假定和地表火的速率相等。第 i 个节点实际主动火的蔓延速率

R_cactual（单位：m/min）计算公式如下：

$$R_\text{cactual} = R + CFB(3.34R_{10}E_i - R)$$

其中，R_{10} 代表平均树冠火的蔓延速率（单位：m/min），可通过经验得到，其前面的系数用来确定最大树冠火蔓延速率；E_i 指在第 i 个节点计算树冠火的火头蔓延速率（$E_i \leq 1.0$），本章中 E_i 为 i/n，n 指总的节点数目，CFB 指被烧的树冠，其计算公式如下：

$$CFB = 1 - e^{\frac{\ln(0.1)}{0.9(R_{AC}-R_0)}(R-R_0)}$$

$$R_0 = I_0 \frac{R}{I_b}$$

树冠火的强度 I_c（单位：kW/m）计算公式如下：

$$I_c = 300[I_b/300R + C_{FB} \times CBD(H - CBH)]R_\text{cactual}$$

其中，H 指树冠高度（单位：m）；地表可燃物和树冠可燃物的热容都被假定为 18 000 J/kg。

综上所述，影响树冠火发生的因子有 I_b、M、CBH 和 CBD。本书中使用的数据定义图解如图 2-6-2 所示。如果模型的输出和观察的不一致，可调整可燃物模型、CBH、CBD 和 M。

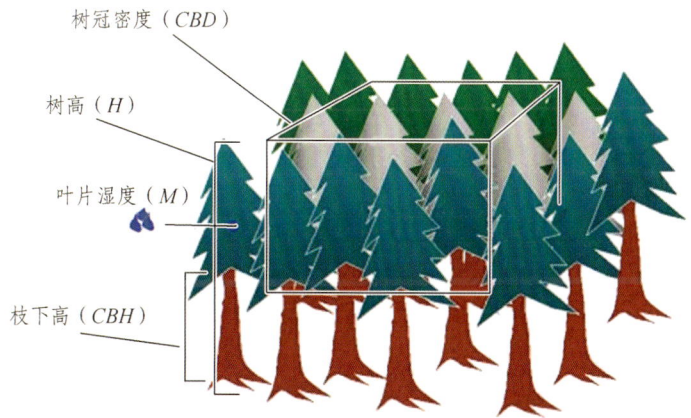

图 2-6-2　树冠火的输入数据定义图解

8. 林火的加速影响参数

这里假定可燃物环境恒定时，将给定火源蔓延速度的增长称作林火加速。

假定 T 时刻的林火蔓延速率 R_t 仅依赖在当前条件下允许到达最大蔓延速率需要的时间，点火源的简单指数公式如下：

$$R_t = R(1 - e^{-a_a t})$$

这里 R 指平衡时的蔓延速率（单位：m/min）；t 指消逝的时间（单位：min）；a_a 指决定加速速率的常量，a_a 可根据可燃物类型调整，对于点火源，a_a 的经验值为 0.115 时，能在 20 分钟内到达 R 的 90%，线形火源加速更快，a_a 为 0.300 时能在 8 分钟内达到 R 的 90%。

对于树冠火：

$$a_a = a_a - 18.8 CFB^{2.5} e^{(-8CFB)}$$

经过一段消逝时间 t，蔓延距离 D 的计算如下：

$$D = R\left(t + \frac{e^{-a_a t}}{a_a} - \frac{1}{a_a}\right)$$

为了控制模拟时的时间和空间分辨率，有必要计算在当前速度下林火通过给定距离的时间，提供新的平衡蔓延速率。这里通过反复计算 R_t 和 D 得到。在每个反复中，时间 t 根据（D，D_t）/R 的比率减少，直到（D，D_t）为 10~6。D_t 指在当前条件下到达当前蔓延速率需要的距离加上在下个时间段（D_{t+1}）的期望距离：

$$D_t = R\left(T_t + \frac{e^{-a_a T_t}}{a_a} - \frac{1}{a_a}\right) + D_{t+1}$$

T_t 指在一定条件下到达当前蔓延速率所需要的时间：

$$T_t = \ln(1 - R_t / R) / a_a$$

林火被假定遇上产生更慢的林火蔓延速率时，立即减速。

9. 多参数的连续化模拟

坡度、坡向、风向、风力、湿度、温度、可燃物类型和载量等都是影响蔓延计算的参数，利用数字地形模型信息提取技术、遥感同化反演技术，实现这些参数的连续化模拟表达，建立参变量场，用栅格数据模型，将这些参数表达在栅格质点上，从而实现连续化变量支持下的模拟运算，提高预报精度。

2.6.3 计算机处理实验

最初的矢量模型假定林火在未知的、均一的可燃物上，依据已定义的蔓延法则蔓延，蔓延形状为标准的几何形状，如椭圆形。如果燃烧条件是均一的，能使用一个简单的形状来估计林火形状大小、面积和周长，当遇上小面积的改变时使用不规则碎片形。这个模型具有一定的局限性。后来出现了更复杂的矢量模型——基于 Huygens 的波动原理模型。这个原理模型假定一个波能从它的外边缘的节点开始蔓延，作为更小蔓延的独立火源，来解决在一定时间内火头的位置问题。通过计算节点蔓延方向、蔓延速率等信息，得到节点在下一时间的步长位置，即可得到过火面积。

近几年，用 Huygens 原理模拟林火蔓延取得了极大成功。Huygens 原理始于 17 世纪，起初是由荷兰的科学家用来描述光波的，后来开始被人们用来进行林火蔓延模拟。1990 年，Richards 提出了一个用 Huygens 原理模拟林火蔓延较成熟的模型。该模型解决了蔓延周边上的顶点在下一时间步长的蔓延速度、方向及顶点上椭圆形方向的前火头、侧火头和后火头的尺寸问题。1986 年，FARSITE 林火计算系统改进了 Richards 模型，即用动态步长取代恒定步长实现林火的蔓延计算。1995 年，Richards 对模型简化并扩展了林火蔓延的形状（如双纽线和双椭圆形等）。FARSITE 依据 Rothermel 的最初林火蔓延模型，描述了不同的地形、可燃物、天气状况下林火的时空蔓延，已为很多决策者使用。但是，FARSITE 包含一系列的限制和假设（如同质可燃物、林火蔓延的椭圆形状），除此之外，它使用了简单的天气和风输入。这些限制就影响了模拟的精度，特别是在复杂险峻的地形上模拟效果相对较差。

国内蒋礼、阳柳等利用分形理论的自相似原理模拟林火蔓延形状，李建薇等模拟了以马尾松、杉木为主的森林中的地表火的蔓延。

1. 模拟实验平台

基于框架模型和定量化参数场，以美国的 Arc/Info 地理信息系统为工具，基于底层栅格运算的开发环境和地图代数逻辑运算代数模型、AML 宏语言、地图运算与管理功能，构建原型系统及算法，实现林火蔓延预报模型的试算与应用。

2. 基本思想

以 Huygens 原理为基础，综合考虑地形、气象、可燃物对林火蔓延的影响，结合国际上成熟的林火行为模型思想，在云南省林火研究的基础上，通过模型参数的改建，设计一套符合云南省特殊地形地貌和目前研究现状的参数，模拟和预测云南省地表火、树冠火、林火加速发生和蔓延过程。

3. 坡度因子模拟计算的处理

云南省复杂的地形影响了林火的蔓延，有"打火打地形"的说法。在地形因子中，坡度因子是最重要的因子。它不仅影响了地表火和树冠火蔓延的形状和方向，而且当坡度超过40°时，上山火的蔓延形态呈跳跃式发展从而产生飞火；当坡度大于35°时，坡顶燃烧的可燃物容易滚落，引燃山脚未燃的可燃物，产生新的火场。

但在计算机存储时所有多边形的节点均以平面坐标形式存储。所以，本书特别进行了坡度的转换，考虑了林火在斜面上的蔓延。这里使用Arcinfo的slope函数提供的算法计算坡度因子，其取值范围是0°~90°，具体的转换算法见后续的技术要点分析。

4. 风因子影响的计算处理

空气在水平方向上运动成为风，风速指单位时间内空气在水平方向上流动的距离。风因子很大程度上决定了林火蔓延的速度，特别在云南省的很多地方，由于地形复杂，大气候对林火蔓延的影响较小，小气候影响反而较大。由此，考虑了地形（如山脊、山谷、坡度）对风因子的影响，算法见后续的技术要点。

5. 可燃物因子影响的计算处理

依据Rothermel模型，在林地内直径大于8 cm的粗大的死地被物对地表火蔓延的影响较小。因此，根据云南省的具体情况，把引发地表火的可燃物分为以下四个级别：

（1）腐殖质：位于细小可燃物下层的，处于分解及半分解状态的地被物。可燃物粒子直径为0~0.6 cm。

（2）细小可燃物：在林地内直径小于7 cm的失活的、处于未被分解状态的地被物。可燃物粒子直径为0.6~7 cm。

（3）活的草本层：处于灌木层下方，生长有草本的活地被物；活的草本层湿度的变化对林火蔓延有较大的影响，所以它决定了可燃物模型的类型（静态或动态）。

（4）活的低矮木本层：因生境恶劣或其他原因生长的低矮灌木型的乔木树种以及胸径小于2 cm的小杂竹丛的活地被物。

由于Rothermel模型的参数很多，很多参数需要长期的研究才能获取，而且国际上很多研究证明了有些参数之间具有相似性,可以近似用某个常量代替。因此,在云南省目前林火的研究基础上,地表火可燃物模型参数包括:模型的类型、每类可燃物各个级别可燃物的载量、表面积-体积比、湿度;每类可燃物的燃烧床深度、失活的可燃物林火消失湿度。消失湿度是指死的可燃物的平均可燃物湿度,它是林火蔓延的重要影响因子。未列出来的参数在整个过程中均为常数——可燃物粒子的矿物质(碳)含量是 5.55%,有效矿物质含量是 1.00%,烘干可燃物粒子的密度为 512.59 kg/m³,低热容量为 18 606.70 kJ/kg,细小可燃物的 SAV 为 148 m^{-1}。

树冠火模型的参数包括:树高、叶片湿度、枝下高、郁闭度(盖度)。对于草本:点状林火加速的参数 a_a 为 0.115,t 为 20.02 min,线状 a_a 为 0.409,t 为 5.03 min;对于其他可燃物类型:点状 a_a 为 0.123,t 为 18.72 min;线状 a_a 为 0.300,t 为 7.68 min。

由于在上述地表火参数中,活的草本层湿度以外的参数对林火行为的变化影响不大,且在特定的区域环境下具有规律性和差异性小的特性,可以建立不同可燃物类别的可燃物参数。但活的草本层在可燃物湿度为 30%或更低时完全转为死的可燃物载量,在湿度为 120%或更高时,载量完全不变;在 30%~120%时,随着湿度动态变化,而且它的变化很大程度上影响了蔓延速率的变化。如图 2-6-3 所示为动态可燃物模型过程图示。因此,本书考虑了这些方面的影响,具体的设计和算法见后面的技术要点分析。

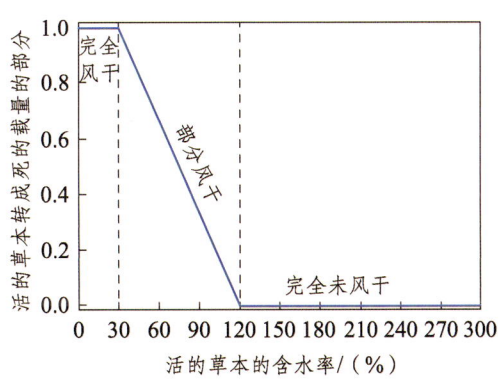

图 2-6-3　动态可燃物模型过程图示

6. 坡度转换

需要在进行蔓延模拟前,将平面坐标转化成斜面坐标,而计算完毕待储存时又将斜面坐标转成平面坐标。如图 2-6-4 所示为坡度转换图示。

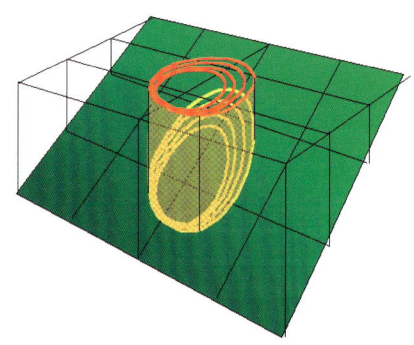

图 2-6-4　坡度转换图示

（1）平面坐标转换成斜面坐标。

对于火头的每个节点坐标（x_i，y_i），计算公式如下：

$$x_s = (x_{i-1} - x_{i+1}) \pm D_i \sin \omega_i$$

$$y_s = (y_{i-1} - y_{i+1}) \pm D_i \cos \omega_i$$

其中，（x_{i-1}，y_{i-1}）指第（$i-1$）个节点的坐标，（x_{i+1}，y_{i+1}）指第（$i+1$）个节点的坐标；ω_i 指第 i 个节点的坡向（弧度）；D_i 指上一个节点（x_{i-1}，y_{i-1}）和点（x_{i+1}，y_{i+1}）的平面距离和在第 i 个节点坡向方向平面上的倾斜距离的差值。D_i 计算公式如下：

$$D_i = [(x_{i-1} - x_{i+1})^2 + (y_{i-1} - y_{i+1})^2]^{1/2} \cos \delta_i (1 - \cos \phi_i)$$

$$\delta_i = \arctan \left(\frac{\tan \left(\omega_i - \arctan \left(\frac{y_{i-1} - y_{i+1}}{x_{i-1} - x_{i+1}} \right) \right)}{\cos \phi_i} \right)$$

其中，ϕ_i 指第 i 个节点的当地坡度（弧度）；其余的参数与前面相同。

（2）斜面坐标转化成平面坐标。

其转换思想相反，计算公式如下，参数和前面的相同：

$$X_t' = X_t \pm D_r \sin \omega_i$$

$$Y_t' = Y_t \pm D_r \cos \omega_i$$

$$D_i = [X_i^2 + Y_i^2]^{1/2} \cos[\omega_i - \arctan^{-1}(Y_i / X_i)](1 - \cos \phi_i)$$

7. 风场模拟与改正

风是空气运动的表征，输送着不同属性的气团，产生热量和水分的交换，对气候的形成和变化有着重要作用。风场是指风向、风速的分布状况，不同的风场可表现不同的天气过程。按照大气运动系统的水平范围，可把大气运动分为大、中、小、微四类尺度。大尺度系统水平范围为几千千米，如大气长波、大型气旋和反气旋等；中尺度系统水平范围为几百千米，如台风、温带气旋等；小尺度系统水平范围为几千米到几十千米，如雷暴、山谷风等；微尺度系统水平范围为几百米至几千米，如龙卷风、积云单体等。

地球表面上的地形总体上可划分为平坦地形和复杂地形两大类。在复杂地形上的中小尺度风场的研究中，气流分布的影响因素很多，包括环境流场、近地层的物理过程、下垫面特征等。在地形较为复杂的地区，地面条件如地形起伏、海陆水陆交界、下垫面的地形条件或者降水和云量的不均匀分布，都可能造成中、小尺度大气运动状况的改变。这种情况下的风场研究，地形的影响非常关键。

近年来，复杂地形条件下低空风场的研究日益受到人们的重视，在很多领域都进行了复杂地形条件下低空风场的分析与模拟，并且取得了一定的成果。在风资源评估、气象预报、临近空间飞行器的设计、大气污染物浓度分布、森林火灾的控制等方面均有很多研究成果。风场的研究对于森林火灾的控制和预防有重要的意义。

目前，国内外对山地等复杂地形条件下的低空风场进行了许多研究，主要分为预测模式和诊断模式。预测模式是基于时变的大气动力学模式方程建立的，给定初、边界条件，可以预测未来的气象状况。诊断模式主要是在离散点观测资料的基础上进行诊断，得到风场的高分辨率资料，是对过去或给定状态的静态描述。

（1）预测模式。预测模式在山地等复杂地形条件下的研究成果较多，如杨振斌等（2004年）对北京大学的准静力模式进行改进，实现了理想地形条件下的数值模拟。将其与准静力模式模拟比较，该模式能够模拟气流遇到山体出现的阻塞、山顶加速、峡谷效应。陈东等（2005年）设计了基于有限元方法的中γ尺度复杂地形条件下的三维非静力边界层风场数值模式。对河南省登封市阳城工业区及周围地区进行了一小时的风场模拟，通过与观测站点实测风速比较，该模式对峡谷地形的加速作用、山体的抬升与绕流均有较好的模拟。曾雪兰等（2008年）采用了NASA发布的3秒分辨率

（90 m）的 SRTM DEM 数据作为下垫面地形数据，利用中尺度大气模式 MM5 对以广东省为中心的风场进行了数值模拟，通过与观测站点实测风速比较，该方法对风速模拟误差有所减小，但改善程度并不显著。

总的来说，预测模式是基于大气动力和热力学方程组建立的，物理意义清晰，能够模拟大、中尺度风场的运动和变化特征，体现了山地复杂地形对低空风场的部分影响。但和观测站点的实测风速比较，模式模拟精度有限，要求许多初、边界条件，且受温度、积云等气象因素影响，计算较为复杂，时间较长。

（2）诊断模式。对山地风场的诊断模式研究方法分为三类：第一类是利用理论模式对过山气流湍流结构和应力变化进行探讨。袁春红等（2002 年）应用 GUIDE 模式，综合考虑地表粗糙度、测风高度、地形参数等因子对风速的影响，对距山顶 10 m 处 10 min 平均最大风速和平均风速进行了模拟试验，取得了较高精度的模拟山地风速。王桂玲等（2006 年）利用质量守恒风场调整模式和连续误差订正方法，对北京地区三维风场进行了模拟，分析了该地区冬、夏两季的近地层平均水平流场、垂直流场的变化和局部地形扰动状况，得到复杂地形上的城市地区低层风场特征。

第二类方法是利用已有的气象站点实测风场资料进行插值，从而模拟山地风场。最基本的方式是采用以距离为权重的内插方法：

$$w(r) = \left\{ \begin{array}{l} \left(\dfrac{R^2 - r^2}{R^2 + r^2}\right)^m \\ 0 \end{array} \right.$$

$$w(r) = \dfrac{1}{r^2}$$

其中，r 为待求点与测站之间的距离；R 为影响半径；m 为大于 1 的整数。

该方法未考虑山区复杂地形起伏对风场的影响。因此，余琦等（2001 年）通过在权重函数中增加了一个反映地形起伏变化程度的因子 h，将其与距离因子结合形成新的权重函数，从而对风场进行诊断，即：

$$W(r, h) = \dfrac{1}{r^a h^b}$$

其中，r 为待求点与测站之间的距离；h 为气象测点与待求点之间地形高度变化的总量。

这种诊断方法模式简单，计算时间短，考虑了地形的起伏变化对风矢量相关性的影响，因而适用于起伏地形上的风场计算。

随着 GIS 空间分析及建模技术的发展，近年来，山地风速受地形影响因素的模拟和订正有了较大的提高，充分利用 DEM 数据提取一些对山地低空风场有影响的地形因子参与模拟分析。如史同广等（2007 年）用垂直风速廓线方程得到平坦地形下的风速分布，在傅抱璞各种地形条件下、不同部位 2 m 高度的风速与开阔平坦地风速比值研究成果的基础上，结合海拔高度、坡度、坡向、坡位等地形要素对风速进行订正，实现了起伏地形条件下风速空间分布的模拟。高阳华等（2008 年）基于余琦等提出的起伏地形条件下风场内插模型进行插值，再用垂直风速廓线方程对迎风坡的数据进行订正，模拟和分析了重庆市的风速分布。

第三类方法是利用雷达数据进行三维风场反演。蒋立辉（2006 年）提出了针对激光雷达圆锥扫描的空间几何法反演风场。余艳梅（2008 年）提出了一种基于风场均匀分布假设的 VVP 算法，对气象雷达三维风场进行了反演。雷达反演的风场具有很高的时空分辨率，但目前对多普勒风场反演技术还有待进一步深入研究。

但不论是预测模式还是诊断模式，这些方法通常只考虑到了海拔对风场的影响，有关坡度、坡向等小地形因子对风场的影响研究较少，而对于微尺度和像元尺度山地风场模拟，特别是山地近地表风速的模拟研究中，小地形因子和其他气象因素的影响是不可忽略的。因此，综合利用 GIS、RS 技术提高小地形因子等影响因素的提取精度，应用一些基于 GIS 的数量方法，如空间自回归分析、地理加权回归分析，以及一些非线性理论分析方法，如神经网络法、支持向量机等研究方法，可能会对微尺度和像元尺度山地风场模拟有所改进，提高山地风场的模拟精度。

8. 主风方向效应指数与近地风

地形条件是固定不变的，而风向则会因时因地而异。在山区，坡向是影响近地表风速的重要因素之一，有很多学者进行了这方面的研究，如傅抱璞在南京方山的一个基本对称的馒头形小山上观测了离地面 2 m 高度处的风速分布，得出了如下结论：当山顶的风速超过 7 m/s 时，向风面底部的风速只有 3~4 m/s，而背风面底部的风速小于 2 m/s，同时与风向垂直的山岗两侧的风速比背风面底部和向风面底部的风速大，在山两侧的中部出现两个风速的次大值区（为 5~7 m/s）。这表明在孤立小山上，地面附近的风速分布是：山顶最大，与风向垂直的两山腰次之，而背风坡底部最小。由此可见，坡向和主导风向之间的角度构成了影响山地近地表风速的一个关键因素，孙鹏森等在研究岷江流域上游地区降水空间分布中提出了主风方向效应指数（Prevailing Wind-direction Effect Index，PWEI）。该指数主要通过坡向和主导风向两个因子建立：

$$PWEI = \begin{cases} \cos[\pi \cdot (\alpha - \beta + 360)/180] + 1 & (0° \leqslant \alpha < \beta) \\ \cos[\pi \cdot (\alpha - \beta)/180] + 1 & (\beta \leqslant \alpha < 360°) \end{cases}$$

式中，α 为某点的坡向，β 为主导风向。$PWEI$ 的值域区间为[0~2]，[0~1]范围为背风坡，[1~2]范围为迎风坡，当坡向为 β 时，$PWEI$ 达到最大值2.0。

基于 DEM 数据，提取研究区域的主风向效应指数。步骤如下：

（1）基于 DEM 高程数据提取坡向数据，如图 2-6-5 所示为坡向分布图；

（2）研究区主导风向为西南风，β 取值为 225；

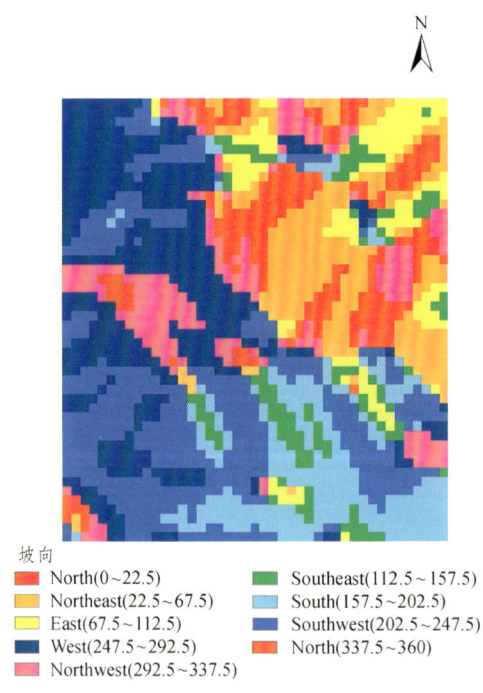

图 2-6-5　坡向分布图

（3）提取研究区域的主风方向效应指数，如图 2-6-6 所示为主风方向效应指数分布图。

2.6 山火蔓延预报模型研究

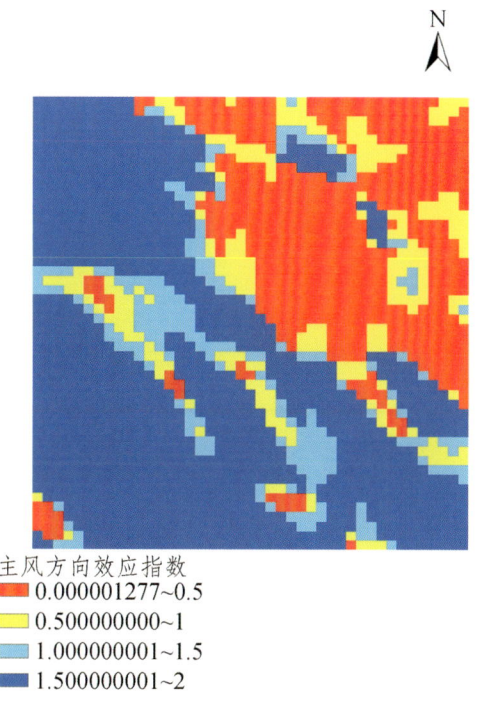

图 2-6-6　主风方向效应指数分布图

9. 坡　度

地表面任一点的坡度是指过该点的切平面与水平面的夹角。坡度表示地表面在该点的倾斜程度。地面上每一点都有坡度，它是一个微分的概念，是地表曲面函数 $z=f(x,y)$ 在东西、南北方向高程变化率的函数。实际应用中，坡度有以下两种表示方法：

（1）坡度：水平面与地形面之间的夹角。

（2）坡度百分比：高程增量与水平增量之比的百分数。

基于 DEM 高程数据提取研究区坡度，如图 2-6-7 所示为坡度分布图。

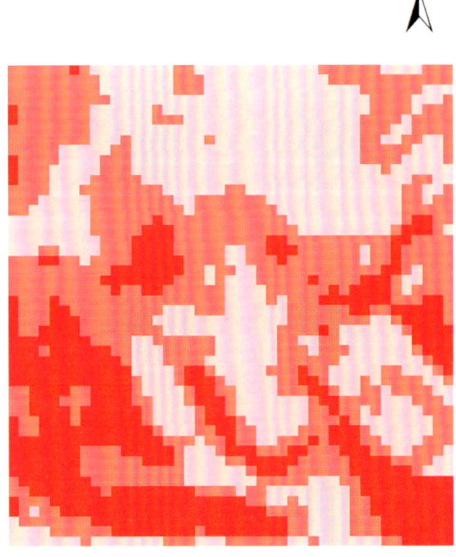

图 2-6-7　坡度分布图

10. 海拔作用

在山地中，坡地上的风随着海拔高度的抬升而增大。为了反映海拔高度的影响，一些文献分析了山区风速与海拔高度的关系，并给出了关系式。李兆元、傅抱璞选取了全国 16 个附近有平地的观测站做对比的山顶观测站的风速资料，求出山顶风速 u 与山下平地风速 u_0 的比值 u/u_0，与二者相对高差 H 的关系，得到：

$$\frac{u}{u_0} = a - be^{ch}$$

上述结果表明山区海拔对风速的影响比较重要。

本节所用高程数据由 1∶50 000 地形图数字化后生成，研究区海拔分布如图 2-6-8 所示。

2.6 山火蔓延预报模型研究

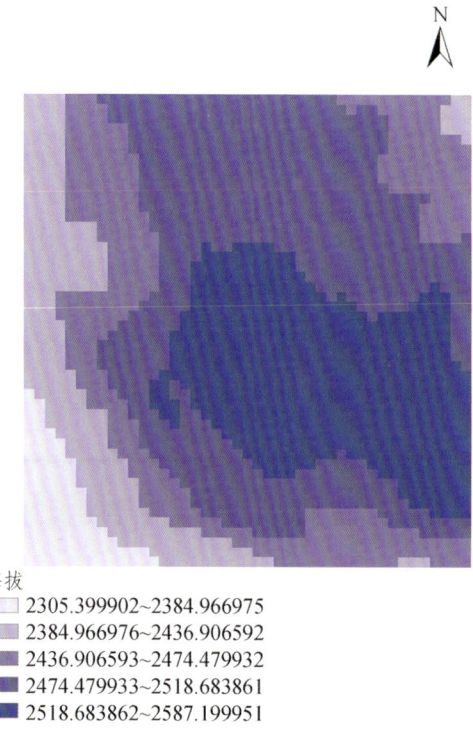

海拔
- 2305.399902~2384.966975
- 2384.966976~2436.906592
- 2436.906593~2474.479932
- 2474.479933~2518.683861
- 2518.683862~2587.199951

图 2-6-8 海拔分布图

11. 平面曲率作用

地面曲率是对地形表面扭曲变化程度的定量化度量因子，地面曲率在垂直和水平两个方向上的分量分别称为平面曲率和剖面曲率。剖面曲率是指对地面坡度沿最大坡降方向地面高程变化率的度量，平面曲率描述的是地表曲面沿水平方向的弯曲、变化情况，即该点所在的地面等高线的弯曲程度。平面曲率为正值意味着该单元表面向上凸出；平面曲率为负值则意味着表面下凹；平面曲率为 0 则意味着表面为平面。

基于 DEM 高程数据提取研究区平面曲率，提取结果如图 2-6-9 所示。

12. 测试数据采集

通过采集的 2006 年度云南安宁 3·29 森林火灾 11 天中的空间蔓延数据，并结合 GIS 系统，以及各种地理、气象因子、可燃物因子进行叠加分析，进行空间数据采样，最终获得表达测报因子与火灾蔓延速度之间的样本数据集。

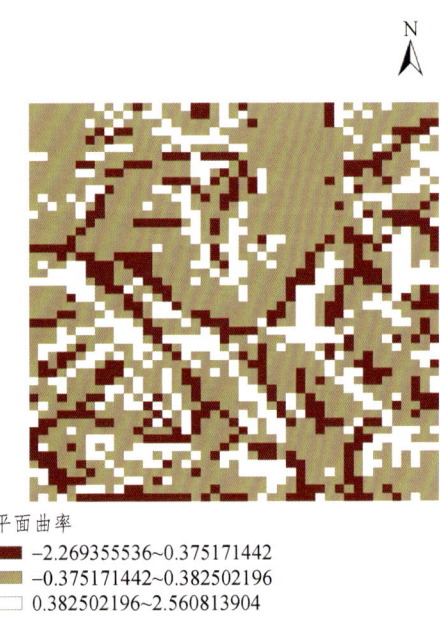

图 2-6-9　平面曲率分布图

　　直升机火情侦察是获得火场真实蔓延状况及现场数据的基本方法。本书中收集了 11 天中上午 9 时的飞机侦查的蔓延标绘测地图。如图 2-6-10 所示为 4 月 5 日飞机观测的火场地图。直升机火情侦察地图标绘于地形图上，定义了火场大小、面积和坐标系统。对火场地图进行彩色扫描；基于公里网格坐标进行几何配准；利用 GIS 系统进行矢量化采集、建库，获得了 9 天 24 小时的火灾蔓延现实数据。

13. 火场蔓延的比对检验

　　查找中国资源卫星图像档案，获得了该火灾期间的 6 日卫星存档数据，经过几何精度纠正和坐标配准，与飞机侦查的数据进行可视化理解和比对，结果显示两种数据高度吻合，证明飞机侦查数据准确可靠。

　　将山火蔓延态势与地形图叠加，依据地形图上的距离、方向、高程，以及坡度、坡向和可燃物等参数，进行测报因子的作用分析，为选择测报因子提供依据。如图 2-6-11 所示为安宁火场 9 天的蔓延数据叠加图。

2.6 山火蔓延预报模型研究

图 2-6-10　4 月 5 日飞机观测的火场地图

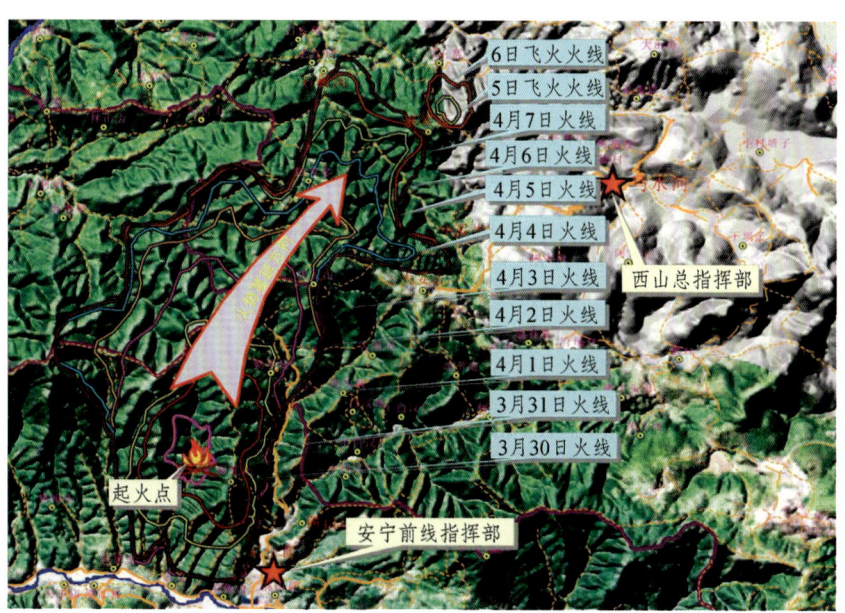

图 2-6-11　安宁火场 9 天的蔓延数据叠加图

14. 回归模型估算

以 SPSS 软件为工具，以以往的森林火灾（2006 年云南安宁火灾持续 10 天）的实测数据为样本数据，选择火的蔓延方向，结合环境数据，构建速度与其他时间参量数据的集合，利用样本数据进行回归分析，分别得出火头方向和蔓延速度最快的方向、火尾方向的蔓延速度模型。分 24 小时的多个时刻，研究空间蔓延距离和时间的关系，在 GIS 系统中进行分析处理，计算出理论蔓延距离，与计算机离散化的蔓延模拟情况进行对比分析，以验证模型的有效性。如图 2-6-12 所示为沿主蔓延方向的条带样本采样示意图。

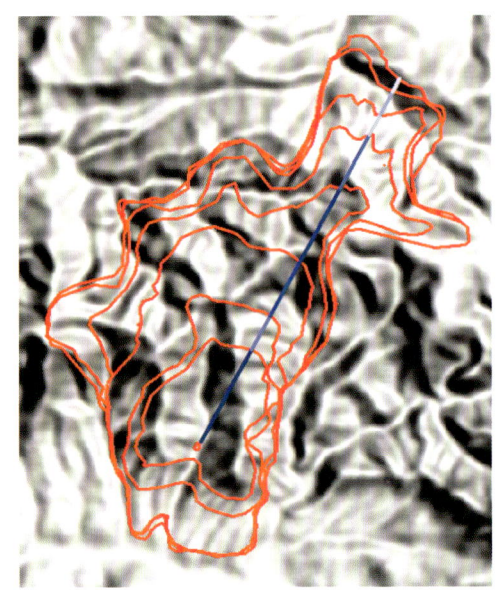

图 2-6-12　沿主蔓延方向的条带样本采样示意图

15. 建模分析

固定主风向 38°，对 3 月 31 日至 4 月 7 日每日火线进行采样，获取每日火蔓延距离，再除以 24 小时，可得到每日蔓延的平均速度。以 DEM、坡向、坡度为基础地理信息数据，统计每日采样带上的平均数据作为火蔓延平均速度拟合的自变量。通过散点图可知，蔓延速度和坡向的线性相关性最大，$R_2 = 0.67$，其次为坡度，最小为海拔。

去除 1 个异常点之后，建立火蔓延平均速度与海拔、坡向、坡度 3 个地形因子之间的线性回归模型如下：

蔓延速度 = 303.773

0.123 × 海拔 + 0.297 × cos（坡向 − 38）

1.483 × 坡度 × Sign[cos（坡向 − 38）]

该模型 $R = 0.94$；F 检验 Sig.值为 0.064 < 0.05，说明该方程通过置信度为 95%的显著性检测。但是自变量系数检验中，仅坡向的 t 检验通过了 95%的显著性水平检验，自变量及海拔的 t 检验显著性水平仅在 90%左右，而坡度 t 检验的 Sig.值最大，未通过 90%的显著性水平检验。原因可能是研究以日为统计单位，并计算火蔓延的距离和速度，导致每日的坡度平均值相似而与蔓延速度相关性较低。模型汇总情况如表 2-6-1 所示。

表 2-6-1 模型汇总

模型汇总				
模型	R	R 方	调整 R 方	标准估计的误差
1	0.924[a]	0.853	0.780	10.407 523 3

a. 预测变量：（常量），坡向，海拔

Anova[b]						
模型		平方和	df	均方	F	Sig.
1	回归	2 521.263	2	1 260.632	11.638	0.022[a]
	残差	433.266	4	108.317		
	总计	2 954.529	6			

a. 预测变量：（常量），坡向，海拔
b. 因变量：速度

系数[a]						
模型		非标准化系数		标准系数	t	Sig.
		B	标准 误差	试用版		
1	（常量）	217.258	93.057		2.335	0.080
	海拔	−0.095	0.042	−0.453	−2.279	0.085
	坡向	0.281	0.060	0.935	4.707	0.009

a. 因变量：速度

山火蔓延趋势分析：利用实时的卫星监测数据，动态跟踪提取图像火场，并模拟火场形状和预报火场发展动态，为扑救指挥提供实时数据参考。

2.6.4　GIS 平台下模拟计算示例

以惠更斯理论框架模型为基础，对风场、可燃物场、地表温度、湿度、坡度坡向进行连续化表达和模拟，并设计 GIS 系统的模块，利用改进模型进行模拟计算，实现蔓延预报。

1. 每个火头小椭圆的尺寸确定

通过计算椭圆的长轴和短轴比（LB），然后计算前火头和后火头，最后得到椭圆的参数：

$$LB = 0.936e^{(0.256\,6U)} + 0.461e^{(-0.154\,8U)} - 0.397$$

其中 U 为风速。

前火头和后火头的比值公式为：

$$HB = [LB + (LB^2 - 1)^{0.5}]/[LB - (LB^2 - 1)^{0.5}]$$
$$a = 0.5(R + R/HB)/(LB)$$
$$b = (R + R/HB)/2.0$$
$$c = b - R/HB$$

2. 交叉的处理

尽管在完成林火行为模型时是可靠的，矢量技术在本质上不能区分已烧和未烧的区域。在模型的运行过程中，经常会出现交叉，如果继续运行而不检查错误，将导致复杂的循环和打结。所以那些交叉必须去除，保存火头有意义的部分。交叉处理前后对比如图 2-6-13 所示。这种情况代表了方向旋转排列的周长区域，可以结合 dissolve 函数解决该问题。

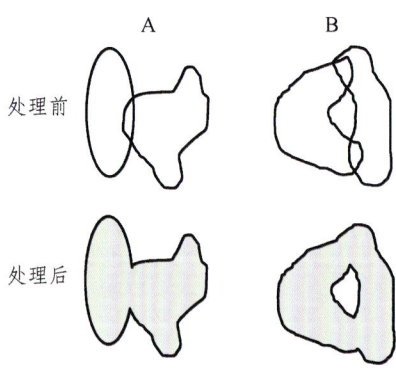

图 2-6-13　交叉处理前后对比

3. 火的合并

如果模拟的不止一个火,不同的火多边形将被合并,通常在最后进行合并。合并处理前后对比如图 2-6-14 所示。

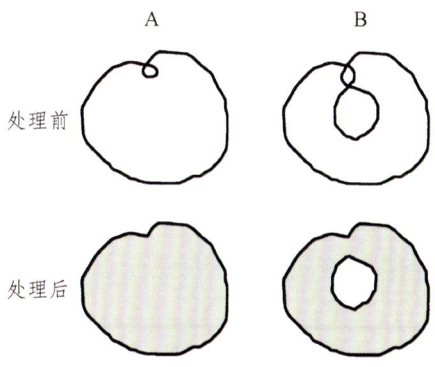

图 2-6-14 合并处理前后对比

模拟计算结果表明,蔓延模拟预报可实现稳定运行,能表达火场时空动态变化,但模型和方法可靠性还有待深入研究。由于复杂地表上火灾演变过程非常复杂,无法证明其正确性,需要采用多种计算机模拟方式和多种参数输入模式,进行演算及可视结果分析,以拟合一种最佳的蔓延模拟算法。如图 2-6-15 所示为 GZS 平台下的演算结果示意图。

坡向是火灾蔓延的主要影响因子。该火场从低海拔的南部螳螂川边附近,主要沿风向、坡向向着东北方向蔓延。该区域北部较低,南部是逐级向上的山坡,所以,顺着上坡向上,有利于火场的快速蔓延。相反,逆着坡向,火蔓延距离非常短,且为同日向山坡蔓延的五分之一到十分之一不等。所以,上坡火蔓延速度是下坡火的若干倍。坡向是决定或蔓延速度的关键因子。

温度、地表湿度及环境是影响火蔓延的影响因子。从蔓延模拟结果可以看出火蔓延中的不燃区和易燃区。在低凹的沟谷区,往往可燃物不会燃烧,形成了火场燃烧和过火区域的"花脸"现象,未燃的花脸区,都位于沟谷区,这些区域地表湿度大、地表温度低、多分布含水量高的阔叶林。相反,在突出的山坡和山脊带,火的平均蔓延距离长,蔓延速度快。所以,山地的微气候决定了温度、湿度分布和可燃物类型分布,是影响火蔓延速度,甚至是决定森林是否可燃的因子。

坡度是影响火蔓延的重要因子。对比主风向和坡形起伏状况,对坡度的影响进行分析,在坡度大的上坡火区域,其蔓延距离往往大于下坡火区域,所以,坡度是影响火蔓延的因子之一。

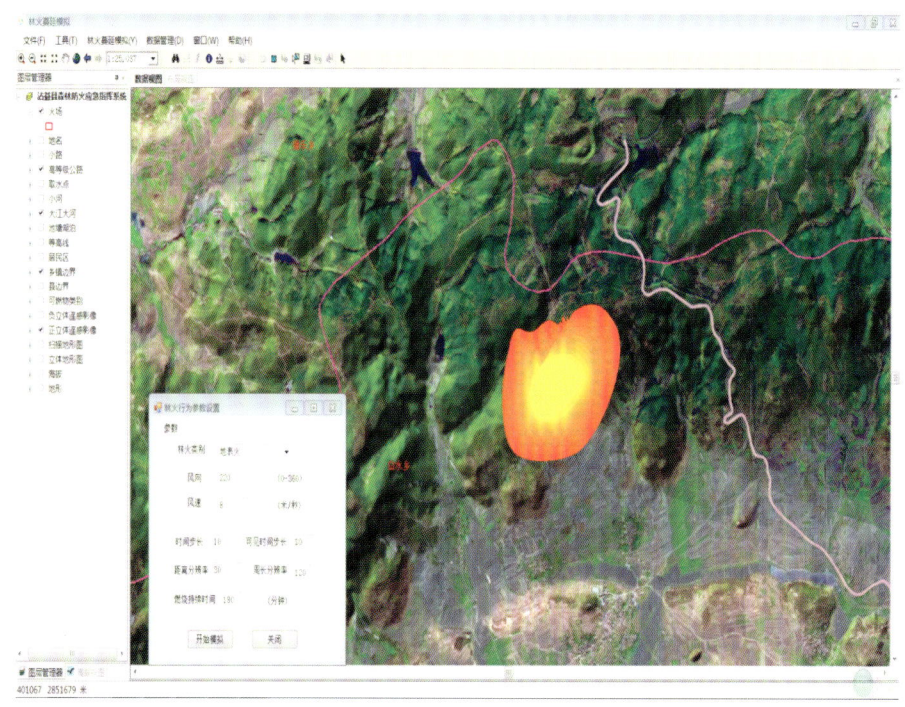

图 2-6-15　GIS 平台下的演算结果示意图

可燃物种类及其易燃性也是影响火蔓延的重要因子。由于可燃物的叶片大小及枝干粗细不同，导致其影响火蔓延的作用程度不一样。对比蔓延距离，可看出，火场蔓延发展的初期，即火场中下部区域，其周边的可燃物是栎类杂灌，其枝条细小、叶子密集，所以初期几天燃烧发展快、蔓延速度快；火灾发展后期，即火场上部区域，可燃物为乔木类可燃物，火蔓延速度明显减小。另外，地表潮湿、低温区的可燃物难以燃烧，被烧成"花脸"，所以可燃物种类也是制约火蔓延的要素之一。

2.6.5　元胞自动机模拟林火蔓延研究

元胞自动机（Cellular Automata，CA）模型，一开始被 Von Neumann 引进，后已经被成功用于模拟物理系统和过程。它是定义在一个具有离散、有限状态的元胞组成的元胞空间上，按照一定局部规则，在离散的时间维上演化的动力学系统。它由元胞、元胞空间、邻域、规则、状态和时间构成。它可以将复杂的地理现象离散化，达到动态模拟的目的，在林火蔓延预测中有良好的应用前景，且很适用于与 GIS 技术结合解决问题。目前，它仍处于研究探索阶段。

近几年，林火蔓延 CA 模型的元胞常用的是正方形。每个单元被赋予一个林火蔓延速率，该值以此单元格中心点的速率为代表，决定此单元被完全燃烧所需要的时间。由于以随机方程为基础的局部规则模拟效果差，研究学者试图通过改进局部规则、相邻单元、时间步长、网格划分等方面来提高林火模拟效果。对固定元胞大小的模拟、如果出现火形状的几何变形或与实际不符，则在林火蔓延计算中，需要通过增加邻近元胞的数量来减少变形。针对传统 CA 模拟仿真存在计算费时且元胞大小固定造成效率低下等情况，Barros 对传统的 CA 进行了改进，通过动态改变 CA 的结构和状态并只计算和刷新林火蔓延区域范围内单元的方法，提高了 CA 模拟林火的能力。最近，出现了采用离散事件的 D.E.V.S 或 CELL‐D.E.V.S.形式进行林火蔓延建模。

在国内，宋卫国等用元胞自动机模型，构建一个布尔型的网格，用来研究整数型森林火灾模型的自组织临界性；黄华国等提出了一个三维曲面的元胞自动机模型，并开发了相应的软件系统，更形象地模拟林火；唐晓燕等提出了基于栅格结构的林火蔓延模型实现的相关研究。

1. 元胞自动机蔓延模拟

以元胞自动机理论框架模型，假设山火由元胞、元胞空间、邻域、规则、状态和时间过程构成。这时，元胞空间就是 GIS 系统的山火的栅格数据模型：

（1）邻域定义为每个像素（元胞单元）的 8 邻域像元。

（2）状态空间定义为：尚未燃烧、无可燃物、正在燃烧、已经燃尽和无法点燃五种状态。

（3）转移规则与状态。对每一个山火元胞，进行时间步长固定的循环计算，该步长为空间模拟的最小时间刻度，计算其对周边 8 邻域单元的作用。首先判断其是否为：无可燃物、已经燃尽两个状态，如果不是，则计算每个单元获得的汇集热能；再按第一时间过程计算其有效加热能和可点燃性；如果可点燃，则按第二时间过程模型，计算燃料和时间参数，将尚未燃烧、正在燃烧状态，转移为正在燃烧或已经燃尽状态。

（4）时间过程。时间用离散化循环过程的步长定义，以及取合适的时间间隔尺度为一个步长，再按诺斯曼模型计算时间、燃料的关系。云南滇中地区的火灾平均蔓延速度为 2~3 km/天，或 16.7 m/min，所以循环计算的时间步长可选为 20~30 s。

2. 元胞自动机模拟和 Huygens 原理模拟比较

（1）元胞自动机模拟考虑的是局部规律，Huygens 原理模拟更倾向宏观作用。

元胞自动机只考虑元胞之间的局部作用，而未考虑元胞空间的宏观作用，因而忽略了现实系统的宏观作用因素；元胞自动机的因素层过于单一，元胞状态的变化取决于自身和邻域元胞的状态组合，从而忽略了其他因素的影响，标准元胞自动机的转换规则是确定性的，而现实系统的行为是非确定性的，通常表现为某种倾向和可能性。合理的规则是模型效果的关键，在元胞自动机模型中，规则是针对抽象空间划分单元的，反映了单元间局部的相互作用。此局部规则与传统的宏观规律，既有联系，又存在差别，且找到一个确定性规则的难度相当大。所以，使得真实性成为人们对元胞自动机的最大质疑。

Huygens 原理从宏观出发，通过结合已经成熟的林火蔓延模型计算林火的蔓延速率和方向。林火蔓延模型是在各种简化的条件下进行的数学处理，导出林火行为（蔓延速度）与各种参数（如可燃物的理化性质、地形、气象因子等）间的定量关系式，使人们可以利用这些关系式去预测发生的林火行为，利用它去指导扑火工作以及日常的林火管理。以前林火蔓延预测会出现数学模型运算复杂烦琐，无法满足林火蔓延的时效性等问题。但随着计算机技术和数学模型的完美结合，成功解决了这个问题。虽然林火蔓延具有复杂性、混沌性、随机性和自组织性，且无法通过某种确定的数学公式描述清楚，而现有林火蔓延模型多是以从整体出发的研究思路，很难解释蔓延的内在规律，但目前在真实性上 Huygens 原理更具说服力。

（2）前者是基于栅格，后者是基于矢量。

元胞自动机是建立在离散、规则的空间划分基础上的，合理的空间分辨率起着平衡离散性和连续性的桥梁作用。目前，在多种地理实体共存的系统中，不同的实体有着不同的空间尺度，如何确定一个统一的空间分辨率，对于元胞自动机建模非常困难，如混合像元的出现，不同的空间分辨率下，地理系统单元所表现出的规律也有所不同。

Huygens 原理假设地表是连续变换的，其蔓延点的信息提取是唯一的，不会出现混合像元的问题。

（3）前者很难处理时间对应问题，后者相对简单。

在元胞自动机中，时间是一个抽象的概念，从模型中的 T 时刻到 $T+1$ 时刻对应的时间单位不明确，而不同元胞在不同状态下持续的时间也很难确定。目前，问题集中体现在速度的计算上，比如，随着风速的增大，林火蔓延速度变化并不显著，会出现一种饱和现象，即林火蔓延速度很快达到最大值。总之，当燃烧环境异质性增强时，元胞自动机模型模拟的林火形状和蔓延模式与经验数据相差甚远，而且很难处理时间变化对林火蔓延的影响，如风速、风向、燃料湿度的变化。

使用 Huygens 原理可以避免元胞模型的上述问题。这里在定义的时间步长上，蔓延模型定义为火头连续蔓延的多边形。本质上它是元胞自动机的反面。林火多边形定义为一系列的二维节点。随着时间的推移，当林火的面积扩大时，节点的数量增加。

（4）前者没有定义林火的蔓延形状，后者假定林火蔓延有一定的形状。

元胞自动机没有定义林火的蔓延形状，所以可解释各种情况的林火蔓延。

Huygens 原理假设在均一条件下，二维的林火形状大体上是椭圆形的。均一的条件是指影响林火行为的因子（可燃物、天气、地形）在时空上是连续的，尽管这些条件在自然界很少出现。林火蔓延最简单的是单一的椭圆形，直接使用数学方法计算林火蔓延的周长、面积或其他林火行为参数。在相对均一的样地条件下观察得出林火的形状，从粗糙的"鸭蛋形"逐渐向"扇子形"变化。根据林火的经验数据，这些变化可能是由于环境或内在的蔓延条件而发生变化的。然而，Richards 发现这些变化不能在数学上用简单的风速或方向的变化解释。Green 等得出简单的椭圆形和其他形状一样能适合观测的林火生长数据。不管正确的形状是什么（如果存在一个简单的形状），本质上，林火的变化随风速、坡度和力的变化而变化。如假定林火形状是椭圆的，林火在其他方向的蔓延可由椭圆的数学属性和火头的速率来推算，最普遍的假设是起火点和火尾的焦点是一致的。尽管不一定正确，但提供了火尾可能的蔓延速率。

综上所述，元胞自动机和 Huygens 原理在林火蔓延动态模拟应用上各有特点，不能说哪个更有优势。但是，选择 Huygens 原理在真实性上更具说服力，且能简单处理时间步长，可很好地结合已经存在的林火行为模型，包括地表火、树冠火、飞火、点火源的加速和燃料湿度。也对于开发不同林火行为模型间的关系非常有效，对于林火蔓延假设的暗示有启迪作用，对不同模型间缺失元素的识别有重大意义。

第 3 章 其他类关键技术

3.1 电网雷击预警技术

雷电是最为常见的自然现象之一,也是架空输电线路安全稳定运行的最大威胁。作为电力系统的大动脉,架空输电线路将电能输送到四面八方,绝大部分地处荒郊野外,翻山越岭,跨越江河湖海,且为了满足线路对地安全距离要求,输电杆塔大都位于地面的制高点,致使线路易遭受雷击。此外,随着经济和社会的快速发展,为保障电力供应,送电容量大、传输距离长的特高压输电线路工程得到了大力支持和建设,与之而来的却是杆塔高度的增加、线路走廊的增大,由此导致线路引雷范围相应扩大,其遭受雷击的概率也大大增加。架空输电线路雷击事故灾害呈现多发趋势,线路防雷保护面临着越来越严峻的形势。

如表 3-1-1 所示为云南电网 2014—2016 年跳闸事故统计情况。

表 3-1-1　云南电网 2014—2016 年跳闸事故统计表

年份	2014	2015	2016
雷击跳闸次数	327	303	524
总跳闸次数	647	551	817

数据表明,2014 年所辖线路总共跳闸 647 次,由雷击引发的线路跳闸事故达到 327 次,约占总跳闸次数的 50.5%;2015 年所辖线路总共跳闸 551 次,由雷击引发的线路跳闸事故达到 303 次,约占总跳闸次数的 55.0%;2016 年所辖线路总共跳闸 817 次,由雷击引发的线路跳闸事故达到 524 次,约占总跳闸次数的 64.1%。从以上数据可以看出,雷击灾害是引发架空输电线路跳闸停运事故的最主要因素。雷击是架空输电线路安全运行的最大风险,其影响方式也是多样的,在解决雷击灾害问题时,当务之急是对架空输电线路雷击风险进行准确评估,进而采取相应行之有效的防雷措施。

3.1.1 线路雷击跳闸主要影响因素

架空输电线路雷击跳闸主要受雷电活动情况、线路周边环境对雷电的屏蔽作用及其自身耐雷水平的影响。下面将结合云南电网 2014—2016 年共计 1 155 次跳闸事故记录，对数据进行统计，并初步分析各影响因素的作用。

1. 地闪密度

地闪密度指每平方千米发生的对地放电次数，是衡量雷电活动情况的重要指标，同时也是线路防雷设计的重要依据。利用雷电定位系统，对线路周边落雷情况进行统计，可以定量评估线路遭受雷击的概率，为线路防雷工作以及雷击故障点的查找提供有效帮助。根据跳闸事故记录，统计了当日雷击故障杆塔周边 1 km 范围内的地闪密度，如表 3-1-2 所示。

表 3-1-2　雷击跳闸事故当日故障杆塔周边 1 km 地闪密度分布情况

地闪密度/（次/km^2）	0~0.4	0.4~0.8	>0.8
次数	289	319	547
百分比	25.0%	27.6%	47.4%

由上表可见，雷击跳闸事故发生次数与地闪密度整体呈正相关，地闪密度越大，发生雷击跳闸的概率越大。

2. 雷电流幅值

当雷电流幅值过大，且雷击在杆塔或避雷线上，塔顶电位升高，超过线路耐雷水平时，线路极易发生反击跳闸事故。220 kV 及以上线路耐雷水平较高，发生反击闪络的情况较少，以绕击为主。如表 3-1-3 所示为跳闸事故雷电流分布情况统计表。

表 3-1-3　跳闸事故雷电流分布情况统计表

雷电流幅值/kA	0~50	50~100	100~150	≥150
百分比	75.0%	18.4%	3.9%	2.6%

3. 接地电阻

接地电阻可有效反映杆塔遭受雷击后，雷电流通过杆塔到大地的接地水平情况，对于提高线路耐雷水平以及降低雷击跳闸率具有重要意义，是线路防雷设计的重要指标。接地电阻主要影响线路反击跳闸率，随着接地电阻值的增大，线路反击耐雷水平显著下降，反击跳闸率大幅增加。如表 3-1-4 所示是云南电网某典型铁塔接地电阻对线路耐雷水平及反击跳闸率的影响情况。

表 3-1-4　接地电阻对线路耐雷水平及反击跳闸率的影响

接地电阻/Ω	反击耐雷水平/kA	反击跳闸率/[次/(100 km·40雷暴日)]
5	100	0.39
7	93	0.41
10	84	0.45
15	74	0.54
20	64	0.65
25	53	0.76

由上表可见，随着接地电阻值的增大，线路反击耐雷水平显著下降，反击跳闸率大幅增加。因此，接地电阻在线路雷击风险评估中也是十分必要的。

4. 地形地貌

地形地貌主要通过以下几个方面影响雷击跳闸概率：山区一般雷电活动较为强烈；山区土壤电阻率比平原高；山区地面坡角对线路雷电屏蔽作用较大。如表 3-1-5 所示是云南电网 2014—2016 年共计 1 155 次跳闸事故中故障杆塔地形地貌分布情况。

表 3-1-5　雷击跳闸故障杆塔地形地貌分布情况

地形地貌	平原	山地	丘陵	高山	水田
跳闸百分比	4.5%	58.7%	11.6%	22.0%	3.2%

5. 杆塔历史雷击跳闸情况

故障杆塔未及时更换闪络绝缘子，绝缘子串经反复闪络，绝缘水平显著下降，故障杆塔接地电阻及土壤电阻率长期处于较大值水平。雷击跳闸的再次发生也间接反映故障杆塔区域雷电活动十分活跃。因此，曾发生过雷击跳闸事故的杆塔再次发生跳闸风险的概率较大，需要给予重点关注。

综上所述，输电线路发生雷电灾害的主要影响因素有地闪密度、雷电流幅值、接地电阻、地形地貌、杆塔历史雷击跳闸情况等，在建立雷电灾害预测模型时需要综合考虑这些影响因素，才可得出准确的评估结果。

3.1.2 层次化雷击风险评估模型

层次化雷击风险评估模型的基本思路是从线路各基杆塔周边区域地闪密度出发，依据杆塔雷击风险等级划分标准，同时考虑线路自身耐雷水平、周边地形地貌情况以及历史雷击事件，修正并确定线路各基杆塔的雷击风险等级，由此统计整条线路中各风险等级杆塔所占比重，并利用层次分析法，确定各个风险等级权重，最终确定整条线路的雷击风险发生概率评估值。最终实现从杆塔到杆塔区段，再到线路的差异化、层次化架空输电线路的雷击风险评估模型，如图 3-1-1 所示。

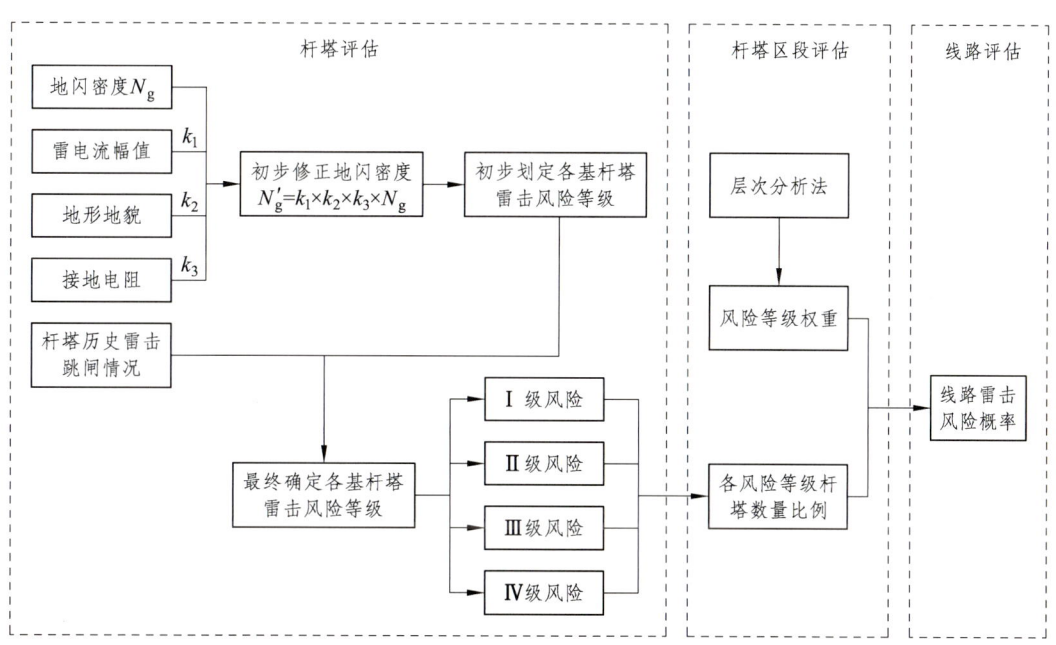

图 3-1-1 层次化雷击风险评估模型

该评估模型主要分为以下三个阶段：

（1）杆塔评估。选择地闪密度和雷电流幅值表征雷电活动情况，选择接地电阻表征杆塔耐雷水平，选择地形地貌表征线路周边环境对雷电屏蔽效果的影响，对这些评估指标进行加权计算，初步评定杆塔雷击风险等级，并考虑杆塔历史雷击跳闸情况，修正并确定各基杆塔雷击风险等级。

（2）杆塔区段评估。统计各风险等级杆塔数量，并计算其所占比例，分析线路易闪区段。

（3）线路评估。利用层次分析法评估各风险等级对整条线路跳闸的影响程度，确定风险等级权重，并与各风险等级杆塔数量比例相乘，得到整条线路发生雷击的风险概率评估值。

基于上述因素对线路雷击跳闸影响的分析，架空输电线路雷击风险评估模型以线路雷击风险发生概率为评估标准，选择与雷击跳闸有直接关系的地闪密度为评估指标，同时充分考虑线路自身耐雷水平、周边地形地貌情况及历史雷击情况，综合进行评估。

3.1.3　架空输电线路雷击风险评估流程

根据上述模型，架空输电线路雷击风险评估步骤如下：

1. 杆塔雷击风险等级的划分

落雷是引发线路跳闸的先决条件，本节将地闪密度作为雷电活动强弱的评价标准，并据此进行杆塔雷击风险等级的划分，如表 3-1-6 所示。

表 3-1-6　杆塔雷击风险等级划分标准

风险等级	IV 级	III 级	II 级	I 级
地闪密度 N_g /[次/(年·km^2)]	$N_g \leq 0.78$	$2.78 < N_g \leq 7.98$	$2.78 < N_g \leq 7.98$	$N_g \leq 2.78$

由于上述雷区是依据全国情况进行划分的，而我国地域辽阔，各地落雷差异巨大，各地的地闪密度值差别也极大。同时，为避免评估的风险等级完全由当地落雷情况决定，并易于发现当地线路防雷薄弱点，还需根据当地情况对上述杆塔风险等级划分标准进行修订。

2. 线路各基杆塔地闪密度的统计

利用单挡距走廊法，以每基杆塔为中心，选定半径，分别划分线路各基杆塔雷击圆形区域，对圆形区域进行落雷次数的统计，可通过以下手段实现：

（1）利用 Arc GIS 强大的地理数据统计功能，对规定范围内的指定数据进行统计。

（2）根据地球上任意两点的经纬度，利用相应的公式计算两点之间的距离。

（3）运用 the Haversine Formula 公式，计算特定距离范围内的经纬度正方形区间，近似代表上述圆形区域。

由于第一种方式统计精确度高且直观明了，因此本书采用此方式进行圆形区域落雷次数情况的统计，并计算地闪密度值 N_g。

雷电定位系统记录了雷击发生时间、经纬度以及雷电流幅值等信息，本书获取了云南电网某 500 kV 架空输电线路周边区域从 2015 年 7 月至 2016 年 12 月的雷电定位系统原始数据资料，其原始数据形式如表 3-1-7 所示。

表 3-1-7　雷电定位系统原始数据记录

	A	B	C	D	E
1	LIGHTNING_TIME	LONGITUDE	LATITUDE	LIGHTNING_CURRENT	LIGHTNING_MULT
2	2016-12-24 15:18	104.868 986	26.964 784	−21.8	1
3	2016-12-24 12:14	108.717 438	21.458 024	−27.9	1
4	2016-12-24 2:13	105.536 444	22.150 087	27.8	1
5	2016-12-24 11:43	103.980 692	27.061 135	−60	1
6	2016-12-24 1:53	109.455 989	20.397 571	−17.4	1
7	2016-12-24 11:48	108.642 939	21.677 388	−21.6	1
8	2016-12-24 17:25	108.297 889	22.381 103	−5.1	1
9	2016-12-24 11:54	105.943 96	21.152 807	−22.9	1
10	2016-12-24 5:31	108.699 818	21.277 582	−20.8	1
11	2016-12-24 3:14	101.099 419	22.828 68	−15.6	1
12	2016-12-24 16:55	109.085 797	19.091 956	−46.5	1
13	2016-12-24 1:57	107.388 369	24.376 828	−38.7	1
14	2016-12-24 15:17	105.002 044	26.962 032	−27.1	1
15	2016-12-24 12:03	103.494 404	26.902 131	−22.8	1

将雷击点及杆塔的经纬度数据以 Excel 格式存储，并导入 Arc GIS 软件中，经显示及格式转换等处理，得到如图 3-1-2 所示的线路杆塔及落雷点图层，该图为 2016 年 3 月份该线路及周边落雷情况示意图，从中可以清晰地看到线路周边区域落雷分布情况，其中蓝色点代表线路各基杆塔，绿色点代表落雷点情况。

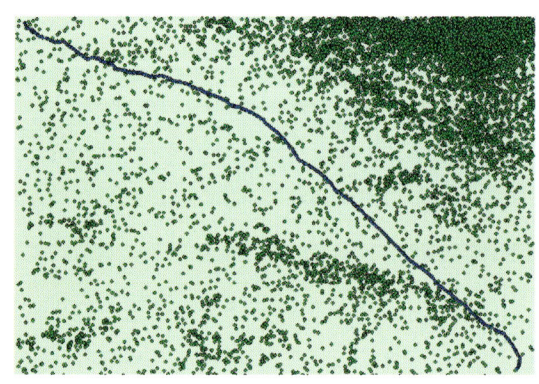

图 3-1-2　2016 年 3 月某线路杆塔及落雷点图层

线路周边落雷不可能都会引起跳闸事故，只有线路周边两倍于走廊宽度范围内的雷击才有可能对线路造成影响。本节以杆塔为基准，对每基杆塔周边一定半径范围内的雷击点进行筛选。如图 3-1-3 所示，以每基杆塔为中心、以 1 km 为半径划定杆塔受雷区域。

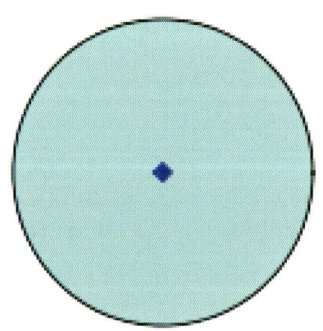

图 3-1-3　杆塔受雷区域示意图

根据上述杆塔受雷区域，利用 Arc GIS 软件，为线路各基杆塔建立 1 km 的缓冲区，如图 3-1-4 所示（只截取了线路部分区段）。

3.1 电网雷击预警技术

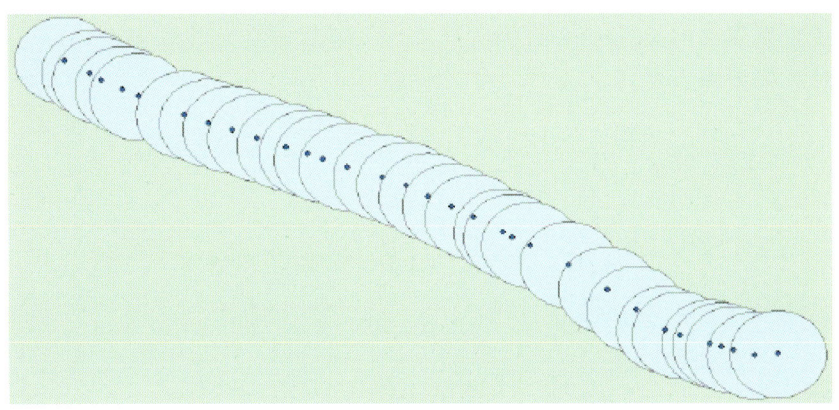

图 3-1-4　输电线路走廊受雷缓冲区的建立

利用 Arc GIS 强大的筛选功能，对落在线路走廊受雷缓冲区的落雷点进行筛选，其结果如图 3-1-5 所示，图中青色点即代表落在杆塔周边 1 km 的缓冲区域内的雷击点。

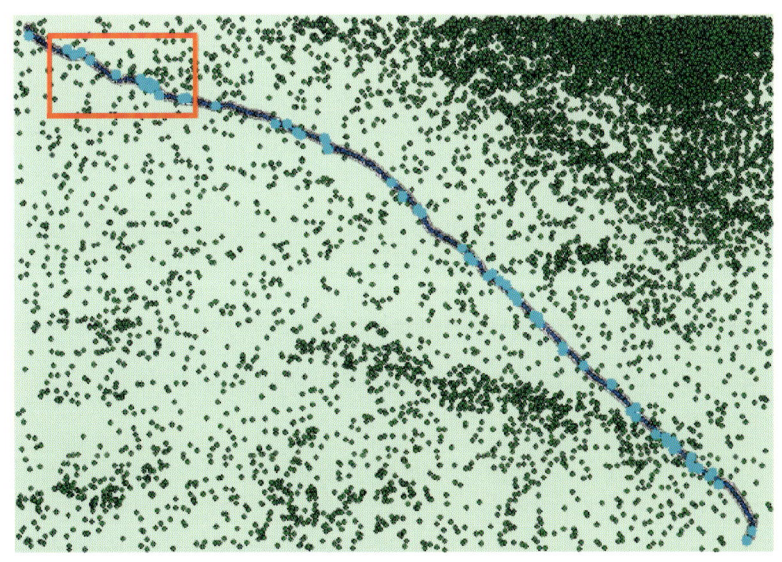

图 3-1-5　线路走廊范围内落雷点的筛选

将图 3-1-5 中的红色框进行放大处理，即得到该线路 27#~83# 杆塔周边 1 km 范围内雷击点示意图，如图 3-1-6 所示。图中淡青色代表该杆塔受雷区域有雷击点（图中青色点），同时发现出现了重叠部分，表明某一雷击点同时落在两基或以上杆塔受雷区域内。图中红框范围内 61#～83#杆塔缓冲区内 3 月份总计总计有 10 次落雷,属于该线路易闪段,需要重点关注。

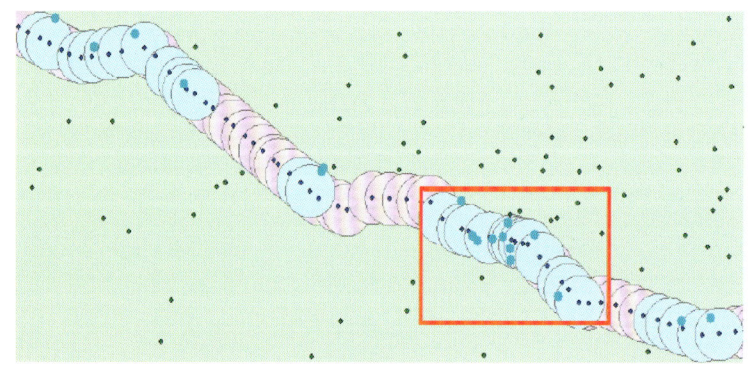

图 3-1-6　27#～83#杆塔周边 1 km 范围内落雷示意图

利用 Arc GIS 强大的统计功能,可以实现指定区域内目标点的统计。根据指定区域落雷数目的统计,即可得到该区域内的地闪密度值。

3. 线路各基杆塔雷击风险等级的修正及确定

在确定单基杆塔雷击风险等级时,还需要综合考虑线路本身耐雷水平、周边地形地貌情况以及雷电流幅值情况等因素的影响,本节通过修正地闪密度以间接反映这些因素的作用,具体表达公式为:

$$N'_g = k_1 k_2 k_3 N_g \qquad (3\text{-}1\text{-}1)$$

根据前述影响因素对线路跳闸的作用分析,并参照规程相关内容及专家经验知识,初步设定系数 k_1、k_2、k_3 的取值分别如表 3-1-8、3-1-9、3-1-10 所示,其值可根据实际情况进行调整。

表 3-1-8　系数 k_1 的取值

年均雷电流幅值 I/kA	$I \leqslant 15$	$15 < I \leqslant 30$	$I > 30$
k_1	1	1.1	1.2

表 3-1-9　系数 k_2 的取值

杆塔接地电阻 R_1/Ω	$R_1 \leqslant 7$	$7 < R_1 \leqslant 15$	$R_1 > 15$
k_2	1	1.2	1.4

表 3-1-10　系数 k_3 的取值

地形地貌	山地	高山	丘陵	平原	水田
k_3	1.5	1.2	1.1	1	0.9

此外，根据线路历史跳闸情况的分析，若某基杆塔历史上发生雷击跳闸事故，其再次发生的概率大大增加。因此，还需要考虑杆塔历史雷击跳闸情况，若某基杆塔近 1 年发生过雷击跳闸事故，则直接将该基杆塔的雷击风险提升一个等级。

利用以上各表及公式计算求得修正后的地闪密度，并根据表 3-1-6 最终确定各基杆塔的雷击风险等级。

4. 各雷击风险等级杆塔数量比例值的计算

根据步骤 3 中所确定的各基杆塔的雷击风险等级，分别统计处于 I、II、III、IV 级的杆塔数量，并由此计算各级风险等级杆塔在整条线路杆塔中所占的比例 L_1、L_2、L_3、L_4。

5. 各风险等级杆塔比例权重系数的确定

线路各区段杆塔对线路整体的影响程度是不一样的，为了反映这一差异性，本节利用层次分析法确定各风险等级对应的权重系数 α_1、α_2、α_3、α_4，并从杆塔区段到线路，建立线路雷击风险评估方法。

层次分析法（AHP）是由美国运筹学家 Satty T L 等人提出的一种定性与定量分析相结合的综合决策方法，有三种常用标度法：九标度法、三标度法和指数标度。本节利用九标度法对决策目标进行两两判断，其规则如表 3-1-11 所示。

表 3-1-11　x_{ij} 两两判断规则

标度	含义
1	表示因素 x_i 与因素 x_j 相比，具有同等的重要性
3	表示因素 x_i 与因素 x_j 相比，x_i 比 x_j 稍微重要
5	表示因素 x_i 与因素 x_j 相比，x_i 比 x_j 明显重要
7	表示因素 x_i 与因素 x_j 相比，x_i 比 x_j 强烈重要
9	表示因素 x_i 与因素 x_j 相比，x_i 比 x_j 极端重要
2，4，6，8	2，4，6，8 分别表示相邻判断 1～3，3～5，5～7，7～9 的中值
倒数	若因素 x_i 与 x_j 比较得到判断 x_{ij}，则 x_j 与 x_i 比较得到判断 $x_{ji} = 1/x_{ij}$

依据上表构造判断矩阵 P：

$$P = \begin{pmatrix} x_{11} & x_{12} & \cdots & x_{1m} \\ x_{21} & x_{22} & \cdots & x_{2m} \\ \vdots & \vdots & & \vdots \\ x_{m1} & x_{m2} & \cdots & x_{mm} \end{pmatrix} \quad (3\text{-}1\text{-}2)$$

其中，P 称为 A-X 判断矩阵。

根据 A-X 矩阵，可使用方根法求出最大特征根所对应的特征向量，所求特征向量为各评价因素重要性排序，即权数分配。其具体步骤如下：

（1）计算判断矩阵每一行元素的乘积的 n 次方根：

$$\overline{W}_i = \sqrt[n]{\prod_{j=1}^{n} x_{ij}} \quad (i, j = 1, 2, \cdots, n) \quad (3\text{-}1\text{-}3)$$

（2）对向量 $\overline{W} = [\overline{W}_1, \overline{W}_2, \cdots, \overline{W}_n]^{\mathrm{T}}$ 做归一化处理，则所得向量 W 即为所求特征向量。

（3）计算判断矩阵的最大特征根 $\lambda_{\max}$，其计算公式为：

$$\lambda_{\max} = \sum_{i=1}^{n} \frac{(PW)_i}{nW_i} = \frac{1}{n} \sum_{i=1}^{n} \frac{(PW)_i}{W_i} \quad (3\text{-}1\text{-}4)$$

求出各项评价指标的权重系数之后，需要对所构造的判断矩阵的一致性进行检验。检验一致性的公式如下：

$$CR = \frac{CI}{RI} \quad (3\text{-}1\text{-}5)$$

式（3-1-5）中的 CR 代表判断矩阵的随机一致性比率；CI 代表判断矩阵的一般一致性指标，由式（3-1-6）求出：

$$CI = \frac{\lambda_{\max} - n}{n - 1} \quad (3\text{-}1\text{-}6)$$

式（3-1-5）中的 RI 代表判断矩阵的平均随机一致性指标，对 1～9 阶矩阵来说，RI 的值均可以通过查表 3-1-12 得到。

表 3-1-12 1~9 阶矩阵 RI 值

m	1	2	3	4	5	6	7	8	9
RI	0.00	0.00	0.58	0.90	1.12	1.24	1.32	1.41	1.45

当 $CR \leq 0.10$ 时，认为判断矩阵具有满意的一致性，说明此次对各评价指标权重系数的分配是合理的；当 $CR > 0.10$ 时，说明当前的判断矩阵不合理，需要重新调整判断矩阵的参数，直至所构造的判断矩阵满足满意的一致性的条件。

6. 雷电灾害预警模型

根据上述确定的各风险等级杆塔比例及其权重系数，计算整条输电线路雷击风险概率值。整条输电线路雷击风险概率评估值计算公式为：

$$Risk = \alpha_1 L_1 + \alpha_2 L_2 + \alpha_3 L_3 + \alpha_4 L_4 \tag{3-1-7}$$

根据整条输电线路雷击风险概率评估值可以将雷电灾害分级，实现对输电线路的雷电灾害预警。

3.1.4 层次化雷击风险评估模型应用案例

选取云南电网某 110 kV 线路进行累计风险评估。该线路杆塔及其周边落雷情况如图 3-1-7 所示。

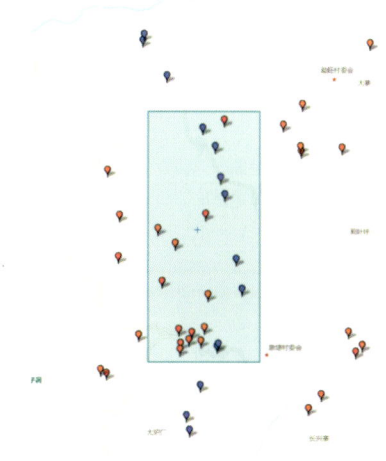

图 3-1-7 110 kV 线路杆塔及周边落雷示意图

1. 杆塔评估

杆塔评估具体流程如下：

（1）输入矩阵：$[x_1,\ x_2,\ x_3,\ x_4]$，其中 x_1：地闪密度 N_g；x_2：年均雷电流幅值 I（单位：kA）；x_3：杆塔接地电阻；x_4：杆塔所处地形地貌。

（2）根据 x_2、x_3 和 x_4 对输入的 x_1 进行修正，得到修正后的地闪密度 N_g'。

（3）根据修正后的地闪密度 N_g' 划分各基杆塔风险等级。

（4）根据步骤（3）中所确定的各基杆塔的雷击风险等级，分别统计处于 Ⅰ、Ⅱ、Ⅲ、Ⅳ 级的杆塔数量，并由此计算各级风险等级杆塔在整条线路杆塔中所占的比例 L_1、L_2、L_3、L_4。

（5）各风险等级杆塔比例权重系数的确定应使用层次分析法，确定各风险等级对应的权重系数 α_1、α_2、α_3、α_4。

（6）当前架空输电线路雷击风险概率估值计算。

本节所采用的 110 kV 线路由 61 基杆塔组成。据统计，2015 年该线路各基杆塔周边 1 km 范围内落雷次数 $x_1=[17,19,\cdots,15]_{1\times 61}$，则

$$N_g = x_1/\pi \qquad (3\text{-}1\text{-}8)$$

根据式（3-1-1）对地闪密度值进行修正，得出最终的地闪密度值 N_g'，以此划分杆塔雷击风险等级。此外，还需要考虑杆塔历史雷击跳闸情况。若某基杆塔近两年发生过雷击跳闸故障，则将该杆塔雷击风险等级提升一个等级。

按照上述标准所得到的杆塔风险为：Ⅰ级风险 31 基，Ⅱ级风险 16 基，Ⅲ级风险 10 基，Ⅳ级风险 4 基。如图 3-1-8 所示为处于各风险等级的杆塔数量百分比示意图。

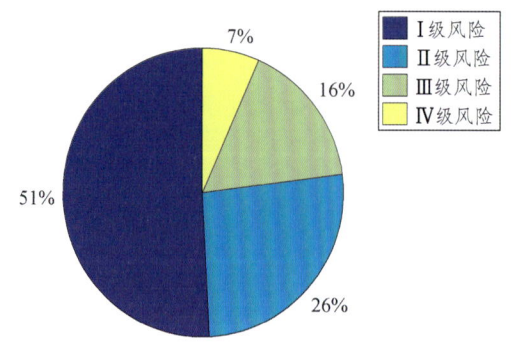

图 3-1-8 处于各风险等级的杆塔数量百分比示意图

其中，处于 II 级风险及以上的杆塔数量达到 30 基，这些杆塔雷击风险概率很大。

2. 线路评估

本小节评价的指标有 4 个，即 I 级风险权重系数 α_1、II 级风险权重系数 α_2、III 级风险权重系数 α_3、IV 级风险权重系数 α_4。根据专家经验，4 个指标的重要性程度排序为：$\alpha_1 > \alpha_2 > \alpha_3 > \alpha_4$。依据表 3-1-11，可得判断矩阵 P 为：

$$P = \begin{pmatrix} 1 & 3 & 5 & 7 \\ 1/3 & 1 & 3 & 5 \\ 1/5 & 1/3 & 1 & 3 \\ 1/7 & 1/5 & 1/3 & 1 \end{pmatrix} \quad (3\text{-}1\text{-}9)$$

最大特征值 $\lambda_{\max} = 4.117$，对应的特征向量 $x = (0.888\,0, 0.412\,1, 0.184\,7, 0.086\,9)$。检验判断矩阵的一致性如下：

$$CI = \frac{\lambda_{\max} - n}{n - 1} = \frac{4.117 - 4}{4 - 1} = 0.039 \quad (3\text{-}1\text{-}10)$$

$$CR = \frac{CI}{RI} = \frac{0.039}{0.89} = 0.044 < 0.1 \quad (3\text{-}1\text{-}11)$$

即认为判断矩阵具有满意的一致性。

因此，风险等级的权重系数 $\alpha = x = (0.888\,0, 0.412\,1, 0.184\,7, 0.086\,9)$。归一化得 $\alpha = (0.565\,0, 0.262\,2, 0.117\,5, 0.055\,3)$。各风险等级的比重 $\beta = (51\%, 26\%, 16\%, 7\%)$，故整条线路的雷击风险概率评估值为：

$$P = \alpha \cdot \beta^{\mathrm{T}} = 23.11\% \quad (3\text{-}1\text{-}12)$$

3.2 防污关键技术

污区等级是评价绝缘子以及输电网安全性能的重要指标。为了研究所处地区的气象数据与污区等级的关系，建立基于气象数据的污区等级评估方案。本节利用现有云南省气象数据及污区等级分布数据，采用了最小二乘支持向量机（LSSVM）作为主要预警方法，将 SVM 中的二次规划问题转换为求解线性方程组问题，提高了算法效率和精度。同时，在参数选择上采用 PSO 寻优方法，获得了基于 LSSVM 算法的气象因素与污区等级预警的最佳参数，进而构建了污区预警模型。

实际研究表明绝缘子所处的污区等级与气象因素之间有着密切的关系，且气象数据的获取比较容易。利用在线监测设备提供的气象数据，如相对湿度、气温、降水量和平均风速，可以构建基于最小二乘法的支持向量机的污区预测模型，最终实现对 ESDD 的预测。

本节以 2017 年污区预警为例，详细介绍 PSO-LSSVM 预警方法的原理及步骤。

3.2.1 气象数据样本的构建

根据污区划分标准《电力系统污区分布图绘制方法》（DL/T 374—2010）所述，绝缘子污秽物的形成主要与当地的相对湿度、气温、降水量及平均风速有关。根据云南地区气候湿度高和多雨雪的特点，本节主要提取了有关相对湿度、气温、降水量、风速 4 个主要气象因素的共 9 维数据，另外以海拔高度和风向作为辅助参考因素，对气象数据进行主成分分析（PCA）预处理，选取其中 4 维向量作为实验数据。

根据云南省输电网的分布，选取 31 个采样点的数据作为算法和评估结果分析的依据，其中选择 23 个气象站点的监测数据以及所在区域的污区等级作为训练样本，其余 8 个作为预测样本点。

对所处样本点 2016 年全年日值气象数据进行整体，提取出日相对湿度、日平均气温、日平均降水量、日平均风速等作为数据源，主要指标及数据以腾冲区站为例构建数据阵，如表 3-2-1 所示。

表 3-2-1　样本点信息与数据阵

样本点信息				
区站	纬度/(°)	经度/(°)	监测海拔/m	污区等级
腾冲	24.59	98.3	1 695.9	C
样本点数据				
日平均相对湿度/%	日平均气温/0.1 ℃		日平均降水量/0.1 mm	日平均风速/(0.1 m/s)
82.191 3	156.082 0		48.661 2	17.800 5

其中样本采样点所处的污区等级需根据云南省 2016 年污区划分数据，分为 A、B、C、D、E 五个等级，在对样本点数据进行训练前，需要进行离差归一化处理：

$$x^* = \frac{x - x_{\min}}{x_{\max} - x_{\min}} \tag{3-2-1}$$

其中，x 为实际样本数据，$x_{\max}$、$x_{\min}$ 为所有训练数据中该组数据的最大值与最小值。最后样本点数据被映射至 [0, 1] 范围内。

3.2.2 基于 PSO-LSSVM 的污区预警模型

传统 SVM 算法虽然在结构参数复杂度以及算法收敛速度上有一定的优势，但处理本书所采用的多维气象数据的非线性关系时较为困难，往往无法得到理想的预测效果。LSSVM 算法可将传统 SVM 算法中的不等约束转换为等式约束，并利用最小二乘线性系统替代 SVM 中的二次规划方程，本节首先建立 LSSVM 模型。

设 $\{x_i, y_i\}_{i=1}^{l}, x_i \in R^n$ 作为第 i 个训练样本的数据集合，其中 y_i 为第 i 个样本的目标值，即预测得到的污区等级，则在总量为 l 的空间范围内判别函数为：

$$y(x) = \omega^{\mathrm{T}} \varphi(x) + b \tag{3-2-2}$$

式中，$\varphi(x)$ 为 x 的映射函数，可将训练数据映射到高维空间；ω 为权向量；b 为偏置常数。

LSSVM 的目标函数则为：

$$\min J(\omega^{\mathrm{T}} \omega) = \frac{1}{2} \omega^{\mathrm{T}} \omega + \frac{1}{2} \gamma \sum_{i=1}^{l} \zeta_i^2 \tag{3-2-3}$$

式中，γ 称为惩罚系数，用以控制样本噪声的影响程度；ζ 为误差变量。针对上述目标优化问题，引入拉格朗日函数：

$$L(\omega, b, \zeta, \alpha) = J(\omega, \zeta) - \sum_{i=1}^{l} \alpha_i [\omega^{\mathrm{T}} \varphi(x_i) + b + \zeta_i - y_i] \tag{3-2-4}$$

式中，α_i 为拉格朗日乘子。

由 KKT 最优条件可得：

$$\begin{cases} \dfrac{\partial L}{\partial \zeta} = 0 \rightarrow \partial_i = \gamma\zeta_i, i = 1,2,3,\cdots,l \\ \dfrac{\partial L}{\partial b} = 0 \rightarrow \sum_{i=1}^{l} \alpha_i \\ \dfrac{\partial L}{\partial \omega} = 0 \rightarrow \omega = \sum_{i=1}^{l} \alpha_i \varphi(x_i) \\ \dfrac{\partial L}{\partial \omega} = 0 \rightarrow y_i = \omega^{\mathrm{T}}\varphi(x_i) + b + \zeta_i, i = 1,2,3,\cdots,l \end{cases} \quad (3\text{-}2\text{-}5)$$

保留方程中的 b 和 α，消去方程组中其他项可得：

$$\begin{bmatrix} 0 & \boldsymbol{y}^{\mathrm{T}} \\ \boldsymbol{y} & \boldsymbol{PP}^{\mathrm{T}} + \gamma^{-1}\boldsymbol{I} \end{bmatrix} \times \begin{bmatrix} b \\ \boldsymbol{\alpha} \end{bmatrix} = \begin{bmatrix} 0 \\ \boldsymbol{1} \end{bmatrix} \quad (3\text{-}2\text{-}6)$$

式中，$\boldsymbol{P} = [\varphi(x_1)^{\mathrm{T}} y_1, \varphi(x_2)^{\mathrm{T}} y_2, \cdots, \varphi(x_l)^{\mathrm{T}} y_l]$，$\boldsymbol{y} = [y_1, y_2, \cdots, y_l]^{\mathrm{T}}$，$\boldsymbol{\alpha} = [\alpha_1, \alpha_2, \cdots, \alpha_l]^{\mathrm{T}}$，$\boldsymbol{I}$ 为单位矩阵，$\boldsymbol{1}$ 为元素全为 1 的列向量。本节采用高斯径向基函数（RBF）K 作为 LSSVM 的核函数：

$$K(x, x_i) = \mathrm{e}^{-\frac{(x-x_i)^2}{2\lambda^2}} \quad (3\text{-}2\text{-}7)$$

将核函数公式代入式（3-2-6）中联立解得 b 和 α，可写出 LSSVM 回归函数：

$$y = \sum_{i=1}^{l} \alpha K(x, x_i) + b \quad (3\text{-}2\text{-}8)$$

式中，K 为 RBF 核函数。这样待求解的参数为 RBF 中的核参数 σ 以及惩罚系数 γ。接下来采用 PSO 算法对这两个参数进行寻优求解。

假设在 D 维空间内，由 n 个潜在解构成的粒子作为一个种群可表示为：

$$S = \{X_1, X_2, \cdots, X_n\} \quad (3\text{-}2\text{-}9)$$

式中，$\boldsymbol{X}_i = (X_{i1}, X_{i2}, \cdots, X_{iD})^{\mathrm{T}}$ $(i = 1, 2, \cdots, n)$，代表着第 i 个粒子在空间中所处的位置，将这些粒子包含的潜在解代入目标方程中，获得对应粒子的适应度及个体粒子自身的最优解 P_i，称为个体极值，同时获得所有粒子中的最优解 P_g，即全局极值，每个粒子下一时刻的速度为：

$$v_i^{k+1} = \omega v_i^k + c_1 \mathrm{rand}(1)(\boldsymbol{P}_i^k - \boldsymbol{X}_i^k) + c_2 \mathrm{rand}(2)(\boldsymbol{P}_g^k - \boldsymbol{X}_i^k) \quad (3\text{-}2\text{-}10)$$

其中，ωv_i^k 为第 i 个粒子在 k 时刻的速度；$c_1\text{rand}(1)(P_i^k - X_i^k)$ 为在 k 时刻第 i 个粒子的当前位置与个体极值的距离；$c_2\text{rand}(2)(P_g^k - X_i^k)$ 为在 k 时刻第 i 个粒子的当前位置与全局极值的距离；ω 为惯性权重，影响算法的搜索能力；c_1 和 c_2 作为学习因子通常选为 2，rand(1) 和 rand(2) 为均匀分布在 [0,1] 之间的两个随机数。在获得了 k 时刻的速度后，可按照下式计算第 i 个粒子在 $(k+1)$ 时刻的速度：

$$X_i^{k+1} = X_i^k + v_i^{k+1} \tag{3-2-11}$$

从式（3-2-10）和式（3-2-11）可以看出，PSO 算法可以自我搜寻并记忆空间中粒子的最优位置，从而达到寻优的目的。

3.2.3 污区预警流程

基于 PSO-LSSVM 算法的污区等级预警步骤如图 3-2-1 所示。

采用 PSO-SSVM 算法对污区等级进行预警的具体步骤可分为以下 6 步：

STEP 1：输入训练样本并进行归一化处理，按照初始参数初始化种群中每一个粒子的位置和速度；

STEP 2：计算每个粒子所对应的参数适应度（预测准确率）；

STEP 3：根据适应度确定每个粒子的最优位置，并做记录；

STEP 4：判定最优位置是否在种群范围内；

STEP 5：对种群进行迭代更新，更新所有粒子的位置及速度；

STEP 6：完成预设的迭代次数，并输出最优参数，再代入 LSSVM 中进行污区等级预警。

3.2.4 污区预警结果

由于污区等级的划分是一种定性划分，本节将污区的 5 个等级数值化，对应"1、2、3、4、5"数值，数值越高，污区等级越高，最终预测结果由四舍五入取整，并归类等级。在经过训练之后，将 23 个训练点数据和 8 个预测点数据同时进行预警，并分析预警结果，如图 3-2-2 和 3-2-3 所示分别为训练样本原始值、预测样本原始值与预警值对比图。

第 3 章　其他类关键技术

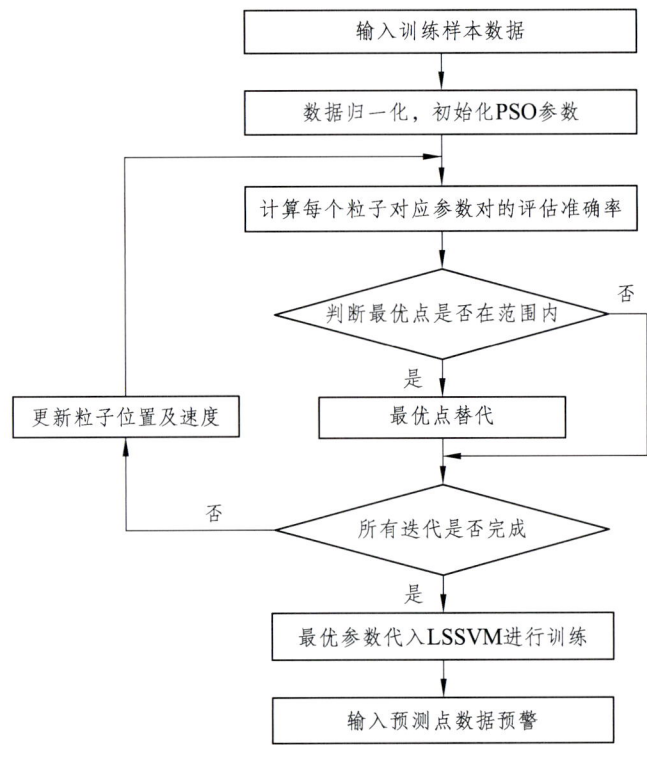

图 3-2-1　预警流程

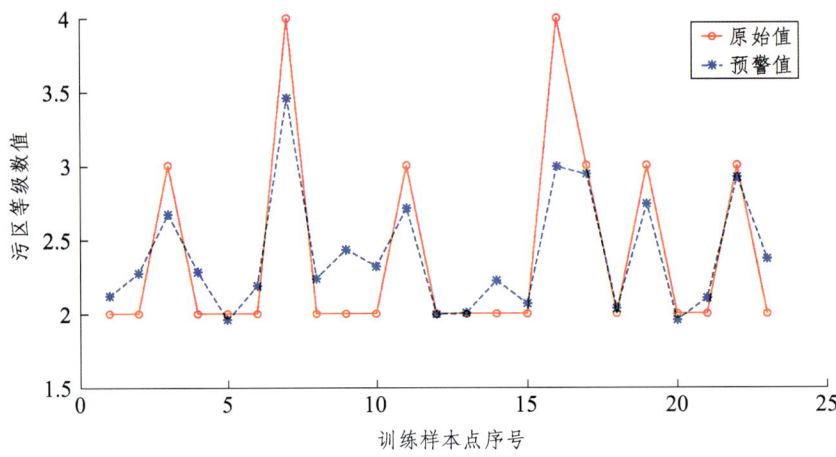

图 3-2-2　训练样本原始值与预警值对比

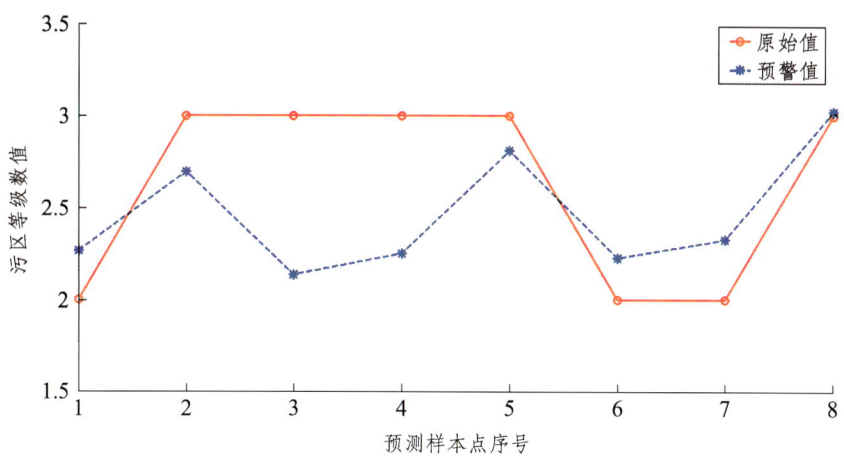

图 3-2-3　预测样本原始值与预警值对比

从图 3-2-2、3-2-3 可以看出，将污区等级数值进行四舍五入近似后做定性分析，训练样本的预警具有极高的准确度，正确率高达 95.6%（22/23），预测样本的结果正确率也达 75%。为进一步分析 LVSSM 算法预警污区等级的性能，本节引入 BP 神经网络算法作为对照，其收敛误差和学习速率等参数也由 PSO 算法进行最优选择，在同样的数据模型下进行 10 次试验，预警结果如表 3-2-2 所示。

表 3-2-2　不同算法的性能比较

训练方法	训练样本数	训练样本正确率	预测样本正确率	平均迭代次数
PSO-LVSSVM	23	95.6%	75%	8
PSO-BP	23	95.6%	62.5%	21

由上表可得，在同样训练数据和寻优方法的情况下，相较 BP 神经网络算法，LSSVM 在预警污区等级时正确率更高，参数寻优速度更快。

3.3　鸟害关键技术

鸟害跳闸故障的发生同时受时间特征、地理特征和杆塔结构特征的影响，要评估鸟类活动某个时段对某一处杆塔的威胁程度，需要对这几方面进行综合分析，方能给出结论。本节以 2014—2016 年云南电网发生鸟害跳闸故障的杆塔特征为基础，将影响杆塔鸟害等级的各个因素进行合理的分级，通过合适的数学模型确定各个因素的权重系数，计算出杆塔的鸟害等级指数，最终得到鸟害等级预警模型。运用该模型对线路杆塔鸟害等级进行评价，从中能筛选出易发生鸟害跳闸故障的高鸟害等级的杆塔，对高鸟害等级杆塔进行监控预警，这对电力系统的安全稳定运行具有重大意义。

3.3.1 鸟害跳闸故障的主要特点

1. 鸟害跳闸故障发生的时间性

1）鸟害跳闸故障发生的季节性

输电线路的鸟害跳闸故障带有明显的季节性特征，季节的变化很大程度上会影响鸟类的活动。在不同的季节，鸟类活动的频繁程度差异非常大。在鸟类活动频繁的季节，输电线路杆塔上出现的鸟类数量增多，使得杆塔上鸟类活动的频率变得很高，从而增加线路发生鸟害跳闸故障的可能。云南电网 2014—2016 年不同季节鸟害跳闸故障数据统计情况如表 3-3-1 所示。

表 3-3-1　云南电网 2014—2016 年不同季节鸟害跳闸故障数据统计表

年份	春（3～5月）	夏（6～8月）	秋（9～11月）	冬（12月、1～2月）
2014	3	3	10	11
2015	3	6	17	20
2016	11	4	21	25

从上表可以看出，冬季是云南鸟害跳闸故障发生最多的季节，秋季次之。造成这个现象的主要原因是：在冬季，云南的空气湿度较大，整个季节经常遇到伴随着蒙蒙细雨的阴雨天气，这种天气雨水量少且雨水毫无力度，根本无法清洗绝缘子表面的鸟粪，反而由于雨水的作用会扩大绝缘子上鸟粪的污染面积，从而大大增加了鸟粪污闪的概率；同时在冬季初期，鸟类过冬需要储备大量食物，使得鸟类不断往返于巢穴与捕食地点之间，造成鸟类活动频率升高，这也是冬季鸟害跳闸故障过多的重要因素之一。在秋季，大量的候鸟往云南迁徙并开始大量筑巢产卵，而人类早期对自然环境的

大肆破坏令高大树木匮乏,破坏了鸟类的栖息环境,使得很大一部分鸟类选择在输电线路杆塔上筑巢,这个季节输电线路杆塔上的鸟巢数量将达到一年中的最高峰,大大增加了鸟害跳闸的可能。

2)鸟害跳闸故障发生的时段性

鸟类的活动具有一定的规律性。大多数的鸟类有凌晨开始外出捕食的习性,这些鸟类的活动规律使得输电线路在不同时段发生鸟害跳闸故障的可能性有一定的差别。云南电网2014—2016年鸟害跳闸故障发生时间数据统计情况如表3-3-2所示。

表 3-3-2　2014—2016 年鸟害跳闸故障发生的时段分布

每日时间区间	次数	所占比例%
8:00—20:00	25	18.7
20:00—8:00	109	81.3

通过上表数据可以看出,输电线路鸟害跳闸故障主要集中发生在晚上20时到次日8时时间段中,主要原因是栖息于杆塔上的大部分鸟类会在凌晨时分开始外出捕食,而为了减轻身体的重量、提高飞行效率,这些鸟类通常会在捕食前进行一次排便,这一行为将在绝缘子串上留下大量的鸟粪;同时,在这个时间段内云南的空气湿度较大,凌晨时分至早上8点常伴有凝露现象,这不仅使得留在绝缘子表面的鸟粪完全湿润,降低了线路的绝缘性能,而且这个时间段电力系统的电压普遍偏高,极易造成绝缘子串闪络而引发线路跳闸事故。

2. 鸟害故障点地理特征

输电线路杆塔周围的地理特征与杆塔鸟害跳闸故障的发生息息相关。杆塔周围的地理特征越适合鸟类生存,杆塔周围聚集的鸟类就越多,鸟类的活动就越频繁,输电线路杆塔上出现鸟类的数量越大、频率越高,则杆塔发生鸟害跳闸故障的可能就越大。

从全国各地线路运维部门对当地鸟害跳闸情况的统计分析来看,在人类活动比较集中的城市和乡镇,发生线路鸟害跳闸故障的概率很低,几乎可以说没有。而在人烟稀少且杆塔邻近湖泊、养鱼池、河流或林木茂密以及有猛禽活动的地方,则往往是输电线路鸟害故障频繁发生的区域。

本章选取林区、农田、河流、湖泊和池塘5大地理要素参与鸟害故障风险评估模型的建立，鸟类活动的频率高低与上述选取的 5 个地理要素息息相关。输电线路杆塔与林区、农田、河流、湖泊和池塘的距离越近，鸟类活动的频率就越高，该杆塔就越可能发生鸟害跳闸事故。通过对云南电网得到的数据进行分析，2014—2016 年云南电网共有 134 基杆塔发生鸟害跳闸故障。鸟害故障杆塔周围的地理特征分布情况如表 3-3-3 所示。

表 3-3-3　鸟害故障杆塔周围的地理特征分布

林区	农田	河流	湖泊	池塘
99	90	14	17	20

3. 故障点的杆塔结构特征

输电线路杆塔鸟害跳闸故障发生率与杆塔结构关系密切。通过对全国各地历年鸟害跳闸故障统计数据进行分析，国家电力科学研究院的资深专家们认为输电线路鸟害跳闸故障的发生率与电压等级、导线排列方式、杆塔形式以及绝缘子串型有关。通过对云南电网鸟害跳闸故障历史数据进行分析，可以得出鸟害跳闸故障与线路电压等级、导线排列方式、杆塔形式以及绝缘子串型的相关性。

1）电压等级

本节收集了云南电网 2014—2016 年间 110 kV、220 kV 及 500 kV 等级电压输电线路的鸟害跳闸故障资料。三年跳闸事故统计数据（见表 3-3-4）表明，云南电网 2014 年由鸟害引发的线路跳闸事故达 27 次；2015 年由鸟害引发的线路跳闸事故达 46 次；2016 年由鸟害引发的线路跳闸事故达 61 次。从以上数据可以看出，鸟害引起的输电线路跳闸故障逐年增加，需要引起相关部门的重视。

表 3-3-4　云南电网 110 kV 及以上电压等级线路鸟害故障次数统计

年份	110 kV	220 kV	500 kV
2014	16	9	2
2015	28	16	2
2016	40	15	6
总计	84	40	10

从表 3-3-4 中可以看出，鸟害跳闸故障大多发生在 110 kV 的线路上，220 kV 次之，而 500 kV 发生的比例最少；然而，以上信息不能反映出各电压等级对鸟害等级的影响程度。这是因为 110 kV、220 kV 和 500 kV 电压在云南电网所属输电线路中所占的比例也是不同的。据统计资料显示，110 kV、220 kV 和 500 kV 的杆塔在云南电网这三类电压等级的杆塔中所占的比例分别为 56.2%、28.7% 和 15.1%，如表 3-3-5 所示。为了能科学地反映出电压等级对鸟害跳闸故障的影响程度，本节将各电压等级杆塔在 134 基故障杆塔中所占的比例与各电压等级杆塔在云南电网这三类电压杆塔中实际所占的比例的比值作为参考标准。

表 3-3-5　电压等级对鸟害跳闸故障的影响度

电压等级	鸟害跳闸故障比例/%	实际杆塔比例/%	对鸟害跳闸故障的影响度
110 kV	62.7	56.2	1.115 7
220 kV	29.9	28.7	1.041 8
500 kV	7.4	15.1	0.490 1

通过表 3-3-5 的分析资料，得出 110 kV 电压对鸟害跳闸故障的影响度最高，即 110 kV 电压比其他两类更容易发生鸟害跳闸故障。这些都将在后面的鸟害等级评价模型中得以体现。

2）杆塔类型

目前对杆塔进行分类的方法多种多样。按用途不同可将杆塔划分为转角杆塔、终端杆塔、换位杆塔和跨越杆塔；按回路数目不同可将杆塔划分为单回杆塔和多回杆塔；按受力类型不同可将杆塔划分为直线型杆塔和耐张型杆塔。国网电力科学研究院的专家们研究发现，线路鸟害跳闸故障与杆塔类型有很大的关系。线路鸟害故障在直线塔上发生的概率较大，耐张塔上发生的概率较小。由此，本节以直线杆塔和耐张杆塔两种塔形来考察鸟害跳闸故障点的杆塔类型特点。在云南电网发生鸟害跳闸故障的 134 基杆塔中，直线塔有 106 基、耐张塔有 28 基。

据云南电网公司提供的统计资料显示，云南电网 110 kV、220 kV 及 500 kV 的输电线路杆塔中，直线塔实际所占比例为 79.1%，耐张塔比例为 20.9%，如图 3-3-1 所示。为了科学地反映杆塔类型对鸟害跳闸故障的影响度，本节将各类型杆塔在 134 基故障杆塔中所占的比例与各类型杆塔在云南电网所属线路杆塔中实际所占的比例的比值作为参考标准。如表 3-3-6 所示为杆塔类型对鸟害跳闸故障的影响度。

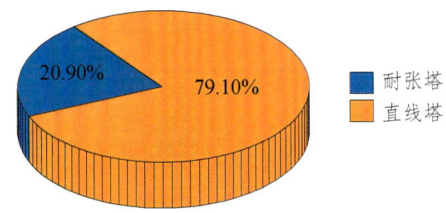

图 3-3-1　鸟害跳闸故障杆塔类型分布图

表 3-3-6　杆塔类型对鸟害跳闸故障的影响度

杆塔类型	鸟害跳闸故障比例/%	实际杆塔比例/%	对鸟害跳闸故障的影响度
直线型	79.1	95.72	0.83
耐张型	20.9	4.28	4.88

由表 3-3-6 可以看出，虽然直线塔在曾发生鸟害跳闸故障的杆塔中所占比例较大，但分析数据发现，耐张塔对鸟害跳闸故障的影响度反而更高，即耐张塔比直线塔更容易发生鸟害跳闸故障。

4. 杆塔结构对鸟害跳闸影响度归一化处理

为了保证后面数据统一及处理方便，本节对杆塔结构特征对鸟害跳闸故障的影响程度进行归一化处理。如表 3-3-7 所示为杆塔结构特征指标取值。

表 3-3-7　杆塔结构特征指标取值

电压等级	110 kV	0.49
	220 kV	0.37
	500 kV	0.14
杆塔类型	直线型	0.15
	耐张型	0.85

综上所述，鸟害跳闸故障的发生同时受时间特征、地理特征和杆塔结构特征的影响，要评估鸟类活动某个时段对某一处杆塔的威胁程度，需要对这几方面进行综合分析，方能给出结论。

3.3.2 层次化鸟害等级评价模型

本节旨在通过对历史鸟害故障数据进行分析,建立输电线路鸟害故障风险评估模型,实现对输电线路鸟害故障的安全评估。因此,本节忽略鸟害跳闸故障的时间特征,以地理特征和杆塔结构特征为基础,建立鸟害风险评估层次结构图,如图 3-3-2 所示。

输电线路鸟害等级预警模型将采用综合评价的方法进行分析,以 2014—2016 年云南电网发生鸟害跳闸故障的杆塔特征为基础,将影响杆塔鸟害等级的各个因素进行合理的分级,通过合适的数学模型确定各个因素的权重系数,计算出杆塔的鸟害等级指数,最终得到鸟害等级预警模型。

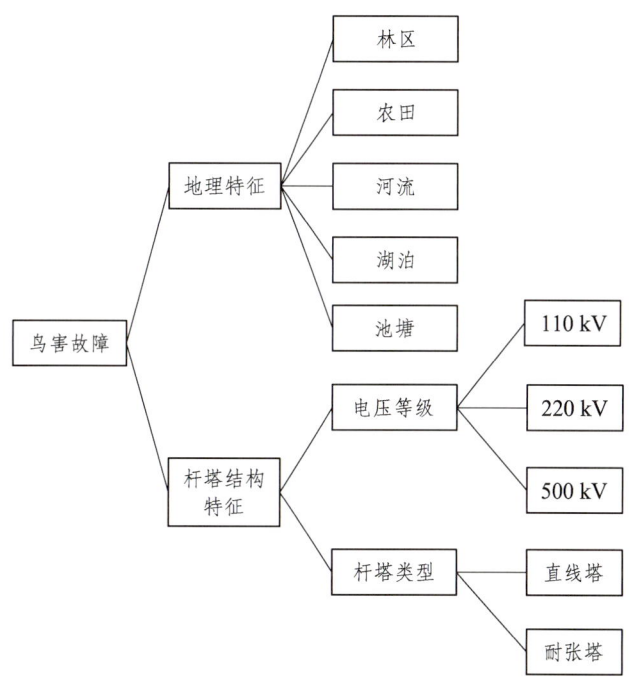

图 3-3-2 鸟害风险评估层次结构图

将地理特征和杆塔结构特征作为Ⅰ级指标,其分别用 m 与 n 来表示;同时每一个Ⅰ级指标又根据自身的情况划分Ⅱ级指标。Ⅰ级指标地理特征可以细分为林区距离、农田距离、河流距离、湖泊距离和池塘距离五个Ⅱ级指标,这些Ⅱ级指标分别用来 m_1、m_2、m_3、m_4 与 m_5 来表示,且这些Ⅱ级指标不再进行细分,它们将作为该分支的最底层指标;Ⅰ级指标杆塔结构特征可以细分为电压等级、杆塔类型两个Ⅱ级指标,分别用 v 和 t 来表示。Ⅱ级指标电压等级分为 110 kV、220 kV 和 500 kV 三个Ⅲ级指标,

分别用 v_1、v_2 和 v_3 来表示；Ⅱ级指标杆塔类型可以分为直线塔和耐张塔两个Ⅲ级指标，分别用 t_1 和 t_2 来表示。这些Ⅲ级指标将分别作为各自分支的最底层指标。鸟害故障风险评估指数表达式如下：

$$Risk = w_m(w_{m_1}m_1 + w_{m_2}m_2 + w_{m_3}m_3 + w_{m_4}m_4 + w_{m_5}m_5) + w_n(w_v v + w_t t) \quad (3\text{-}3\text{-}1)$$

3.3.3 综合评价法及其在鸟害故障风险等级评估中的应用

1. 权重系数的确定

1）Ⅰ级评价指标权重系数的确定

在对杆塔的鸟害等级进行综合评价的过程中，Ⅰ级评价指标只有地理特征和杆塔结构特征，但Ⅰ级指标级数很高，数据量不足，同时这两个指标之间的独立性非常强，几乎难以联系起来，无法用定量分析的方法去确定二者的权重，仅能依据电力系统多年的运行经验得出"地理特征的权重系数会高于杆塔结构特征的权重系数"的结论。因此，采取专家调查法来确定Ⅰ级指标的权重系数。

2）Ⅱ级评价指标权重系数的确定

可以采用基于鸡群优化算法的模糊层次分析法的综合集成赋权法，来确定Ⅰ级指标地理特征下的Ⅱ级指标的权重。将 m_1、m_2、m_3、m_4 和 m_5 与杆塔距离最近的次数在所有发生鸟害跳闸故障中的比例，作为它们相对于Ⅰ级指标地理特征的重要性程度，根据计算获得的数据，构造判断矩阵，进而获得 m_1、m_2、m_3、m_4 与 m_5 所对应的权重系数向量。

3）模糊层次分析法求解权重

用模糊层次分析法求解权重步骤如下：

（1）建立层次结构模型。

此处的模型即如图 3-3-2 所示的鸟害等级评价指数层次结构图。

（2）建立模糊判断矩阵。

$$\boldsymbol{R} = \begin{bmatrix} r_{11} & r_{12} & \cdots & r_{1n} \\ r_{21} & r_{22} & \cdots & r_{2n} \\ \vdots & \vdots & & \vdots \\ r_{n1} & r_{n2} & \cdots & r_{nn} \end{bmatrix} \quad (3\text{-}3\text{-}2)$$

模糊判断矩阵 $\boldsymbol{R} = (r_{ij})_{n \times n}$ 中的元素 r_{ij} 用于表征故障因素 X_i 比故障因素 X_j 重要的程

度，它的实际含义为：X_i 和 X_j 对于相同的目标元素 O 的相对重要程度，其值采用 0.1~0.9 标度法，取 0.1~0.9 之间的任意数值，r_{ij} 越大，表示 X_i 比 X_j 越重要。

（3）计算各因素的权重。

构建模糊判断矩阵 **R** 时会有以下 3 种情况：

① $r_{ii} = 0.5, i = 1, 2, \cdots, n$，此时矩阵 **R** 被称为模糊矩阵；

② $r_{ij} = 1 - r_{ji}, i, j = 1, 2, \cdots, n$，此时矩阵 **R** 被称为模糊互补矩阵；

③ $r_{ij} = r_{ik} - r_{jk} + 0.5, i, j, k = 1, 2, \cdots, n$ 时，此时矩阵 **R** 被称为模糊一致矩阵。

使用模糊层次分析法求解各故障因素权重的方法有多种，但它们都是建立在模糊一致矩阵的基础上，首先需要将建立的模糊判断矩阵 **R** 通过公式转化为模糊一致矩阵，再利用数学公式直接计算出权重。这类方法需要对数据进行粗加工，这样便减弱了数据的精确性，增加了数据处理环境的冗杂度。因此，摒弃了构造模糊一致矩阵的路径，将一致性要求转化为一个数学规划问题。

在研究权重 $\boldsymbol{\omega}$ 和 r_{ij} 的关系时发现，求解权重向量 $\boldsymbol{\omega} = [\omega_1, \omega_2, \cdots, \omega_n]$，就等同于求解下式的约束规划问题：

$$\min z = \sum_{i=1}^{n} \sum_{j=1}^{n} [0.5 + a(\omega_i - \omega_j) - r_{ij}]^2$$
$$\text{s.t.} \sum_{i=1}^{n} \omega_i = 1, \omega_i \geq 0, \ 1 \leq i \leq n \quad （3\text{-}3\text{-}3）$$

式中，$i = 1, 2, \cdots, n$，$\omega_i \geq 0$，ω_i 表示故障因素 i 造成的严重度，即权重；n 表示故障因素个数。

针对上式，采用鸡群优化算法进行权重系数优化，能快速准确地找到最佳权重值。

4）鸡群优化算法优化求解权重

鸡群优化算法是一种模仿鸡群觅食过程发展而来的新型群体智能优化算法，具有较高的搜索速度和全局收敛精度。因此，本节用鸡群优化算法求解式（3-3-3），对求解权重的过程进行优化。

其中，公鸡位置的更新公式如下：

$$P_{i,j}^{k+1} = P_{i,j}^{k} \times \left[1 + \text{rand}n(0, \sigma^2)\right] \quad （3\text{-}3\text{-}4）$$

$$\sigma^2 = \begin{cases} 1, f_i \leq f_r \\ \exp\left(\dfrac{f_r - f_i}{|f_i| + \varepsilon}\right), f_i > f_r, r \neq i \end{cases} \quad （3\text{-}3\text{-}5）$$

式中，$P_{i,j}$ 为第 i 只公鸡所处位置第 j 维度的值；$\mathrm{rand}n(0,\sigma^2)$ 为正态分布随机数，其期望为 0，标准差为 σ；第 i 只公鸡的适应度值用 f_i 来表示；f_r 为随机选取的第 r 只公鸡的适应度值。

母鸡位置的更新公式如下：

$$P_{i,j}^{k+1} = P_{i,j}^k + C_1 R_1 (P_{r_1,j}^k - P_{i,j}^k) + C_2 R_2 (P_{r_2,j}^k - P_{i,j}^k)$$

$$C_1 = \exp\left(\frac{f_i - f_{r_1}}{|f_i| + \varepsilon}\right) \tag{3-3-6}$$

$$C_2 = \exp(f_{r_2} - f_i) \tag{3-3-7}$$

式中，R_1 和 R_2 为随机数，取值范围为 [0, 1]；r_1 为母鸡 i 的伴侣；r_2 为母鸡 i 所在群体中除自身以外的另一只公鸡或者母鸡；C_1 和 C_2 代表影响因子。

小鸡位置的更新公式如下：

$$P_{i,j}^{k+1} = P_{i,j}^k + F \times (P_{m,j}^k - P_{i,j}^k) \tag{3-3-8}$$

式中，$P_{m,j}$ 代表小鸡母亲所处位置第 j 维度的值；母亲觅食行为对小鸡的影响程度用 F 来表示，其取值范围通常为（0，2）。

优化算法的步骤如下：

（1）使用实数编码，获得风险系数权重向量 $\omega = [\omega_1, \omega_2, \cdots, \omega_n]$。

（2）设置迭代次数 $T = 0$，随机产生初始鸡群，群体的大小为 N。其中公鸡占 20%，母鸡占 60%，小鸡占 20%。

（3）根据公式（3-3-3）计算风险系数权重向量 $\omega = [\omega_1, \omega_2, \cdots, \omega_n]$ 的适应度值，根据适应度值排序确定分组与个体关系，记录每个个体最优位置和全局最优位置。

（4）判断是否满足鸡群关系更新的条件，若满足，则更新鸡群等级秩序、伙伴关系及母子关系，同时更新公鸡、母鸡和小鸡的位置；若不满足，则直接对公鸡、母鸡和小鸡的位置进行更新。根据公式（3-3-3），重新计算权重向量适应度值，对个体和集体最优位置进行更新。

（5）令 $T = T+1$，如果满足算法终止条件，则输出结果，否则转入步骤（4）。

经过以上步骤，我们可以获得鸟害故障各 Ⅱ 级评价指标的权重向量 $\omega = [\omega_1, \omega_2, \cdots, \omega_n]$。

2. 各级指标取值

1）地理特征

令 l_1、l_2、l_3、l_4 和 l_5 分别为杆塔到其周围最近的林区、农田、河流、湖泊和池塘的距离。其中，当杆塔处于某项地理特征区域内时，$l_i = 0$；当杆塔处于某项地理特征区域外时，杆塔与该项地理特征区域边界的最近距离视为 l_i，此时 $l_i > 0$，故 $l_i \geqslant 0$，其中 $i \in \mathbf{Z}$，且 $i \in [1,5]$。根据以上对鸟害故障杆塔地理特征的分析可知，杆塔与各项地理特征指标之间的距离越近，那么杆塔发生鸟害跳闸故障的可能性就越高，则相对应的地理特征的距离指标值应越大，即 m_i 是单调递减的。

通过上述的分析，选取 l 与累积百分比的差作为 Ⅰ 级指标地理特征下各底层指标的指标值。m_i 与 l_i 函数关系的确定将通过 matlab 进行曲线拟合来实现。林区距离与鸟害故障概率曲线拟合结果如图 3-3-3 所示。

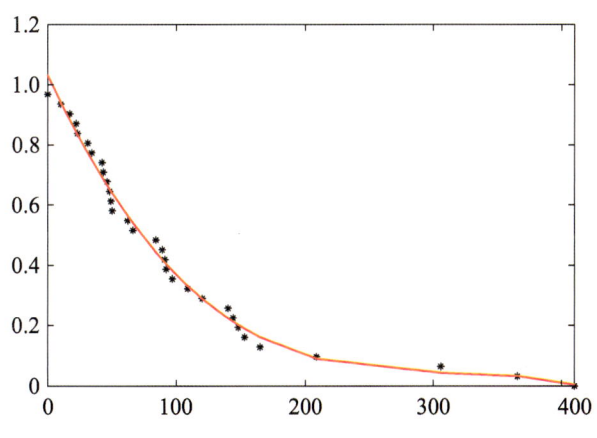

图 3-3-3　林区距离与鸟害故障概率曲线拟合图

其表达式为：

$$m_1 = -2.99 \times 10^{-8} l_1^3 + 2.86 \times 10^{-5} l_1^2 - 9.17 \times 10^{-3} l_1 + 1.03$$

为了保持数据的一致性，对林区指标进行归一化处理，得到 m_1 与 l_1 的关系式如下：

$$\begin{aligned} m_1 &= \frac{-2.99 \times 10^{-8} l_1^3 + 2.86 \times 10^{-5} l_1^2 - 9.17 \times 10^{-3} l_1 + 1.03}{1.03} \\ &= -2.90 \times 10^{-8} l_1^3 + 2.78 \times 10^{-5} l_1^2 - 8.90 \times 10^{-3} l_1 + 1 \end{aligned}$$

由上式可知，当 $0 \leqslant l_1 \leqslant 436$ 时，$m_1 > 0$；当 $l_1 > 436$ 时，$m_1 < 0$。由于林区距离对鸟害故障概率的影响不能为负数，所以令 $l_1 > 428$ 时，$m_1 = 0$，最终得到 m_1 与 l_1 的表达式如下：

$$m_1 = \begin{cases} -2.90 \times 10^{-8} l_1^3 + 2.78 \times 10^{-5} l_1^2 - 8.90 \times 10^{-3} l_1 + 1 & 0 \leqslant l_1 \leqslant 436 \\ 0 & l_1 > 436 \end{cases}$$

按照同样的方法可得出农田、河流、湖泊和池塘的表达式如下：

$$m_2 = \begin{cases} -6.63 \times 10^{-9} l_2^3 + 9.91 \times 10^{-6} l_2^2 - 5.07 \times 10^{-3} l_2 + 1 & 0 \leqslant l_2 \leqslant 730 \\ 0 & l_2 > 730 \end{cases}$$

$$m_3 = \begin{cases} 1 & l_3 \leqslant 7 \\ 1 \times e^{-[(l_3 - 7.01)/462.1]^2} & 7 < l_3 \leqslant 1200 \\ 0 & l_3 > 1200 \end{cases}$$

$$m_4 = \begin{cases} 1.57 \times 10^{-9} l_4^3 - 2.23 \times 10^{-6} l_4^2 - 7.80 \times 10^{-4} l_4 + 1 & 0 \leqslant l_4 \leqslant 639 \\ 0 & l_4 > 639 \end{cases}$$

$$m_5 = \begin{cases} 4.06 \times 10^{-10} l_5^3 - 4.35 \times 10^{-7} l_5^2 - 8.82 \times 10^{-4} l_5 + 1 & 0 \leqslant l_5 \leqslant 1280 \\ 0 & l_5 > 1280 \end{cases}$$

2）杆塔结构特征

杆塔结构特征各Ⅱ级指标的取值如表 3-3-7 所示，这里不再赘述。

3. 鸟害风险等级划分

为了与国际灾害等级通用，本节将鸟害等级划分为四级。鸟害 0、1、2 和 3 四个等级分别对应区间[0, 0.1]，(0.1, 0.25]，(0.25, 0.45]和(0.45, 1]。其中，0 级表示鸟害等级较轻，该等级杆塔几乎不会发生鸟害跳闸故障，通常不需要安装防鸟害装置或者仅需安装少量防鸟害装置；1 级表示鸟害等级为中等，该等级杆塔有一定的概率发生鸟害跳闸故障，此时安装常规的防鸟害装置后，发生鸟害跳闸的可能性很小；2 级表示鸟害等级为严重，此时杆塔较容易发生鸟害跳闸故障，需要安装部分效果较好的防鸟害装置,并对该等级鸟害杆塔进行实时监控预警;3级表示鸟害等级为特重级,该类鸟害等级杆塔极易发生鸟害跳闸故障,需要安装新型防鸟害装置,并对该等级杆塔进行实时监控,预防鸟害故障频发。

3.3.4 层次化鸟害预警模型应用案例

通过咨询云南电网多家直属供电单位的10位具有丰富运行经验的专家,获取了各专家依靠他们的丰富经验提供的Ⅰ级指标权重系数的值,如表3-3-8所示。

表 3-3-8 10位专家评定的Ⅰ级指标权重系数表

权重系数	专家1	专家2	专家3	专家4	专家5	专家6	专家7	专家8	专家9	专家10
地理特征 m	0.68	0.85	0.70	0.75	0.60	0.78	0.80	0.65	0.70	0.72
杆塔结构特征 n	0.32	0.15	0.30	0.25	0.40	0.22	0.20	0.35	0.30	0.28

依据上表,此次参与Ⅰ级指标权重评价的专家人数为10人,可以采用加权平均法计算Ⅰ级指标的权重,其计算过程为:

$$W_m = \frac{0.68+0.85+0.70+0.75+0.60+0.78+0.80+0.65+0.70+0.72}{10} = 0.72$$

$$W_n = \frac{0.32+0.15+0.30+0.25+0.40+0.22+0.20+0.35+0.30+0.28}{10} = 0.28$$

通过专家调查法确定Ⅰ级指标地理特征的权重为0.72,Ⅰ级指标杆塔结构特征的权重为0.28。

本节分别将 m_1、m_2、m_3、m_4 和 m_5 与杆塔距离最近的次数在所有发生鸟害跳闸故障中的比例,作为它们相对于Ⅰ级指标地理特征的重要性程度,这些数据都是客观的,通过它们构造的判断矩阵可信度很高。调研云南电网公司2014—2016年110 kV及以上输电线路鸟害跳闸地理环境情况,统计得出距离故障杆塔最近的地理特征一共有240个,分别为:林区99基,占41.25%;农田90基,占37.50%;河流14基,占5.83%;湖泊17基,占7.08%;池塘20基,占8.33%。根据上述统计数据,采用0.1~0.9标度法,对5种地理特征进行评价,构建模糊判断矩阵:

$$P = \begin{bmatrix} 0.5 & 0.52 & 0.88 & 0.85 & 0.83 \\ 0.48 & 0.5 & 0.87 & 0.84 & 0.82 \\ 0.12 & 0.13 & 0.5 & 0.45 & 0.41 \\ 0.15 & 0.16 & 0.55 & 0.5 & 0.46 \\ 0.17 & 0.18 & 0.59 & 0.54 & 0.5 \end{bmatrix}$$

然后，将模糊判断矩阵 P 代入式（3-3-3）中，利用鸡群优化算法寻求最优解，计算结果得到 5 种环境特征的权重系数为：$\omega = [0.40 \ 0.37 \ 0.08 \ 0.07 \ 0.08]^T$。利用同样的方法，计算得出电压等级和杆塔类型这两个 Ⅱ 级评价指标的权重系数分别为 $\omega_v = 0.56$，$\omega_t = 0.44$。最后由式（3-3-1）可以得到鸟害故障风险评估表达式为：

$$Risk = 0.72 \times (0.40 m_1 + 0.37 m_2 + 0.08 m_3 + 0.07 m_4 + 0.08 m_5) + 0.28 \times (0.56 v + 0.44 t) \quad (3\text{-}3\text{-}6)$$

为了验证上述鸟害等级评价公式的正确性，查阅云南电网鸟害跳闸故障记录知，2014 年 9 月 110 kV 谢烟龙金线 14 号杆塔发生了鸟害跳闸故障，查找杆塔设备台账记录知该杆塔为耐张塔。

统计得出该杆塔到周围最近的林区的距离为 40 m，农田为 88 m，湖泊为 522 m，分别计算得 $m_1 = 0.69$，$m_2 = 0.63$，$m_4 = 0.21$。由于该杆塔离河流和湖泊的距离较远，因此 $m_3 = m_5 = 0$。查表 3-3-7 知该杆塔 $v = 0.49$，$t = 0.85$，代入鸟害等级计算公式可得 $Risk = 0.60$，说明该杆塔鸟害等级为特重级，特别容易发生鸟害跳闸事故，证明了该鸟害故障风险评估模型与方法的有效性。

图 3-3-4　110 kV 谢烟龙金线 14 号杆塔

第 4 章 全景可视化防灾减灾平台

云南电网全景可视化防灾减灾平台如图 4-1-1 所示，该平台是在充分发挥卫星技术在电网防灾减灾应用优势的基础上，有效整合空间地理信息、电网三维模型、业务应用数据，通过天-空-地一体化监控，实时跟踪和展示电网设备运行状态，同时有机融入设备监控、故障预警、灾害监控、灾害预警、防灾减灾、应用检索等多元核心业务，实现电网管理手段由平面化到立体化的转变，可有效提升公司防灾减灾的核心技术能力。

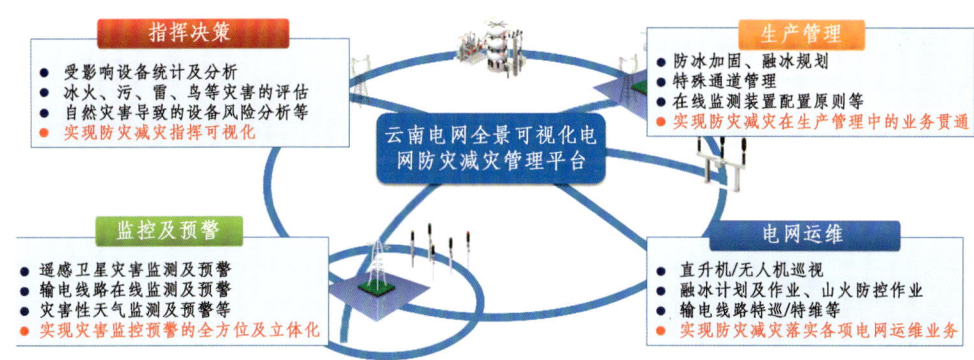

图 4-1-1 全景可视化防灾减灾平台

4.1 平台逻辑结构设计

全景可视化电网防灾减灾管理平台的逻辑架构可划分为六个层次、两个体系，分别是基础设施层、数据管理层、数据访问层、应用服务层、应用层、用户层，信息化标准体系和信息安全防护体系。其中，数据访问层、应用服务层、应用层和用户层分离，以便于系统的扩展。

1. 基础设施层

基础设施层包括系统运行所需的硬件、软件、网络、操作系统软件等，是系统正常运行和使用的保障。

2. 数据管理层

数据管理层管理对象涵盖了平台所需的各类基础数据、设计专题数据以及工程数据等内容，通过对各类数据进行分层组织与分类管理，基于大型数据库管理系统搭建一个集中且统一管理的灾害业务数据库，通过完善数据存储管理基础设施建设，统一软硬件和网络环境，加强存储系统和容灾备份技术应用，建设面向专业应用的电网、地形、专题、三维模型等子级数据库，统一数据资源管理，为各应用服务的数据访问、管理、共享提供有效技术支撑。

3. 数据访问层

数据访问层是支持各专业应用服务的基础，借助各类主流技术手段，提供对统一存储管理的灾害业务数据库的数据存取访问支持。通过 ADO.NET、ODP.NET、微软企业类库等方式对电网数据库进行整理，然后生成 LOD 数据进行发布；通过 EV-Server 空间数据引擎提供对统一存储管理的图形数据的访问支持；通过 EV-Server 基于 OGC 规范提供对影像、DEM 等大容量数据的快速数据访问支持；通过 FTP 提供各类文档资料的远程存取访问支持；通过 WebService、WCF 提供各类数据服务的发布与共享功能。

4. 应用服务层

应用服务层是所有应用服务的基础。在系统各功能模块的基础上，抽取类似功能构建通用应用服务，既包括抽象的功能服务，如用户管理、日志管理、Web 服务、地图服务、图表统计、数据库连接、数据库查询等，也包含封装的组件对象，如制图输出、数据编辑、图层管理等在系统中使用较多的通用组件。为避免功能重复开发，可将其抽取出来作为通用组件和功能服务供其他应用模块调用，达到业务变更时，组件修改即可满足整个系统修改的要求。

5. 应用层

应用层集中且直观地体现全景可视化电网防灾减灾管理平台的各项应用功能，面向用户提供二、三维基础功能，输电线路可视化和灾害监控，预警和处理三大类业务应用，对云南全省电网，大风、覆冰、山火、污秽、雷电、鸟害和树障七类灾害的现在时、将来时和过去时状态提供专业视窗服务，满足各专业用户对全省电网和灾害研究的需求，达到电网防灾减灾的目的。

6. 用户层

用户层主要根据全景可视化电网防灾减灾管理平台的相关服务对象的特定需求，构建符合不同层次用户的界面。用户层主要分为两大类：一类是面向政府部门和电科院管理层提供有关各类输电线路信息的查询、统计、分析、展示等服务；另一类则面向电科院业务部门提供专业分析。

7. 信息标准化体系

信息标准化体系主要满足信息资源共享的需要，为信息系统集成和整合提供标准，解决电科院信息系统的数据多源性和多重性问题，提供有关系统集成依据和信息采集、传输、交换、存储、处理和共享等环节制定或采用的技术标准。

8. 安全防护体系

安全防护体系是指提供系统在软硬件方面有关整体安全性的技术工具和措施的总和，依据平台设计对安全防护方面的要求，实现对全景可视化电网防灾减灾管理平台的全面安全防护。防护措施覆盖平台各个部分，包括数据安全、应用安全、系统安全、网络安全等。

4.2 系统架构设计

全景可视化电网防灾减灾管理平台属于一个综合性的信息系统，主要服务于灾害分析具体业务功能模块，基于统一的灾害业务数据库开展业务设计工作，不同业务数据通过底层数据库实现互联互通，各业务模块与专业软件之间通过接口方式进行集成，同时提供数据管理和系统管理两个模块对数据和平台进行维护管理，各模块之间相互衔接、依次贯穿，共同服务于云南电网灾害监测和预警的相关工作。系统的整体架构如图 4-2-1 所示。

1. 搭建索引数据库

所谓索引数据库，是指存放数据索引、不存放数据实体本身的数据库。因为电科院已具备电网等相关数据库，搭建一个集中、统一管理电网和灾害业务数据库。通过多方整合和分析电科院现有的电网数据、气象监控数据、灾害专题数据、电网台账数据等内容，设计统一的索引数据库逻辑结构，疏通底层数据间逻辑相互关系，实现各

第 4 章 全景可视化防灾减灾平台

专业间数据流的互联互通，加强存储系统和容灾备份技术应用，在此基础上，建设面向应用的电网、灾害三维效果、三维模型等子级数据库，统一数据资源管理，为电科院各业务的数据应用和数据共享提供有效支撑。

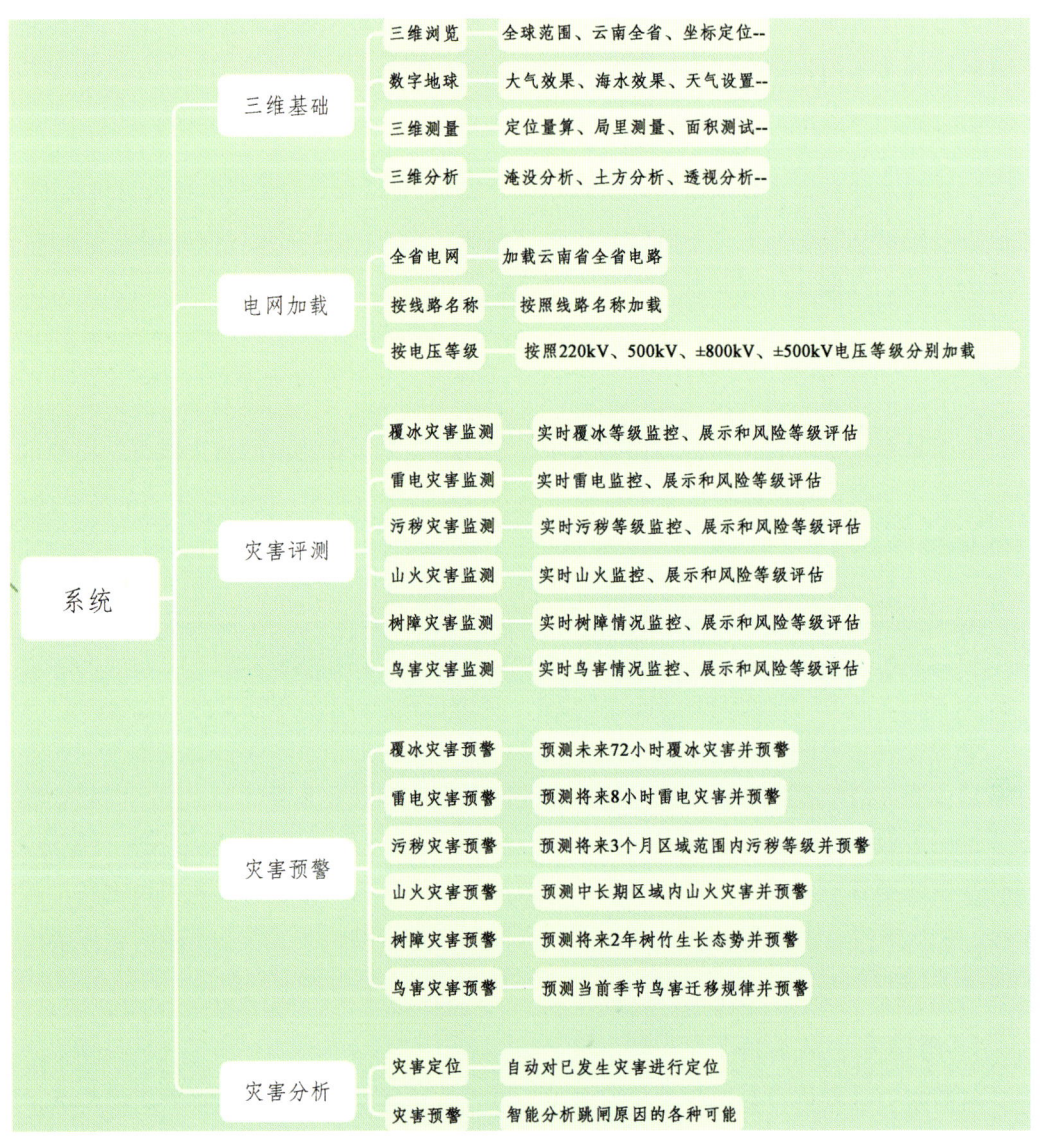

图 4-2-1　系统整体架构图

2. 建设一套二、三维平台

遵循总体架构、BS 框架等思想和内容，采用面向对象的分析设计方法，建设一套一体化平台，提升电科院应用系统集成水平，推进电科院各部门间数据流和工作流的契合深度，促进业务融合，消除信息孤岛；强化对电科院各项灾害的管控，做好服务状态监控、服务维护等工作。

平台建设过程中，各模块功能独立但又相互配合，共同为指定阶段的输电设计业务提供技术支撑，完成业务流的配合实现；各模块通过统一规划对各阶段数据内容的维护辅助实现业务间数据流的贯通和数据共享；通过与功能模块的集成以及与管理过程的配合，对数据和内容的流转进行过程控制。

3. 基于两个保障体系

以信息标准化体系为基础，遵循 GB/T 13923—2006、GB/T 20258.1—2007、GB/T 20257.1—2007、Q/GDW 702—2012 等国家和行业标准，为灾害业务数据库的分类建库、组织管理、数据访问、更新维护等提供规范，同时参照国网 GIS 相关数据管理规范，加强不同业务平台之间的数据共享，实现不同专业的数据贯通与应用集成。

建立与信息标准化体系配套的安全防护体系，通过指定数据定期备份和恢复计划来保障数据安全；通过对系统功能权限进行控制，对数据服务和功能服务的访问进行管理，对系统基本运行参数进行控制，结合日志记录系统运行状态信息，以便及时修改维护，以此保障系统应用安全；通过内外网隔离、防火墙监控等措施保证系统的网络安全。通过有效防范和控制系统安全风险，增强系统检测能力、保护能力、安全预警能力及应急处理能力，为全景可视化电网防灾减灾管理平台的运营提供保障。

4. 面向具体业务应用

建设面向电科院灾害监控、预警和处理的具体业务应用，以共同的灾害业务数据库为基础，业务之间既可通过系统接口的方式进行交互，又可通过数据访问权限的开放进行交互，业务内部相对独立，业务之间相互衔接。基于云南全省电网，实现电网关联的大风灾害、覆冰灾害、雷电灾害、污秽灾害、山火灾害、鸟害和树竹障碍方面的监控、预警、告警处理等业务。

4.3 平台关键技术分析

1. 地理信息系统技术

地理信息系统（Geographic Information System，GIS）是一种特定的且十分重要的空间信息系统。GIS 是在计算机硬、软件系统的支持下，对整个或部分地球表层空间中有关地理分布数据进行采集、储存、管理、运算、分析、显示和描述的技术系统。GIS 是一种基于计算机的工具，它可以对空间信息进行分析和处理。GIS 技术把地图这种独特的视觉化效果和地理分析功能与一般的数据库操作（例如查询和统计分析等）集成在一起。

在本系统中，GIS 技术处于核心地位。充分融合地理信息系统（GIS）技术，实现对基础地理数据、遥感影像数据、能源地理数据、能源专题数据等信息的管理、维护、展示、操作、分析和描述。基于 GIS 技术开发的地理信息支撑系统是管理和显示地理空间数据、实现高效设计工作的基础。

2. 三维数字地球技术

三维数字地球是以地球坐标为依据且具有多分辨率的大量数据和多维显示的地球虚拟系统，也是全方位的地理信息系统与虚拟现实、网络技术相结合的产物。

本系统需全方位立体展示全省电网信息化信息及风险评估可视化效果，因此需要采用三维数字地球技术。三维数字地球技术是目前地理信息领域中的最新成果，以直观可视化的手段，为用户提供友好的界面。三维地球加载数据包括高分卫星影像、DEM 数据、三维模型等，数据量巨大，为保证数据加载速度和展示效果，需在本系统中考虑使用金字塔分级技术，内存数据组织技术，数据动态装载、卸载技术，复杂消隐技术，多分辨率模型，大量空间数据的组织与管理技术，基于图像的渲染技术以及相关的其他技术。

3. Web Service 技术

Web Service 是一种构建数据服务或应用程序的普遍模型，可以在任何支持网络通信的操作系统中运行，可以发布、定位或通过 Web 调用。Web Service 可为其他应用程序提供数据与应用服务，各应用程序通过网络协议和规定的一些标准数据格式（Http，XML，Soap）访问 Web Service，通过 Web Service 内部执行得到所需结果，加载相关数据，可对外隐藏数据内部结构，从而保证数据安全性。

按照本系统数据整合和对外接口策略，在严格遵守信息安全、保密制度和网络安全保障的前提下，对于本系统某些专业信息服务，如地图服务、数据库服务等，数据调用可采用 Web Service 的数据服务方式。

4. 框架配置技术

为解决传统软件系统行业化、专业化和开发成本较高的问题，构建框架配置式系统架构，提供一个具有良好复用性和灵活性的可扩展性技术架构，同时为项目实施所面对的特定知识应用领域提供较好的支持软件框架具有实际意义。当前，"平台+插件"模型的本质与实现机制已经成熟，基于框架配置技术的 GIS 应用框架的对象模型、消息机制和层次结构这一理论成果已经成功应用在很多大型 GIS 平台中，实现了全插件式的专业应用框架，使平台功能扩展和 GIS 的应用开发具有了可行性。

将框架配置技术应用到全景可视化电网防灾减灾管理平台的开发中，为整合工程系统规划、输电线路设计等工作信息化流程，以及形成一个高度扩展性的信息化管理平台提供了实践依据。在系统中，应用框架配置技术将空间分析和规划、输电线路设计等基本功能封装为独立的功能插件，对外提供说明其功能的接口及功能函数，提高系统的可维护性、可扩展性，提高资源利用率，推动新技术、新方法的应用，更有效地保证平台的安全稳定运行。

5. 对象建模技术

对象建模技术是利用统一三维模型驱动引擎，将不同格式三维模型的结构解析、位置解析、渲染方法进行统一，从而支持插件模式，将 DWG 模型、DGN 模型、Colada 模型、X 模型、KMZ 模型等多种三维模型在系统中进行动态插入。而插入后的模型，根据面向对象的抽象建模原理，将模型的形状、行动、位置、属性进行统一序列化过程，即对一种模型建立一种序列标识。基于序列标识，根据模型不同的语义特征建立模型、实体属性和实体位置三个特征库进行管理，从而实现在三维场景中，交互式、实时化地插入、移动和编辑三维模型。

利用对象建模技术，结合缓冲、通视等空间分析手段，可实现基于三维场景的设施建设规划和设备布置规划。

6. 体-面一体化渲染技术

体-面一体化渲染技术是将表现数字地形地貌的表面模型和表现设备对象的体模型，通过三维坐标将两者进行结合，并根据地形起伏，对对象模型在场景中的植入深度、地形遮蔽情况进行分析，在内存中构建具有统一基元特征的一体化渲染模型，从而实现能够利用统一的光照、阴影、方位变换以及投影方法，即统一的模型渲染方法对三维场景进行高效的一体化渲染，提高三维场景的仿真程度。如图 4-3-1 所示为绝缘子串及金具三维实体模型。

图 4-3-1　绝缘子串及金具三维实体模型

7. 多源海量数据存储与管理

全景可视化电网防灾减灾管理平台的后端是一个庞大的电力资源数据库，根据送电线路工程的不断增多，数据量也将不断增长，海量数据的管理和统一调度将成为平台高效运行的根本。根据目前平台的基本建设需求，系统的空间数据库信息量的数量级是 1~10 TB，如此海量空间数据要进行有效的管理和应用，必须运用先进的空间数据库管理技术，将基础地理信息进行科学的加工、组织和管理，构建一个统一的基础信息平台，实现地理信息的无缝集成管理。利用这种空间数据无缝集成技术可以管理超大规模的数据库，包括从基础地形数据到输电线路数据及影像数据都可以在数据库中进行集成管理，能够管理的数据量只受系统硬盘资源的限制。海量数据管理技术涵盖了数据库管理技术、海量数据存取技术和空间数据处理和调度技术等，利用这一技术可有效满足系统对海量地理数据管理的需求，可以很好地将空间数据与其他非空间数据无缝集成在一起。

此外，平台数据来源广泛、类型丰富、结构复杂，研究利用先进的海量数据的高效存储、管理与发布技术，对空间数据进行金字塔构建，并对各类型空间数据建立快速索引机制，以文件结构方式存储，对外发布空间数据。如图 4-3-2 所示为 EV-Globe 多源数据集成。

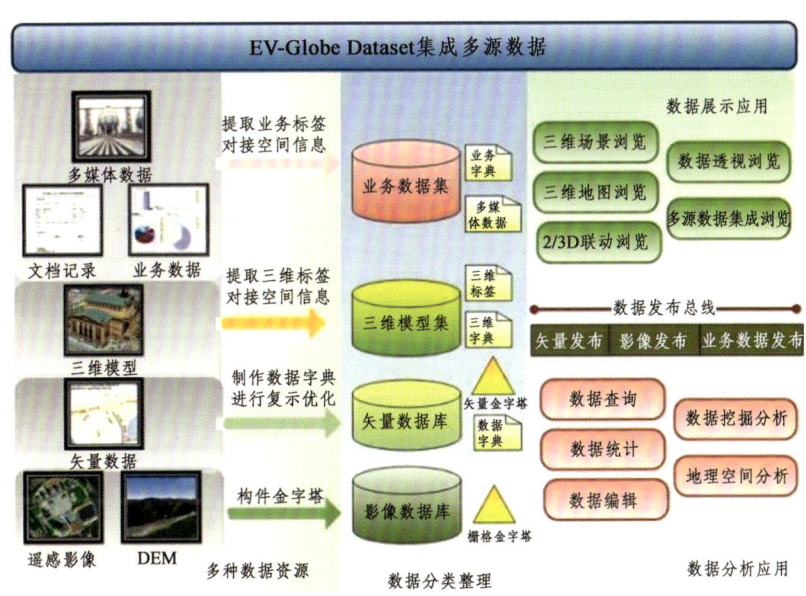

图 4-3-2　EV-Globe 多源数据集成

8. 基于细节层次模型的高效三维渲染技术

细节层次模型技术（LOD）是将原始的多面体建立面片模型，并根据视景远近不同，对原始的面片几何模型按不同的逼近程度进行简化，以减少面片结构中的拓扑边和结构面的数量,从而达到在不影响视觉效果的情况下,降低数据复杂程度和 IO 吞吐量的目的,以此提高多面体数据的访问和渲染效率。

在三维虚拟仿真(VR)系统中采用 LOD 技术,可以在现有网络环境和硬件条件下,在可保障高精度三维模型的仿真程度和 VR 体验感受的基础上,大幅度提高三维场景及场景模型的绘制效率,从而实现了基于海量数据的大区域三维虚拟场景的构建以及大区域场景的高速浏览,为实现站场、基地、小区、城市的数字化仿真打下了基础。如图 4-3-3 和 4-3-4 所示分别为大区域三维地形地貌实现和电网设备三维场景实现。

图 4-3-3　大区域三维地形地貌实现

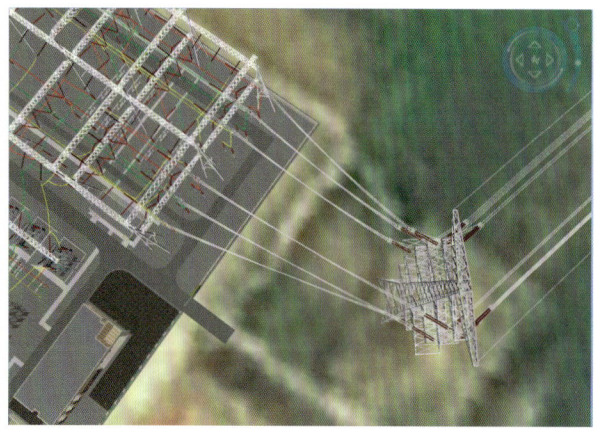

图 4-3-4　电网设备三维场景实现

9. 三维可视化技术

三维可视化是用于显示描述和理解地下及地面诸多地质现象特征的一种工具，广泛应用于地质和地球物理学领域。三维可视是描绘和理解模型的一种手段，是数据体的一种表征形式，并非模拟技术。它能够利用大量数据，检查资料的连续性，辨认资料真伪，发现和提出有用异常，为分析、理解及重复数据提供了有用工具，对多学科的交流协作起到桥梁作用。它可以利用检测数据评估电网风险，并在三维场景用可视化展示效果。

4.4 平台应用

在不断丰富各项数据的基础上，防灾减灾平台按照事前实时监测、事中综合研判以及事后决策指挥的工作思路，形成了云南电网公司覆冰、山火、防外力破坏等业务的"作战指挥一张图"，在平台完成各项业务全过程闭环管理：一是防灾减灾决策全过程管控，如在覆冰模块中，全面掌握云南电网的覆冰分布和线路融冰情况，结合全省的温湿度分布、融冰装置所在变电站、未来72小时覆冰预测情况等，对抗冰过程中风险梳理、抗冰加固安排、融冰作业等工作提供决策支持。二是天空地一体化防灾减灾综合研判，以山火为例，平台综合卫星、人工检测数据动态跟踪火情，综合中长期山火规律、分析山火事故风险等级，绘制出云南电网山火分布图。利用分布图梳理云南电网输电山火风险重点区段，科学防控山火。三是实时跟踪，降低灾害风险。利用在线监测终端监测数据的自动分析，提前预警，结合短信推送，提醒班组现场核查确认的业务流程，有效提升公司防外力破坏的业务能力。四是精准分析、及时反映通道状况，利用三维可视化模块，通过点云数据分析与处理，给出包含工况、风偏、杆塔倾斜等数据的输电线路通道状态分析报告，基于分析结果，完成各类输电线路缺陷全景可视化展示，帮助供电局实现通道缺陷的快速定位。五是丰富的三维辅助分析工具，让决策更加便捷。

防灾减灾平台在完成基本业务建设的基础上，基于三维场景开发了包含三维透视、坡度分析、三维测量以及淹没分析在内的一系列分析工具箱。平台用户利用工具箱进行输电线路在线监测终端优化配置、人工观冰点设置合理性分析、山火过火趋势分析等工作。

1. 应用场景一：覆冰

该平台实现了云南电网公司覆冰、山火、防外力破坏等业务的"作战一张图管理"。以覆冰为例：通过一张图全面掌握公司范围内的覆冰分布情况、可融冰线路情况、计划、执行中和融冰完成线路、全省的温度和湿度分布、融冰装置所在变电站、未来72小时覆冰预测情况等，为覆冰期间覆冰应急处置、融冰计划安排提供有效的支持。

2. 应用场景二：山火

通过对人员活动引发火源的客观因素、火险天气（连续干旱天）等进行 GIS 系统分析，得出云南省平均火源密度分布图，结合云南省植被分布图、不同植被的可燃性分析数据等，绘制了云南电网的山火分布图。并与云南省近 7 年的森林火点分布图进行校对。通过山火分布图，明确输电线路森林火险重点防控区段。

第 5 章　结　语

我国是遭受冰冻灾害侵袭最为严重的国家之一。云南地处低纬度高原，地理位置特殊，地形地貌复杂，气候也很复杂，云南特有的地质条件和气候特点，造就了云南春有山火、夏有雷暴、秋有鸟害、冬有冰灾，地震、泥石流、滑坡一年不断的特点。本书以云南电网为样例，结合作者多年的研究成果，深入探讨了各类典型自然灾害关键技术。由于地形原因造成地势北高南低，从而加剧了全省范围内的温差。输电线路是电力系统的重要组成部分，覆盖面积比变电站更广，我国输电线路途经山区、盆地、丘陵等多种地形，沿输电线路走廊，地质地貌状况复杂，气候环境多变，常有大风、雷电、重污染、冰雪等极端气候状况，输电线路暴露在环境中，运行状况直接受到环境影响。

输电线路发生雷电灾害的主要影响因素有地闪密度、雷电流幅值、接地电阻、地形地貌、杆塔历史雷击跳闸情况等，针对这种多因素问题，主要可采用层次分析法进行预警建模。其基本思路是从线路各基杆塔周边区域地闪密度出发，依据杆塔雷击风险等级划分标准，并考虑线路本身耐雷水平、周边地形地貌情况以及历史雷击事件，修正并确定线路各基杆塔的雷击风险等级，由此统计整条线路中各风险等级杆塔所占比重，并利用层次分析法，确定各个风险等级权重，最终确定整条线路的雷击风险发生概率评估值。最终实现从杆塔到杆塔区段，再到线路的差异化、层次化架空输电线路雷击风险评估模型。

本书研究和探讨了山火灾害的测报预警模型，以此计算每天的山火灾害危险性。在山火灾害预警测报系统中，利用气象、火源等输入数据，进行时间和空间模拟后，可实时生成时空动态的测报变量；将这些变量代入测报模型后，可动态计算出云南全境的每个空间位置、每个时刻或每个时间阶段出现山火灾害的概率。当火灾发生后，能预报和指示火场的蔓延发展速度、距离、火场面积等，以支持管理者和决策者做出精准的山火发展趋势预判，为电网部门制定科学的应急调度、抢险救灾决策提供科学依据。

通过研究导线自然覆冰增长，以及自然覆冰增长，的影响因素，得出一个用于云

第 5 章 结 语

南省输电线路覆冰特点的覆冰增长模型。覆冰量越大，覆冰持续时间越长，表明覆冰增长或维持的气象条件存在，即覆冰所需要的环境风速条件存在。本书采用架空线路等效覆冰厚度和覆冰持续时间作为评估线路覆冰状态的特征量。通过所采用的微气象参数，进行覆冰数据分析以及算法研究模拟，最后根据所得出的覆冰厚度比率，将覆冰预警模型分为三个等级，并对覆冰趋势进行分析，建立一个合理的预警机制。

鸟害跳闸故障的发生同时受时间特征、地理特征和杆塔结构特征的影响，地理特征方面主要考虑林区、农田、河流、湖泊和池塘五个要素对鸟害跳闸的影响；而杆塔结构特征主要考虑电压等级和杆塔类型两个要素对鸟害跳闸的影响。本书以云南电网 2014—2016 年鸟害跳闸故障历史数据作为基础，深入分析了故障杆塔周围地理特征和杆塔结构特征两因素对鸟害跳闸故障的影响，建立了输电线路鸟害故障风险评估模型。利用综合评价法确定各影响因素的权重系数，并对各指标进行归一化处理，得出最终的鸟害故障风险评估指数表达式。依据鸟害故障风险概率值，将输电线路鸟害故障风险划分为四个等级，可实现对输电线路鸟害故障的预警。最后实例表明，该输电线路鸟害故障风险评估方法是合理有效的，对输电线路的安全稳定运行具有重要意义。

本书通过基于 PSO 优化的 LSSVM 算法对污区等级进行预测预警，取得了较好的效果，证实了气象数据与绝缘子表面污秽物的形成存在着内在联系。对于 LSSVM 算法的参数选择问题需要具体问题具体分析，本书将 PSO 优化算法引入有关污区等级预警算法中，预警结果正确率较高，同时减少了 PSO-LSSVM 的迭代次数，提高了算法效率。本书在基于 23 个气象监测站的数据训练下，获取了污区等级数值的预测模型，预测结果正确率达 75%，与 BP 神经网络算法相比，其有较高的正确率，具有一定的实际应用意义。

参考文献

[1] 黄绪勇,徐珺,齐立强. 基于输电线路力学模型的覆冰厚度计算方法[J]. 能源与环境,2018,4:121-124.

[2] 黄绪勇,沈志,王昕. 云南电网输电线路鸟害故障风险评估方法[J]. 高压电器,2020, 3(56):11-13.

[3] HUANG X Y, YAO Y, QI L Q. Prediction Method of Ice Thickness for Transmission Lines under Micro-Meteorological Conditions[J]. Journal of Electrical Engineering, 2018, 6(1): 113-117.